膨胀型浆体注浆加固力学作用机理

姚 团　王其虎　罗斌玉　张文豪　李鹏程　著

扫描二维码
查看本书彩图资源

北 京
冶 金 工 业 出 版 社
2023

内 容 提 要

本书内容分为膨胀型浆体性能、膨胀型浆体-岩体力学作用，以及膨胀型浆体应用试验研究三个部分。详细介绍了膨胀型浆体体积膨胀率、膨胀应力发育特征及其膨胀机理，分析了不同约束条件、约束应力对其性能的影响规律，并探讨了膨胀型浆体力学强度提升和凝结时间调控方法；采用理论分析、室内研究和数值模拟等方法，分析了浆-岩复合岩体强度模型、双轴压缩力学特性、剪切力学机制及其剪切强度影响因素；采用相似模拟试验和数值模拟等方法，探索了膨胀型浆体在急倾斜层状岩体巷道顶板和含断层采场顶板的注浆加固应用效果，揭示注浆加固力学作用机理。

本书可供从事地下岩土工程注浆支护的科研和工程技术人员、高校师生，以及现场技术管理人员阅读和参考。

图书在版编目(CIP)数据

膨胀型浆体注浆加固力学作用机理/姚囝等著. —北京：冶金工业出版社，2023.7

ISBN 978-7-5024-9568-8

Ⅰ.①膨… Ⅱ.①姚… Ⅲ.①矿业工程—注浆加固—工程力学 Ⅳ.①TD265.4

中国国家版本馆 CIP 数据核字（2023）第 127197 号

膨胀型浆体注浆加固力学作用机理

出版发行 冶金工业出版社　**电　话** (010)64027926
地　址 北京市东城区嵩祝院北巷 39 号　**邮　编** 100009
网　址 www.mip1953.com　**电子信箱** service@mip1953.com

责任编辑 王 双　美术编辑 吕欣童　版式设计 郑小利
责任校对 范天娇　责任印制 窦 唯

三河市双峰印刷装订有限公司印刷
2023 年 7 月第 1 版，2023 年 7 月第 1 次印刷
710mm×1000mm 1/16；13.75 印张；267 千字；208 页

定价 99.00 元

投稿电话 (010)64027932　投稿信箱 tougao@cnmip.com.cn
营销中心电话 (010)64044283
冶金工业出版社天猫旗舰店 yjgycbs.tmall.com
（本书如有印装质量问题，本社营销中心负责退换）

前　言

由于地质构造作用，结构面的存在降低了地下岩体强度，对地下岩土工程稳定性产生极大影响。注浆加固可通过浆体产生的黏结力对结构面进行强度改良，将含弱面的岩体黏结成整体，从而提高岩体强度，是对地下岩土工程含结构面岩体有效的支护方法。然而，普通型浆体仅对结构面提供黏结作用，且水泥类浆体普遍存在干缩现象，从而影响注浆加固效果。

因此，在普通型浆体仅通过黏结作用对岩体进行加固的基础上，作者提出了膨胀型浆体“先挤后黏”的注浆加固思路，即在浆体将岩体黏结成整体之前，通过膨胀型浆体的体积膨胀作用，有效填充结构面并对其两侧岩体产生挤压，从而达到对岩体形成挤压-黏结双重作用的效果。

本书采用理论分析、室内试验、数值模拟和相似模拟试验等研究手段，对膨胀型浆体性能、膨胀型浆体–岩体力学作用和膨胀型浆体应用等方面开展了一系列研究。全书共分为三篇12章，第一篇研究膨胀型浆体性能，系统分析并选择适用于注浆加固的膨胀材料；全面探究了不同配比、不同约束条件和不同约束应力作用下膨胀型浆体的膨胀性能和力学性质；初步探索了膨胀型浆体的强度提升和凝结时间调控方法，使性能进一步优化从而适应特殊注浆加固环境需求。第二篇探讨膨胀型浆体-岩体力学性质，通过分析膨胀型浆体注浆加固后复合岩体的双轴压缩力学行为，构建了基于莫尔-库仑准则的浆-岩复合岩体强度模型；通过分析膨胀型浆体–裂隙岩体复合体的剪切力学特性及其影响因素，探讨了膨胀型浆体的注浆加固作用机理；开展了膨胀型浆体注浆加固裂隙试样双轴压缩力学试验，分析加固体的双轴压缩力学特性。第三篇开展膨胀型浆体应用试验研究，主要分析了膨胀型浆体注浆的急倾斜层状岩体巷道顶板、含断层采场顶板加固效果。本书可供从事地下岩土工程注浆支护的科研和工程技术人员、高校师生，以及现场技术管理人员参考。

本书内容所涉及的科研获国家自然科学基金项目“弱层理面急倾斜层状岩体巷道顶板膨胀浆体注浆加固作用机理研究”（项目号：51804224）、湖北省重点研发计划项目“矿产资源开发过程多灾源安全协同管控关键技术与应用示范”（项目号：2020BCA082）和“武汉科技大学‘十四五’湖北省优势特色学科（群）项目（项目号：A0303）”资助。在此谨表示衷心的感谢。

感谢叶义成教授的悉心指导和大力支持。感谢 Chaoshui Xu 教授、Konietzky 教授、武钢资源集团有限公司梅林芳、五矿矿业（安徽）工程设计有限公司罗文冲、宝武资源集团有限公司姜维，以及五矿矿业（邯郸）矿山工程有限公司邢志强和陈鹏刚等人给予的指导和帮助。感谢邓兴敏、汪迪、刘一鸣、陈常钊、Felix Oppong、陈俊伟、刘一丁、万明超、孟俊波、张杰、黄洋、刘霁、肖怡昊等开展的科学试验为本书的出版提供了大量的数据。

由于水平有限，书中不足之处，欢迎读者批评指正。

作 者

2023 年 1 月

目　　录

第一篇　膨胀型浆体性能

第二篇　膨胀型浆体-岩体力学作用研究

第三篇 膨胀型浆体应用数值模拟

第一篇
膨胀型浆体性能

膨胀型浆体在注浆加固领域具有广阔的应用前景，膨胀材料种类繁多，材料自身均有各自的特点，在社会生产的多个领域均有应用。膨胀类材料的应用主要关注的是材料的膨胀性能和力学性能，其中膨胀性能方面主要关注的是膨胀体积的大小和膨胀速率的快慢，力学性能方面主要关注材料受载时的承载能力。

本篇首先对岩土工程、矿业工程领域常见的膨胀材料及其膨胀特性进行总结，优选出适用于注浆加固领域的膨胀材料，再根据所选材料，制备膨胀型浆体，分析其膨胀性能和力学特性，为膨胀型浆体在注浆加固领域的应用提供基础。

1 常见膨胀材料及膨胀机理

由于地质构造作用，地层岩体内部普遍存在节理、裂隙，严重影响岩体强度及工程结构整体稳定性[1,2]。注浆加固技术是常用的支护方法，通过向岩体弱面内注浆，提高弱面的摩擦力和黏结力，进而提升破碎岩体的整体强度及稳定性[3,4]。

然而，普通型浆体对弱面之间的岩体仅提供“黏结”作用，弱面之间岩体仍处于单向受力状态，对于提高含弱面岩体的整体强度是有限的。膨胀型浆体注浆技术对原有的普通水泥浆体进行了改进，利用膨胀型浆体自身膨胀作用产生挤压力的同时，提供普通型浆体的黏结效果；通过“先挤后黏”的加固思路，进一步提高含弱面岩体的整体强度。

为确保膨胀型浆体具有较好的“先挤后黏”支护效果，膨胀材料应具有膨胀发育时间较短、体积膨胀率较大、膨胀应力较强和自身强度较高等特性，为弱面两侧岩体在浆体产生黏结效果前较快提供足够的挤压力，并能和被支护岩体形成整体共同承载。为了选择合适的膨胀材料，本章首先介绍常见的膨胀材料，然后根据材料的膨胀特性优选出适用于注浆加固领域的膨胀材料。

1.1 常见膨胀材料及材料优选

膨胀型材料在岩土工程、道路工程、水利工程、矿业工程等领域广泛存在，膨胀型材料可以分为天然膨胀材料和人造膨胀材料两类。天然膨胀材料主要包括膨胀土和膨胀岩，人造膨胀材料主要包括水泥膨胀剂、混凝土发泡剂和静态破碎剂等。其中，天然膨胀材料主要是在一些工程施工中遇见，一般会对工程造成不良影响；而人造膨胀材料是人们主动利用膨胀材料解决一些工程问题的发明创造。

1.1.1 天然膨胀材料

1.1.1.1 含蒙脱石的膨胀土

在我国，膨胀土的分布范围非常广，主要集中在西南、西北、东北，长江中下游地区、黄河中下游地区和部分东南沿海地区。膨胀土是具有胀缩性、裂隙性和超固结性的高分散、高塑性黏土[5]。这类黏土对道路工程具有较大的危害性，其变形特征一直是工程建设中的研究重点。目前，国内外对膨胀土变形特征关注较多的是由于干湿变化而引起的膨胀土体积变化，称为胀缩变形[6]。膨胀土在控制土样吸力经历往复干湿循环时，其胀缩性在低吸力(0.4~113MPa）范围内表现出不可逆性，但在高吸力（113~262MPa）范围内基本可逆[7]。

膨胀土含有强亲水性矿物蒙脱石、蒙脱石-伊利石混层矿物等，这类矿物亲水性较强，与水结合能够产生一定的体积膨胀。蒙脱石吸水膨胀过程可分为两个阶段：第一阶段为快速膨胀期，第二阶段为缓慢膨胀期[8]。现有研究结果表明，含蒙脱石的膨胀土的膨胀机理主要有晶格扩张膨胀理论和扩散双电层膨胀理论[9]。膨胀土同时具有显著的吸水膨胀和失水收缩特性，其自由膨胀率一般不小于40%[6]。

1.1.1.2 含硫酸盐的膨胀岩

目前国内外关于膨胀岩膨胀机理的主流观点为水化作用膨胀机理[10]。水化作用膨胀机理是指膨胀岩中的石膏、硬石膏、芒硝等硫酸盐矿物与水泥在特殊条件下发生化学反应形成钙矾石晶体，当水与硫酸盐参与钙矾石生成反应时，将会引起晶体结构增大，宏观表现为岩石膨胀[11,12]。钙矾石化学式为 $Ca_6[Al(OH)_6]_2(SO_4)_3 \cdot 26H_2O$，晶体模型如图1-1所示。

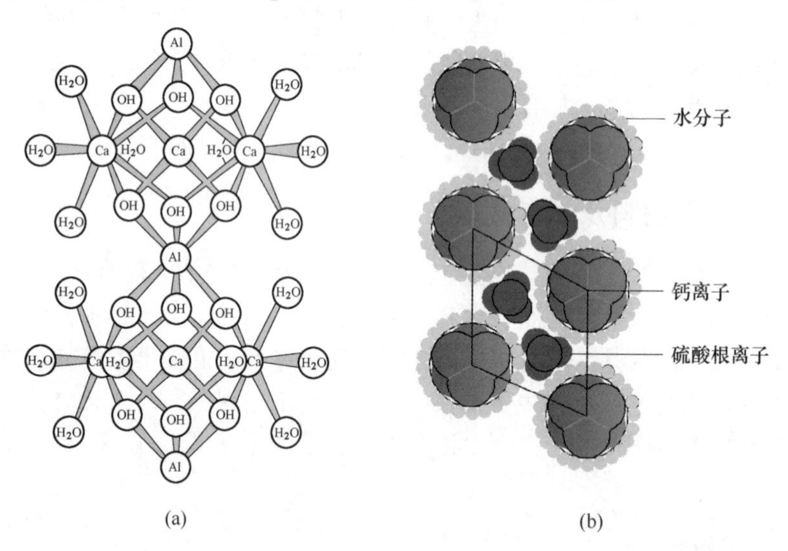

图1-1 钙矾石晶体模型[14,15]

（a）钙矾石基本结构单元；（b）钙矾石基本结构四面体关系

膨胀岩胀缩变形具有速度快、延续时间长的特点，其在隧道围岩中具有较强的破坏性。影响膨胀岩膨胀的主要因素包括强亲水矿物、微结构、应力状态、环境湿度、岩体干容重和孔隙率等[13]。

1.1.2 人造膨胀材料

1.1.2.1 含钙类膨胀剂

常见的人造膨胀材料主要有硫铝酸钙类、氧化钙、氧化镁类膨胀剂及混凝土发泡剂等，主要应用于补偿水泥干缩，其中含钙类膨胀剂中起主要作用的是钙矾石和氧化钙。氧化钙的膨胀机理如下：

$$CaO + H_2O = Ca(OH)_2 \tag{1-1}$$

CaO 水化生成 $Ca(OH)_2$ 的过程中，固相体积增加的同时也引起孔隙体积的增加，从而产生体积膨胀。固相体积增加包括两个方面：一方面是指 CaO 与H_2O 反应时，生成 $Ca(OH)_2$的固相体积要比 CaO 的固相体积增大 98%；另一方面是指 CaO 在水化过程中颗粒分散，这时在分散粒子的表面会吸附水分子，这部分吸附的水分子也看作是固相体积的增加，固相体积的增加就是这两个方面的总和[16]。

1.1.2.2 氧化镁类膨胀剂

近年来，氧化镁膨胀剂在大坝混凝土中的应用较多。以氧化镁作为膨胀剂的岩体材料的自由膨胀率具有增长呈现早期低、中期高、后期缓的整体趋势，表现出持续的微膨胀性能[17]。氧化镁类膨胀剂的膨胀机理为：

$$MgO + H_2O = Mg(OH)_2 \tag{1-2}$$

氧化镁膨胀剂的膨胀模型如图 1-2 所示。MgO 水化后形成的膨胀能与水泥浆体中的碱性环境有关，在高碱度环境下，$Mg(OH)_2$生长相对集中，从而产生较大的膨胀。MgO 水化时，水泥浆体膨胀的推动力在前期表现为 MgO 水化产物的吸水肿胀力，后期表现为结晶生长压力。

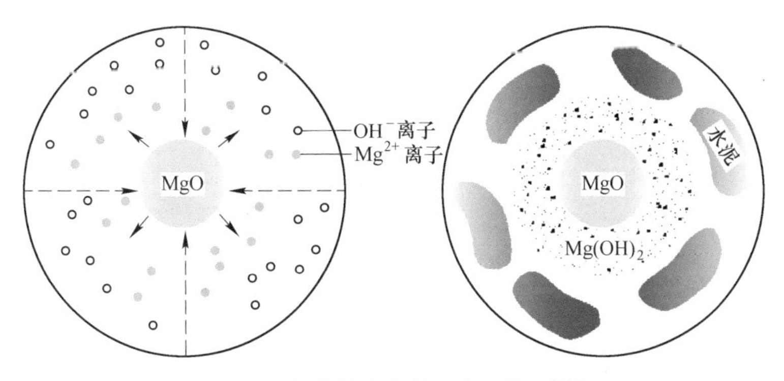

图 1-2 氧化镁膨胀剂的膨胀模型[18]

1.1.2.3 混凝土发泡剂

发泡剂又称起泡剂，主要用于制备泡沫混凝土，其使砂浆产生膨胀的根本原因是在砂浆中引入气体，产生一定的体积膨胀。

发泡剂依据发泡原理不同可以分为物理发泡剂和化学发泡剂两大类。物理发泡剂种类很多，主要分为松香类发泡剂、合成类发泡剂、蛋白类发泡剂和复合型发泡剂四种类型。化学发泡剂包括铝粉、锌粉、双氧水和碳酸氢钠等[19]。

物理发泡剂通过机械加气的方式产生气体，化学发泡剂通过与水泥组分发生反应或者自分解产生气体[20-22]。化学发泡与物理机械加气发泡产生泡沫非常类似，但化学发泡剂可以分散在料浆中形成无数独立的气源，与物理加气发泡显著不同[23]。例如双氧水在水泥浆体中容易均匀分散，同时在碱性环境中分解产生氧气，并在其中逐步形成气泡。双氧水在水泥浆体中发泡的机理如下：

$$2H_2O_2 = 2H_2O + O_2 \tag{1-3}$$

双氧水加入水泥浆体中时，硅酸盐水泥作为高效催化剂能提高双氧水的反应速率，在较短的时间内产生大量氧气，均匀分布于水泥浆体中，形成了含有大量孔隙的泡沫混凝土，如图 1-3 所示。

图 1-3 泡沫混凝土表面孔隙[24]

1.1.2.4 静态破碎剂

静态破碎剂（SCA），是一种高膨胀性粉末状胶凝材料，与水搅拌成浆体后，填充在岩石或混凝土的孔内最多能产生 100MPa 的膨胀应力，因此被广泛应用于混凝土或岩石安全破碎、建筑结构拆除、矿床开采等领域。在常用的胶凝材料中，CaO 能在水化时产生较大的体积膨胀（反应前后固体的体积增加 97%），适合作为静态破碎剂的膨胀源。目前静态破碎剂有Ⅰ型、Ⅱ型、Ⅲ型和Ⅳ型四种型号，各个型号的区别主要在于 CaO 含量不同，其中Ⅰ型氧化钙的含量为 50%左右，Ⅱ型、Ⅲ型和Ⅳ型氧化钙含量为70%~90%。静态破碎剂的膨胀模型如图1-4所示。

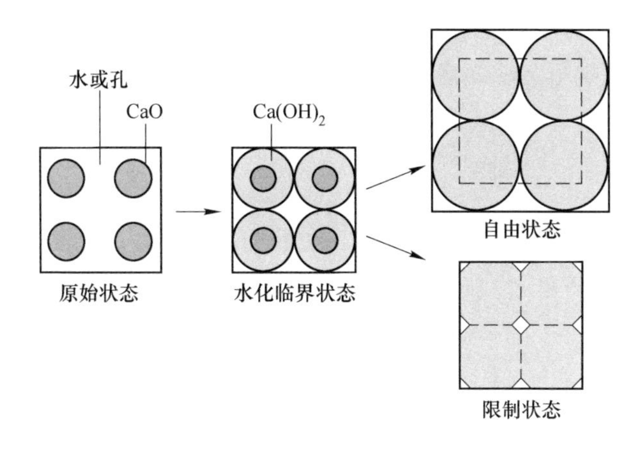

图 1-4 静态破碎剂的膨胀模型[16]

静态破碎剂的膨胀机理主要有三种理论。

(1) 物质转移理论[25]：在 CaO 与水的反应过程中，会同时发生两种方向相对的物质转移过程。一是 CaO 分子与进入其内部的水分子发生反应，生成 $Ca(OH)_2$；二是原充水空间被反应产生的 $Ca(OH)_2$填充。$Ca(OH)_2$在 CaO 周围大量堆积，宏观上表现为体积膨胀。

(2) 固相体积膨胀理论[26]：静态破碎剂反应时会产生体积膨胀并释放热量。在仅考虑固相体积变化时，反应后的 $Ca(OH)_2$比 CaO 体积增加近一倍，宏观上表现为固相体积增加。

(3) 孔隙体积增长理论[27]：随着 CaO 与水反应生成 $Ca(OH)_2$，分子体积增加。同时，由于 $Ca(OH)_2$难以与其他反应产物充分交织，在 $Ca(OH)_2$晶体与其他反应产物之间存在空隙。因此，$Ca(OH)_2$晶体越多，空隙越多，宏观上表现为孔隙体积增加。

静态破碎剂的膨胀性能主要受自身游离氧化钙含量、水灰比、填充孔径等因素的影响。目前的研究已经明确了静态破碎剂的作用机理及相关影响因素，对于未来其用途的拓展，需要更多的深入研究。

1.2 常用膨胀材料特性对比

材料的膨胀特性主要有膨胀时间、膨胀体积、材料成型后的力学强度和膨胀应力等。通过查阅相关文献资料，总结出不同膨胀材料的膨胀发育时间、体积膨胀率、单轴压缩强度和膨胀应力等特征，见表 1-1。

表 1-1 各类膨胀材料的特性

膨胀材料	膨胀发育时间 D	体积膨胀率 φ/ %	单轴压缩强度 σ_c/ MPa	膨胀应力 σ_p/ MPa	备注
含蒙脱石的膨胀土	当 $P_1 \leqslant 40\%$，$D=100h$； 当 $40\% < P_1 \leqslant 70\%$，$100h < D \leqslant 130h$	φ 与 P_1 近似呈线性关系； 当 $P_1=8\%$，$\varphi=20\%$； 当 $P_1=26\%$，$\varphi=120\%$	当 $12\% \leqslant P_5 \leqslant 46\%$，$0.11 \leqslant c \leqslant 0.37$； 当 $1.55g/cm^3 \leqslant \rho \leqslant 1.7g/cm^3$，$0.07 \leqslant c \leqslant 0.09$	当 $30\% \leqslant P_1 \leqslant 70\%$， $0.26 \leqslant \sigma_{p轴} \leqslant 2.25$； $0.22 \leqslant \sigma_{p径} \leqslant 2.03$	胀缩受亲水矿物含量、含水率等影响
硫铝酸钙膨胀剂	当 $P \leqslant 4\%$，$D \leqslant 7d$； 当 $4\% < P \leqslant 6\%$，$D \leqslant 14d$； 当 $P > 6\%$，$D \leqslant 28d$	当 $3\% < P \leqslant 10\%$，$0.01 < \varphi \leqslant 0.06$； 当 $10\% < P \leqslant 13\%$，$0.06 < \varphi \leqslant 0.15$	当 $P=0\%$，$\sigma_c=56.7$； 当 $P=9\%$，$\sigma_c=38.2$； 降低 32.63%	养护溶液 pH $Ca(OH)_2$，$\sigma_p=27.3$； NaOH，$\sigma_p=26.4$； 40℃水溶液，$\sigma_p=23.9$	胀缩主要受 Ca^{2+} 浓度影响
氧化钙膨胀剂	当 $P \leqslant 9\%$，$D \leqslant 7d$； 当 $P > 9\%$，$D \leqslant 14d$	当 $P=6\%$，$\varphi=0.05$； 当 $6\% < P \leqslant 10\%$，$0.05 < \varphi \leqslant 0.21$	当 $P=0\%$，$\sigma_c=62.1$； 当 $P=9\%$，$\sigma_c=23.9$； 降低 61.51%	当 f-CaO=0.98%，$\sigma_p=1.71$； 当 f-CaO=1.23%，$\sigma_p=2.22$	胀缩主要受 f-CaO 含量影响
氧化镁膨胀剂	当 $P \leqslant 3\%$，$D \leqslant 30d$； 当 $3\% < P \leqslant 8\%$，$D \leqslant 60d$； 当 $8\% < P \leqslant 13\%$，$D \leqslant 90d$； 当 $P > 13\%$，$D \geqslant 120d$	当 $P=9\%$，$\varphi=0.05$； 当 $9\% < P \leqslant 13\%$，$0.05 < \varphi \leqslant 0.17$	当 $P=0\%$，$\sigma_c=58.1$； 当 $P=9\%$，$\sigma_c=36.8$； 降低 36.66%	$5\% \leqslant$ MEA-23 $\leqslant 8\%$， $0.3 \leqslant \sigma_p \leqslant 1.8$； $5\% \leqslant$ MEA-46 $\leqslant 8\%$， $0.7 \leqslant \sigma_p \leqslant 3.0$	胀缩受碱性环境、Mg^{2+} 浓度等影响

续表 1-1

膨胀材料	膨胀发育时间 D	体积膨胀率 φ/ %	单轴压缩强度 σ_c/ MPa	膨胀应力 σ_p/ MPa	备注
复合膨胀剂	当 $P \leq 3\%$，$D \leq 7d$； 当 $P > 3\%$，$D \leq 14d$	当 $P = 9\%$，$\varphi = 0.07$； 当 $9\% < P \leq 13\%$，$0.07 < \varphi \leq 0.16$	当 $P = 0\%$，$\sigma_c = 58.2$； 当 $P = 9\%$，$\sigma_c = 49.7$； 降低 14.60%	膨胀效能影响因素较复杂，无准确相关数据	胀缩前后期分别受 Ca^{2+}、Mg^{2+} 浓度影响
混凝土发泡剂	膨胀发育发生在终凝前，时间较短	当 $5\% < P_2 \leq 9\%$，φ 增长 79.73； 当 $0.6 < P_3 \leq 0.75$，φ 增长 52.51	当 $6\% < P_2 \leq 9\%$， σ_c 下降 2.00MPa， 降低 58.0%； 当 $0.60 < P_3 < 0.75$， σ_c 下降 1.63MPa， 降低 43.4%	膨胀发生在终凝前，不能有效挤压，产生膨胀应力	胀缩受水灰比、双氧水含量等影响
静态破碎剂	当 $P \leq 3\%$，$D \leq 1d$； 当 $P > 3\%$，$D \leq 3d$	当 $P_3 = 0.28$，$T_b = 20℃$， $\varphi_{max} = 472$； 当 $P_3 = 0.45$，$T_b = 36℃$， $\varphi_{min} = 326$	$P_3 = 1:4$， 当 $P = 0\%$，$\sigma_c = 2.67$； 当 $P_4 = 11\%$，$\sigma_c = 2.44$	σ_p 随 P_3 增加剧烈减小， 当 $P_3 = 0.25$，$\sigma_p = 90.9MPa$； 当 $P_3 = 0.43$，$\sigma_p = 50.3MPa$	膨胀受 f-CaO 含量、水灰比等影响

注：P 为膨胀剂掺量；P_1 为蒙脱石含量；P_2 为发泡剂掺量；P_3 为水灰比；T_b 为拌和水温；P_4 为静态破碎剂掺量；P_5 为含水率；ρ 为干密度；c 为直剪强度。

由表 1-1 可知，各类膨胀材料中，膨胀土的胀缩机理为吸水膨胀失水收缩，且在吸水膨胀后强度极低。若采用膨胀土作为膨胀型浆体的膨胀源，在地下支护环境中难以控制水体，且浆体自身强度难以保证，因此不宜作为膨胀源。混凝土发泡剂的膨胀发育发生在终凝前，时间极短，无法产生较强的膨胀应力，且泡沫混凝土强度较低，因此也不宜作为膨胀源。各类水泥膨胀剂（尤其氧化镁类膨胀剂）的膨胀发育时间较长，难以达到浆体膨胀发育时间较短从而较快产生支护效果的要求，且膨胀率和膨胀应力相对较小，难以在注浆岩体中产生足够的膨胀挤压效果。

静态破碎剂的膨胀发育时间较短、体积膨胀率较大、浆体自身强度较高、膨胀应力较强，可作为膨胀型浆体注浆技术的首选膨胀源，为节理面岩体提供挤压力。目前静态破碎剂有Ⅰ型、Ⅱ型、Ⅲ型和Ⅳ型四种型号，各个型号的区别主要在于氧化钙含量及对温度的敏感性不同。由于Ⅱ型、Ⅲ型的氧化钙含量高于Ⅰ型，且Ⅱ型的适应环境温度为 10~30℃，适用于一般工程现场应用，因此选用Ⅱ型静态破碎剂作为膨胀型浆体试验的膨胀源。

参考文献

[1] Xu D, Feng X, Chen D, et al. Constitutive representation and damage degree index for the layered rock mass excavation response in underground openings [J]. Tunnelling & Underground Space Technology, 2017, 64: 133-145.

[2] 陈常钊. 膨胀型浆体的材料选择及注浆加固作用 [D]. 武汉：武汉科技大学，2021.

[3] 侯朝炯，柏建彪，张农，等. 困难复杂条件下的煤巷锚杆支护 [J]. 岩土工程学报，2001，23（1）：84-88.

[4] 张农，李桂臣，阚甲广. 煤巷顶板软弱夹层层位对锚杆支护结构稳定性影响 [J]. 岩土力学，2011，32（9）：2753-2758.

[5] 孙长龙，殷宗泽，王福升，等. 膨胀土性质研究综述 [J]. 水利水电科技进展，1995，15（6）：11-15.

[6] 王澄菡，查文华，王京九. 膨胀土的胀缩机理及新型处理方法综述 [J]. 路基工程，2020（2）：6-11.

[7] 唐朝生，施斌. 干湿循环过程中膨胀土的胀缩变形特征 [J]. 岩土工程学报，2011，33（9）：1376-1384.

[8] 杨魁. 蒙脱石吸水膨胀规律的分析及应用 [J]. 四川建筑科学研究，2008，34（5）：152-154.

[9] 袁琳. 蒙脱石的胀缩机理及改性技术研究 [D]. 长沙：长沙理工大学，2007.

[10] 叶义成，陈常钊，姚囝，等. 膨胀型浆体的膨胀材料若干问题研究进展 [J]. 金属矿山，2021（1）：71-93.

[11] 蒲文明，陈钒，任松，等. 膨胀岩研究现状及其隧道施工技术综述 [J]. 地下空间与工程学报，2016，12（S1）：232-239.

[12] 尧俊凯．硫酸盐侵蚀水泥改良土膨胀研究［D］．北京：中国铁道科学研究院，2019.

[13] 杨庆．膨胀岩与巷道稳定［M］．北京：冶金工业出版社，1995.

[14] Myneni S，Tranina S，Logan T，et al. Oxyanion behavior in alkaline environments：sorption and desorption of arsenate in ettringite［J］. Environmental Science & Technology，1997，31（6）：1761-1768.

[15] Intharasombat N. Ettringite Formation in Lime Treated Sulfate Soils：Verification by Mineralogical and Swell Testing［D］. Arlington：The University of Texas at Arlington，2004.

[16] 张雄天．膨胀充填材料的试验研究［D］．沈阳：东北大学，2014.

[17] 徐菊．新型氧化镁膨胀剂对混凝土性能的影响研究［D］．北京：北京建筑大学，2018.

[18] 邓敏，崔雪华，刘元湛，等．水泥中氧化镁的膨胀机理［J］．南京工业大学学报（自然科学版），1990，12（4）：1-11.

[19] 刘雪丽，焦双健，王振超．发泡剂及泡沫混凝土研究综述［J］．价值工程，2017，36（28）：236-237.

[20] Ma C，Chen B. Experimental study on the preparation and properties of a novel foamed concrete based on magnesium phosphate cement［J］. Construction and Building Materials，2017，137：160-168.

[21] Liu Y，Leong B，Hu Z，et al. Autoclaved aerated concrete incorporating waste aluminum dust as foaming agent［J］. Construction and Building Materials，2017，148：140-147.

[22] Ducman V，Kopat L. Characterization of geopolymer fly-ash based foams obtained with the addition of Al powder or H_2O_2 as foaming agents［J］. Materials Characterization，2016，113：207-213.

[23] 徐文，钱冠龙，化子龙．用化学方法制备泡沫混凝土的试验研究［J］．混凝土与水泥制品，2011（12）：1-4.

[24] 严小艳，叶昌，严运，等．新型无机外墙保温材料的设计与研究［J］．新型建筑材料，2014，41（2）：73-76.

[25] 孙立新．静态破碎剂的研制及应用［D］．西安：西安建筑科技大学，2005.

[26] 王玉杰．静态破裂技术及机理研究［D］．武汉：武汉理工大学，2009.

[27] 刘江宁．膨胀水泥石的孔结构和限制条件对其影响［J］．膨胀剂与膨胀混凝土，2008（2）：11-16.

2 膨胀型浆体体积膨胀率及膨胀应力

浆体中水泥含量对水泥水化过程及浆体各阶段的绝对体积变化会产生明显影响。而膨胀剂含量对浆体膨胀特性的影响却不明确。因此，根据实际工程需要，控制膨胀剂的添加比例，研究膨胀型浆体的配比选型问题，对其在裂隙岩体注浆加固技术中的应用具有重要意义。膨胀型浆体的体积膨胀率是其基础参数，而侧向膨胀应力为节理裂隙面提供挤压应力，因而选取该两项参数作为考察膨胀型浆体膨胀性能的指标。

本章通过室内试验、微观分析等手段，研究不同水泥含量时，膨胀型浆体的体积膨胀率、膨胀应力与水泥含量和膨胀剂含量的关系。

2.1 体积膨胀率及膨胀应力测试试验

2.1.1 原材料及试验方案

试验使用原材料包括 42.5 号普通硅酸盐水泥、HSCA-Ⅱ型静态破碎剂、混凝土速凝剂、工业消泡剂。通过 X 射线荧光光谱分析仪（XRF）分析两种主要原材料的化学组成成分，见表 2-1。其中所添加的少量速凝剂及消泡剂分别为提高水泥胶结速度及减少浆体内部气泡，不作为本试验的变量进行研究。HSCA-Ⅱ型静态破碎剂适应环境温度为 10~30℃，为使试验不受温度等环境因素干扰，本试验在 25℃标准室温条件下进行，并使用 25℃普通自来水拌合。

表 2-1 浆体原材料主要化学组成成分 (%)

原材料	CaO	SiO_2	SO_3	Fe_2O_3	Al_2O_3	MgO	K_2O	Na_2O
42.5 号普通硅酸盐水泥	44.00	30.12	2.05	2.05	11.66	4.74	1.07	1.73
HSCA-Ⅱ型静态破碎剂	87.12	4.47	0.04	2.76	2.78	0.75	0.06	0.21

HSCA-Ⅱ型静态破碎剂主要成分为 CaO 也是其膨胀源，与水反应生成 $Ca(OH)_2$产生体积膨胀，进而产生膨胀应力。普通硅酸盐水泥水化过程主要包括硅相和铝相的反应：硅相反应可以简单概括为 C_3S 水化生成 C-S-H 凝胶和 C_2S 水化生成 $Ca(OH)_2$这两个过程；铝相反应则包括硫酸盐和 C_3A 的溶解以及 AFt

（钙矾石）的沉淀过程。由此可见，HSCA 水化反应与水泥水化反应之间存在一定程度的交互作用。因此，以水泥含量为影响因素 A，设置水灰比 0.6、0.7 和 0.8 三个试验水平（折合水泥含量质量分数 62.5%、58.8%、55.6%，下文以水泥含量质量分数表述），以膨胀剂含量为影响因素 B，设置 0%、3%、6%、9%、12%五个试验水平，以浆体体积膨胀率和膨胀应力为考察指标进行全面试验，配比方案见表 2-2。

表 2-2 试验配比方案 （%）

水泥含量	外加剂		
	膨胀剂含量	速凝剂含量	消泡剂含量
55.6、58.8、62.5	0、3、6、9、12	2.5	0.1

注：表中外加剂百分数含量均以水泥与水质量之和为基数。

2.1.2 试验过程

试验过程主要包括制样、膨胀效果测试和试样的 XRD 和电镜扫描测试，具体试验过程如图 2-1 所示。

（1）制样。使用标准 100mm 立方体高强度钢质模具筑样，在模具底部垫置定性滤纸，以控制水的泌出速率相同，减小泌出水对试验结果的影响。浇筑时控制浆体高度为 80mm，并将薄膜应力传感器预埋至试样侧壁中心处。

（2）膨胀效果测试。待浆体初凝后，在其顶部放置轻质等厚的亚克力板，使用 YWC-20 型笔式位移传感器对浆体膨胀过程中试样顶面位移变化进行监测。经浆体初凝终凝等测试试验得知，该类浆体一般在 8~10h 达终凝状态，且浆体试样膨胀主要发生在制样后的前 3d。据此，以试样浇筑后 8h 为监测起点，间隔 2h 记录一次监测数据，监测时长 168h(7d)。使用压力传感器-100lbs 薄膜应力传感器对浆体膨胀过程中产生的侧向膨胀应力进行监测。

（3）XRD 和电镜扫描测试。采用 XRD 和电镜扫描测试方法，分析不同水泥含量、膨胀剂含量和养护时间条件下，膨胀型浆体的化学成分变化和微观晶体形态发育特征。不同水泥含量、膨胀剂含量和养护时间的试样分别命名为 C 组、E 组和 T 组，C 组有 3%和 9%两种膨胀剂含量条件下三种不同水泥含量试样，E 组有 5 种不同膨胀剂含量的试样，T 组有 4 种不同养护时间的试样，具体的测试试样详情如图 2-1 所示。

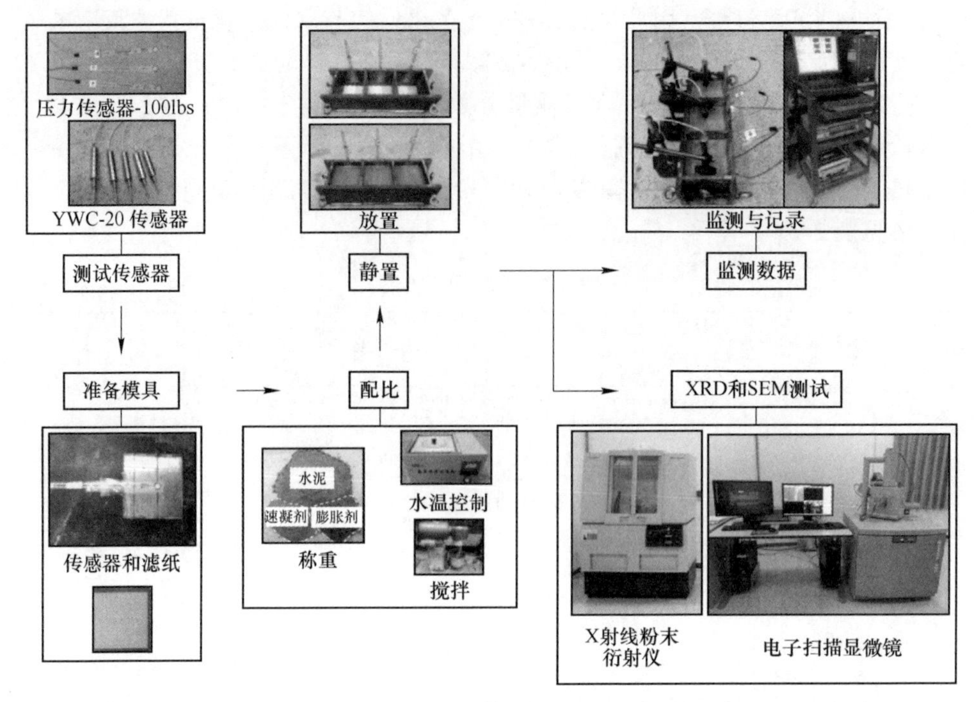

图 2-1　具体试验过程

2.2　体积膨胀率及膨胀应力测试结果

2.2.1　膨胀阶段

根据 168h 即 7d 监测数据，绘制了部分不同膨胀剂含量浆体试样（水泥含量 58.8%）和不同水泥含量浆体试样（膨胀剂含量 6%）的体积膨胀演化曲线。由图 2-2 和图 2-3 可见，当浆体不含膨胀剂时，普通型浆体试样的侧向膨胀应力基本为 0 且不随时间变化，同时，试样还存在着一定程度的体积收缩。而其他含有膨胀剂的膨胀型浆体则表现为不同程度的体积膨胀，并对模具侧壁产生挤压应力，表明膨胀剂为膨胀型浆体提供了膨胀作用。并且，膨胀剂不仅抵消了普通型浆体的体积收缩，还产生了正向体积膨胀，膨胀剂的绝对膨胀能力应视为测试的膨胀率与普通型浆体的收缩率之和。

由图 2-2 和图 2-3 可知，不同水泥含量及膨胀剂含量条件下膨胀型浆体的膨胀演化形式大致相同，体积膨胀率和侧向膨胀应力在各时间段的增长变化趋势基本保持一致。根据膨胀变化趋势，结合不同时间的试样体积膨胀率和侧向膨胀应力变化特征，将膨胀型浆体膨胀演化过程划分为四个阶段：

（1）Ⅰ阶段，快速膨胀期（rapid expansion phase），主要为浆体试样终凝后

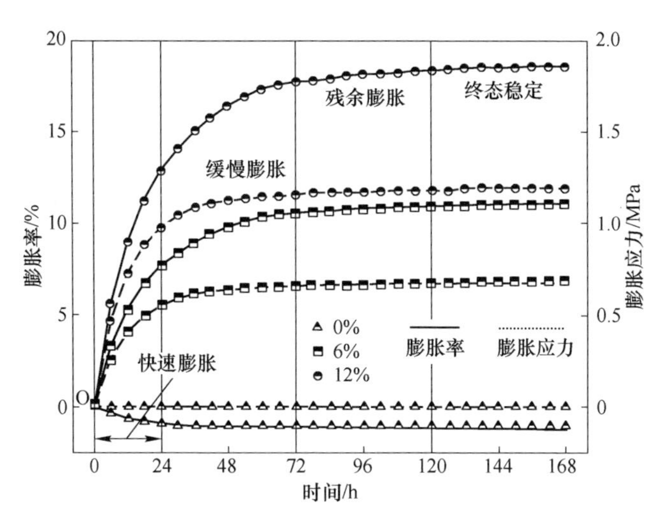

图 2-2 不同膨胀剂含量试样膨胀演化曲线（水泥含量 58.8%）

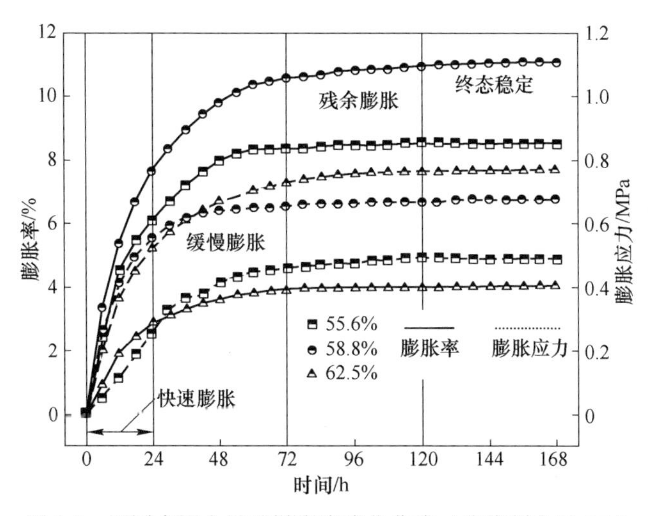

图 2-3 不同水泥含量试样膨胀演化曲线（膨胀剂含量 6%）

的第 1 天，试样的体积膨胀发育迅速，其膨胀率可达到其最终膨胀率的 70%以上，侧向膨胀应力可达到其终态侧向膨胀应力的 70%左右（水泥含量低且膨胀剂含量高的试样除外）。

（2）Ⅱ阶段，缓慢膨胀期（slow expansion phase），主要为浆体试样终凝后的第 2～3 天，试样的膨胀发育变慢，其膨胀率可达到其最终膨胀率的 90%～95%，侧向膨胀应力可达到其终态侧向膨胀应力的 90%～95%。

（3）Ⅲ阶段，残余膨胀期（residual expansion phase），主要为浆体试样终凝后的第3~5天，试样的膨胀发育极慢，到第5天末达到其最终膨胀率的98%以上，在此阶段试样体积膨胀3%~8%。侧向膨胀应力可达到其终态侧向膨胀应力的98%~100%。

（4）Ⅳ阶段，终态稳定期（stable phase）。5天后试样体积膨胀1%甚至几乎不膨胀，侧向膨胀应力几乎不变，试样到达稳定期。

2.2.2　水泥含量和膨胀剂含量对膨胀的影响

不同水泥含量试样的体积膨胀率和侧向膨胀应力与膨胀剂含量的关系如图2-4和图2-5所示。

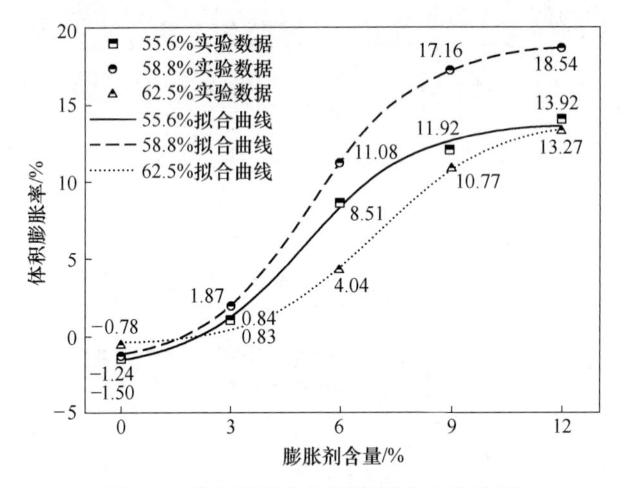

图2-4　体积膨胀率与膨胀剂含量的关系

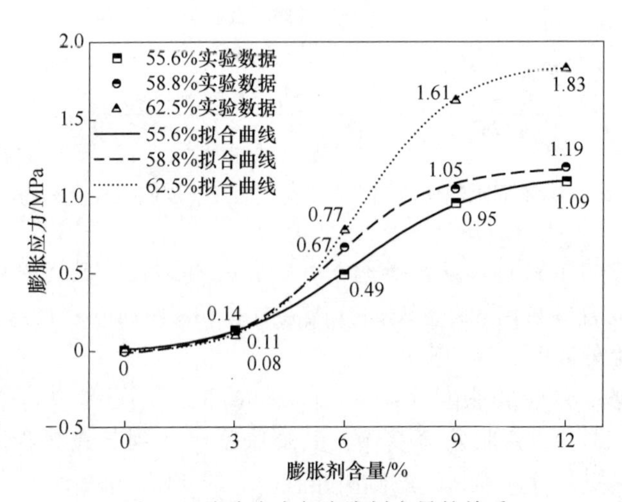

图2-5　膨胀应力与膨胀剂含量的关系

水泥含量55.6%、58.8%、62.5%膨胀型浆体的体积膨胀率 γ 和膨胀应力 ρ 关于膨胀剂含量 δ（$0 \leqslant \delta \leqslant 12$）的拟合曲线分别见式（2-1）~式（2-6）：

$$\gamma_{55.6} = -2.17 + \frac{15.79}{1 + 10^{0.29(5.03-\delta)}},\ R^2 = 0.99563 \tag{2-1}$$

$$\gamma_{58.8} = -1.84 + \frac{20.55}{1 + 10^{0.20(5.23-\delta)}},\ R^2 = 0.99998 \tag{2-2}$$

$$\gamma_{62.5} = -0.66 + \frac{14.65}{1 + 10^{0.27(7.08-\delta)}},\ R^2 = 0.99760 \tag{2-3}$$

$$\rho_{55.6} = -0.01 + \frac{1.15}{1 + 10^{0.26(6.33-\delta)}},\ R^2 = 0.99912 \tag{2-4}$$

$$\rho_{58.8} = -0.03 + \frac{1.21}{1 + 10^{0.31(5.61-\delta)}},\ R^2 = 0.99784 \tag{2-5}$$

$$\rho_{62.5} = -0.03 + \frac{1.87}{1 + 10^{0.33(6.42-\delta)}},\ R^2 = 0.99972 \tag{2-6}$$

由图2-4和图2-5可见，所有试样的体积膨胀率和侧向膨胀应力均随膨胀剂含量增加而增长。图2-6所示为水泥含量58.8%的试样的主要水化产物含量与膨胀剂含量的关系，也表明了类似的规律，即试样内 $Ca(OH)_2$ 晶体和C-S-H含量分别随膨胀剂含量增加而增大和减小，表明膨胀剂含量越高则生成 $Ca(OH)_2$ 晶体越多，导致C-S-H含量占比减少。需要说明的是，试样的体积膨胀率和侧向膨胀应力均随膨胀剂含量增长且呈S型曲线变化，即膨胀剂含量由3%增至6%和6%增至9%阶段，试样的单自由面膨胀率和侧向膨胀应力比由0%增至3%和9%增至12%阶段的增量大。具体表现为：

（1）在膨胀剂含量由3%增至6%和6%增至9%时，三种水泥含量试样的体积膨胀率和膨胀应力增长幅度均较大，55.6%、58.8%和62.5%水泥含量浆体试样在膨胀剂含量由3%增至6%的体积膨胀率分别增加7.67%、9.21%和3.21%，在6%增至9%时分别为3.41%、6.08%和6.73%。三种试样的膨胀应力在膨胀剂含量由3%增至6%时分别增加0.35MPa、0.56MPa和0.69MPa，在6%增至9%时分别为0.46MPa、0.38MPa和0.84MPa。

（2）在膨胀剂含量由0%增至3%和9%增至12%阶段时，三种水泥含量试样的体积膨胀率增长幅度相对其他两个阶段较小。55.6%、58.8%和62.5%水泥含量浆体试样在膨胀剂含量由0%增至3%的体积膨胀率分别增加2.34%、3.11%和1.61%，在9%增至12%时分别为2.00%、1.38%和2.50%。三种试样的膨胀应力在膨胀剂含量由0%增至3%时分别增加0.14MPa、0.11MPa和0.08MPa，在9%增至12%时分别为0.14MPa、0.14MPa和0.22MPa。

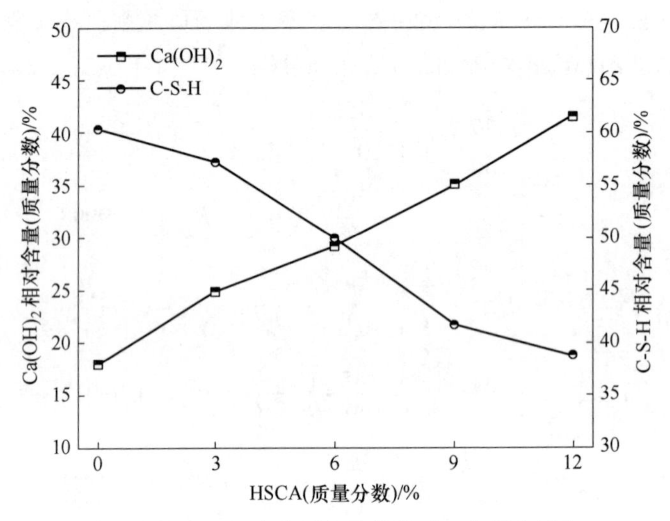

图 2-6 水化产物含量与膨胀剂含量的关系（水泥含量为 58.8%）

2.3 水化过程微观演化及膨胀机理

2.3.1 微观晶体生长发育

膨胀型浆体试样的宏观膨胀行为与其微观晶体生长发育过程密切相关。水泥水化过程中主要产物为 C-S-H 凝胶和 $Ca(OH)_2$，其中，C-S-H 凝胶提供水泥硬化的主要黏结力，是硬化体产生强度的关键。膨胀型浆体虽然有着与普通型浆体相同的水化产物种类，但其含量与普通水泥水化有所差别。$Ca(OH)_2$是膨胀型浆体产生膨胀作用的关键产物，其生长过程决定了膨胀型浆体的膨胀发育规律。

为分析不同养护时间条件下膨胀型浆体晶体发育特征，以水泥含量 58.8%、膨胀剂含量 6%的膨胀型浆体试样为例，分析其 1d、3d、5d、7d 的 SEM 图像、XRD 图谱及主要水化产物含量。结合不同膨胀发育阶段分析其晶体生长规律，可总结如下。

2.3.1.1 晶体衍射图谱

图 2-7 所示为膨胀型浆体试样在 1d、3d、5d、7d 的 XRD 图谱。由图可得出如下结论：

(1) 试样在不同时间的衍射图谱结构相似，说明试样在终凝后，产生的水化产物类别已经基本稳定，水化产物种类基本相同。

(2) 试样的主要晶体包括 C-S-H、$Ca(OH)_2$、AFt、C_2S 和 SiO_2，与普通硅酸盐水泥的水化产物基本相同。其中，有少量的 C_2S 存在是因为其水化反应主要在后期，7d 时间内无法反应完全。极少量 SiO_2存在是因为少许水泥熟料拌合不均导致未发生水化反应，所有晶体中 $Ca(OH)_2$ 和 C-S-H 的峰值较高，且峰面积较大，表明两者的晶体化程度高且含量相对较高。

（3）试样在不同时间的衍射峰值存在一定变化，特别是 $Ca(OH)_2$ 和 C-S-H，尤其在第 1 天和第 3 天的峰值变化较大，表明在 1~3d 晶体化程度存在显著变化，水化反应仍在快速进行。

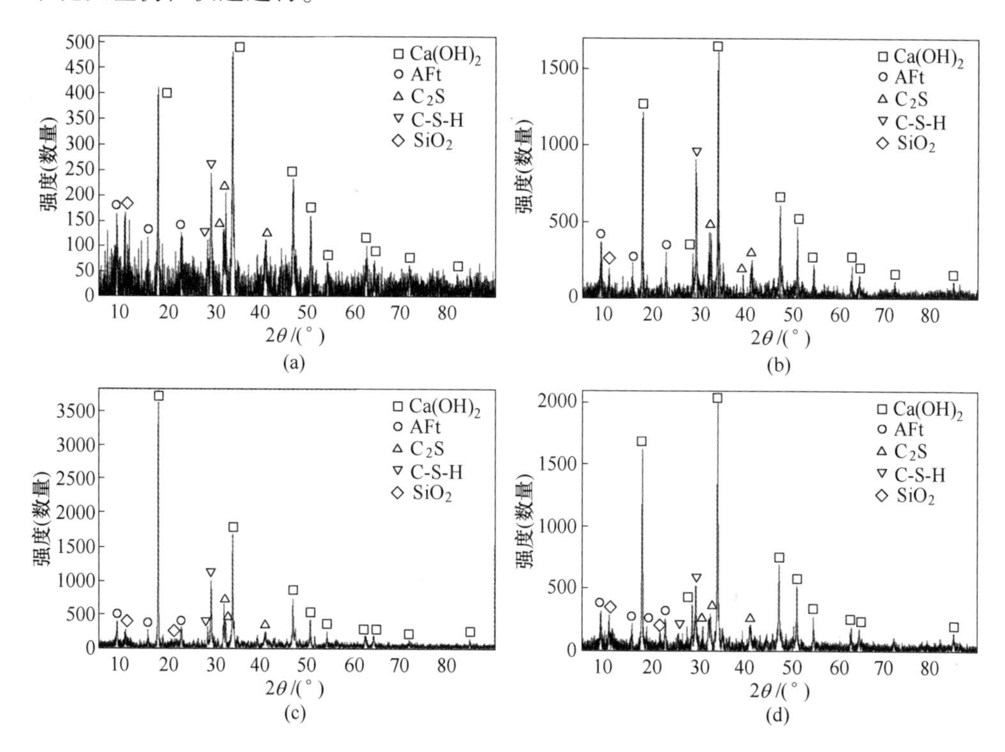

图 2-7 不同养护时间条件下试样的 XRD 图谱（水泥含量 58.8%，膨胀剂含量 6%）

（a）1d；（b）3d；（c）5d；（d）7d

2.3.1.2 晶体含量

图 2-8 所示为试样在 1d、3d、5d、7d 的主要水化产物含量随养护时间关系折线图。由图可以得出如下结论：

（1）C-S-H 凝胶和 $Ca(OH)_2$ 晶体含量在 1~7d 分别在 49.9%~56.2% 和 21.2%~29.1% 区间内变化，试样在终凝后第 1 天的两种晶体的含量分别为 56.2% 和 21.2%，已达到较高的水平，并在后续水化过程中变化较小，说明在试样凝结及终凝后第 1 天这段时期内，水化反应最为剧烈。

（2）C-S-H 凝胶和 $Ca(OH)_2$ 晶体含量随后整体上分别呈下降和上升趋势，表明随着时间的变化，由于 C-S-H 凝胶在试样养护前期的稳定性相对较差，$Ca(OH)_2$ 晶体的持续生长发育速度明显快于 C-S-H 凝胶的生长，导致 $Ca(OH)_2$ 晶体含量增加及 C-S-H 凝胶含量的下降。

(3) C-S-H 凝胶和 $Ca(OH)_2$ 晶体含量在终凝后 1~3d 期间变化最大，后期变化逐渐变小，表明试样终凝后的 1~7d 内，在试样在 1~3d 水化反应相对较剧烈，后期水化逐渐减弱。

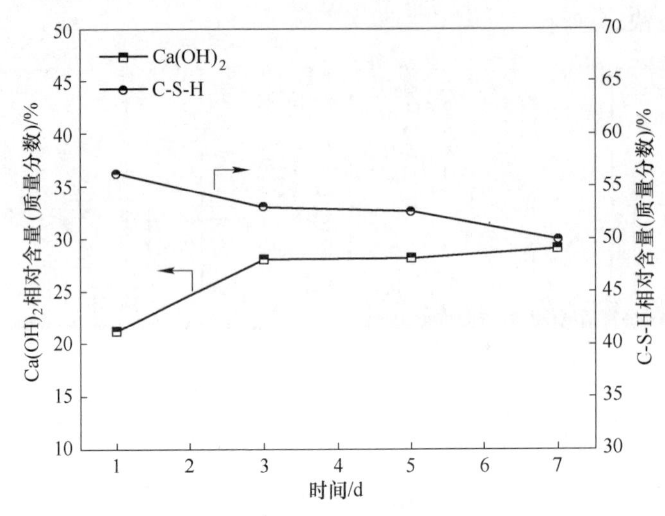

图 2-8 水化产物含量随时间的关系

2.3.1.3 晶体形态

图 2-9 所示为试样在 1d、3d、5d、7d 的 SEM 图像。由图可得出如下结论：

(1) 快速膨胀阶段结束时，即试样终凝 1d 后，试样中产生的晶体种类及形态与普通水泥水化相同，主要有大量的絮状结构 C-S-H 凝胶、$Ca(OH)_2$ 晶体和针状 AFt 晶体，晶体之间存在大量孔隙，如图 2-9 (a) 所示。由于此阶段 C-S-H 凝胶较不稳定但具备一定强度，$Ca(OH)_2$ 晶体的大量发育，在宏观上表现为试样整体产生较大的体积膨胀，以及侧向膨胀应力数值快速上升。

(2) 缓慢膨胀阶段结束时，即试样终凝 3d 后，$Ca(OH)_2$ 晶体继续增多长大，但增长速度变缓，逐渐填充 C-S-H 凝胶部分的松散空间，并对颗粒连接成网但具备一定屈服抗剪强度的 C-S-H 形成挤压，如图 2-9 (b) 所示。在宏观上表现为试样膨胀反应速率逐渐减缓，但仍保持膨胀趋势，体积膨胀和侧向膨胀应力保持同步增长变化趋势。

(3) 残余膨胀阶段结束时，即试样终凝 5d 后，$Ca(OH)_2$ 晶体增多长大发育较弱，并逐渐发生接触且孔隙逐渐减少，此时 C-S-H 凝胶进一步发育并具备较好屈服抗剪强度，如图 2-9 (c) 所示。在宏观上表现为 $Ca(OH)_2$ 晶体的发育只导致试样少许体积膨胀，而侧向膨胀应力几乎保持不变。

(4) 终态稳定阶段时，即试样终凝 7d 后，浆体试样中 $Ca(OH)_2$ 晶体仍存在微弱地长大发育，但此时 C-S-H 凝胶进一步发育形成稳定的絮状骨架，$Ca(OH)_2$ 晶体与 C-S-H 接触发生挤压，而 C-S-H 凝胶强度较 $Ca(OH)_2$ 晶体更大，导致部分六方体 $Ca(OH)_2$ 晶体的局部破碎，如图 2-9（d）所示。其晶体发育已几乎不能导致试样在宏观上的体积膨胀及侧向膨胀应力变化。

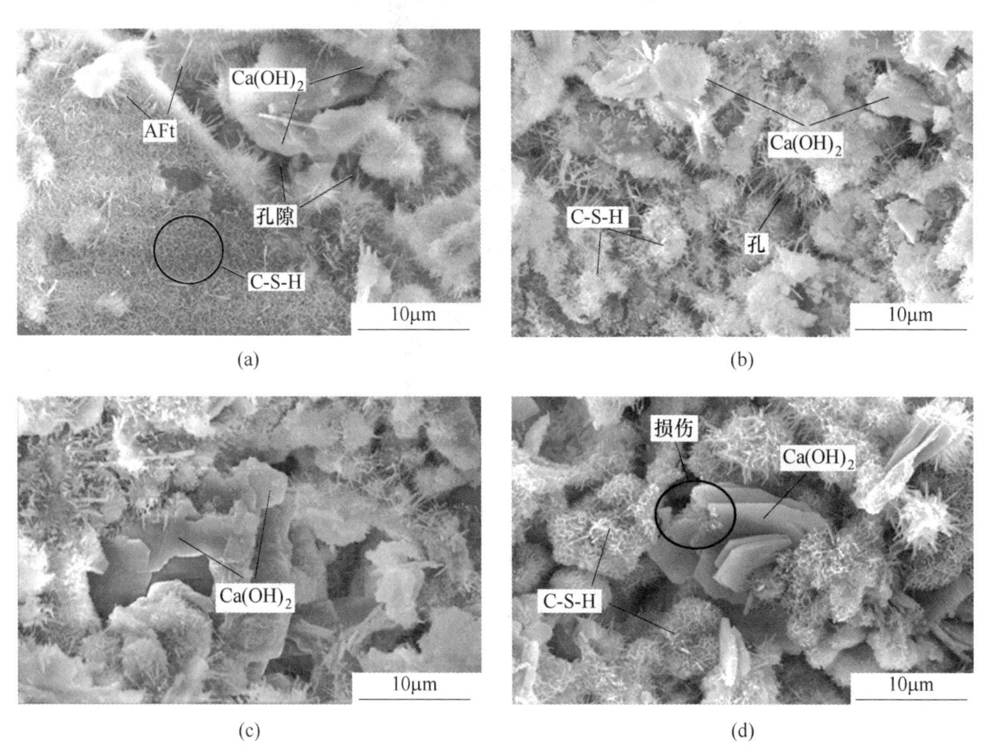

图 2-9 不同养护时间时的 SEM 图像

（a）1d；（b）3d；（c）5d；（d）7d

2.3.2 膨胀机理

通过以上分析，普通型浆体和膨胀型浆体的膨胀机理如图 2-10 所示。

普通型浆体的水化过程主要是水泥的水化过程，如图 2-10（a）所示。普通型浆体主要由水泥和水组成（见图 2-10（a）Ⅰ），混合均匀后开始水化反应，并在水泥固体颗粒周围开始生成水化产物（见图 2-10（a）Ⅱ）。随着水化反应持续进行，水化产物持续增加逐渐开始连接成网（见图 2-10（a）Ⅲ），并逐步形成完整的水化产物固体框架（见图 2-10（a）Ⅳ），此时试样即达到终凝状态。终凝后的试样内没有自由水，但仍存在毛细水和孔隙水（见图 2-10（a）Ⅴ），以此保证水化的进一步进行，直至水分完全消失后水化反应结束（见图 2-10（a）Ⅵ）。

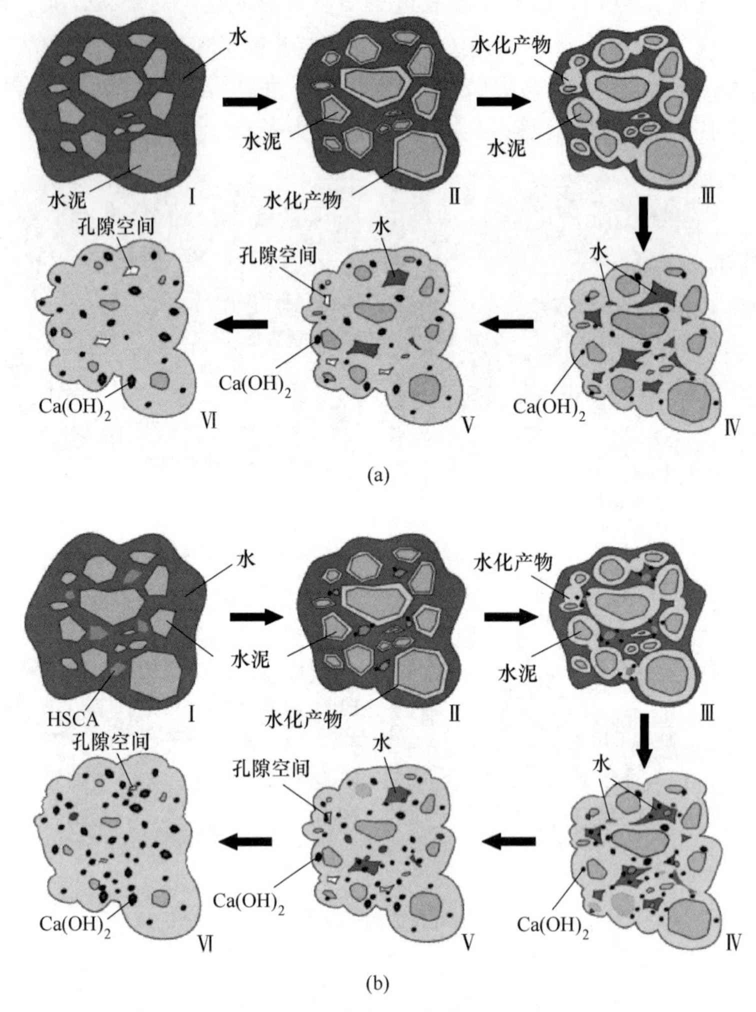

图 2-10　膨胀型浆体的膨胀机理示意

（a）普通型浆体水化过程；（b）膨胀型浆体水化过程

膨胀剂是浆体具有膨胀能力的关键，将其加入浆体虽然没有改变普通型浆体水化产物的种类，但明显改变了各水化产物的含量，并对水化过程产生了直接的影响。结合以上分析，绘制的膨胀型浆体的水化过程如图 2-10（b）所示。膨胀型浆体的水化反应大体与普通型浆体相同，主要区别在于，添加了膨胀剂后，氧化钙与水泥同时进行水化反应，在试样终凝前（见图 2-10（b）Ⅱ和Ⅲ）和终凝后（见图 2-10（b）Ⅳ和Ⅴ）均产生了大量的 $Ca(OH)_2$晶体，从而导致了浆体的体积膨胀（见图 2-10（b）Ⅵ）。

由上可知，膨胀型浆体水化膨胀可分为三个阶段：

（1）流体自由膨胀阶段。颗粒表面氧化钙与水反应生成 $Ca(OH)_2$，并堆积于颗粒表面引起体积增大，此阶段增大的体积主要填充在浆体内游离水和孔隙中，水泥水化产物颗粒（C-S-H 等）也处于游离状态，$Ca(OH)_2$与水泥水化产物颗粒不发生挤压（见图 2-10（b）Ⅱ和Ⅲ）。

（2）固体膨胀发育阶段。试样终凝后，仍存在毛细水和孔隙水，水化继续进行，浆体内的游离水和孔隙已逐渐被水化生成的 $Ca(OH)_2$填充，水泥水化产物（C-S-H）未完全成型，$Ca(OH)_2$与其逐渐发生接触并产生挤压，单自由面膨胀率和侧向膨胀压数值快速上升（见图 2-10（b）Ⅳ和Ⅴ）。

（3）固体膨胀限制阶段。试样内水分持续减少，导致水化反应大大减弱，$Ca(OH)_2$生长受限，且水泥的水化产物 C-S-H 逐渐成型并具备较好的强度，抑制了 $Ca(OH)_2$生长膨胀，试样的膨胀受限（见图 2-10（b）Ⅵ）。

2.4 膨胀率及膨胀应力影响因素

图 2-11 所示为不同水泥含量条件下膨胀型浆体试样的最终体积膨胀率及侧向膨胀应力。图 2-12 所示为膨胀剂含量为 3%和 9%时，不同水泥含量试样的主要水化产物含量统计柱状图。图 2-13 所示为不同水泥含量时试样的水化产物 SEM 图像。

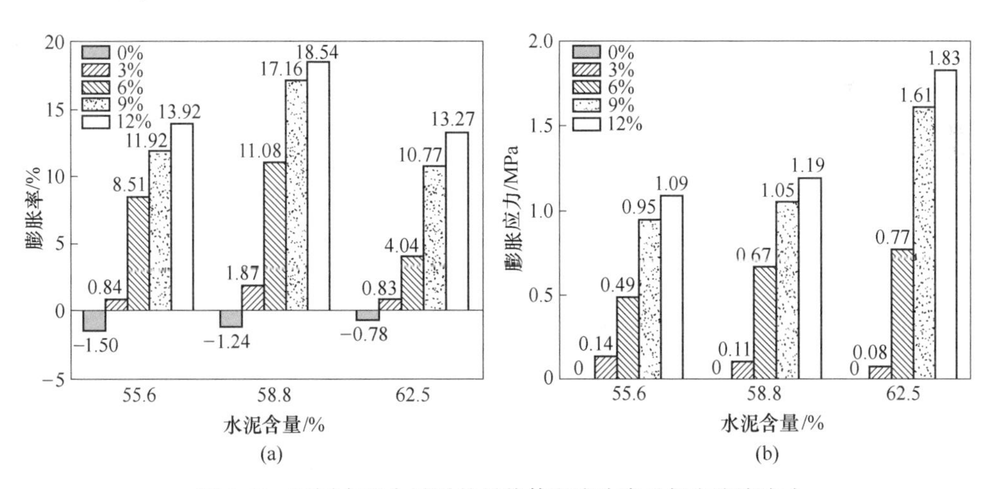

图 2-11　不同水泥含量时的最终体积膨胀率及侧向膨胀应力

（a）最终体积膨胀率；（b）侧向膨胀应力

由图 2-11 和图 2-12 可见，水泥含量和膨胀剂含量对膨胀型浆体试样的最终体积膨胀率和侧向膨胀应力的影响规律如下。

膨胀剂含量为 0%时，浆体试样沉降率随水泥含量增加依次减小，此时浆体不产生膨胀应力，膨胀应力不受水泥含量的影响。表明普通型浆体在凝固后的水

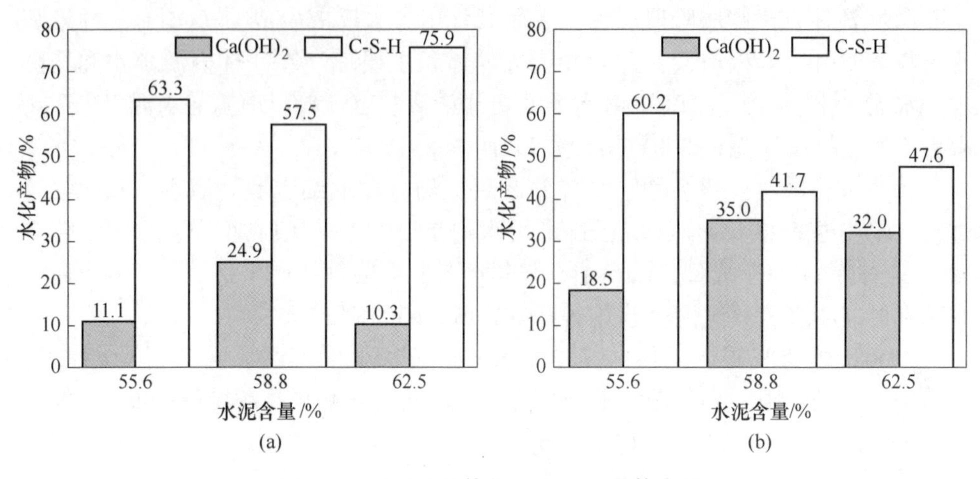

图 2-12　C-S-H 晶体与 $Ca(OH)_2$晶体含量

（a）膨胀剂含量 3%；（b）膨胀剂含量 9%

(a)

(b)　(c)

图 2-13　不同水泥含量的浆体试样 SEM 图像（膨胀剂含量 9%、养护时间 7d）

（a）水泥含量 55.6%；（b）水泥含量 58.8%；（c）水泥含量 62.5%

化反应过程中试样会出现一定程度的体积缩小，水泥含量越低时，试样内的毛细孔隙数量越多，干燥收缩量越大，但在干缩的过程中对模具侧壁不产生挤压。

当膨胀剂含量不为0%时，58.8%水泥含量的浆体试样在各膨胀剂含量条件下的体积膨胀率始终高于55.6%和62.5%水泥含量，但侧向膨胀应力随水泥含量增加而增大。

水泥含量为58.8%试样的 $Ca(OH)_2$ 晶体相对其他两组试样较高，而C-S-H含量刚好相反。因此，试样内 $Ca(OH)_2$ 晶体的含量越高，则试样的体积膨胀率越大。由图2-13可见，水泥含量为58.8%时，试样的 $Ca(OH)_2$ 晶体的含量较其他两种水泥含量时最高，主要包括如下原因。

(1) 试样的水泥含量较低时（55.6%），水泥水化产物绝对数量相对较少，凝固后试样内的毛细孔隙数量相对较多，膨胀更多作用于抵抗试样自身干缩以及填充孔隙（见图2-13（a）），因此体积膨胀相对较小，此外，相对较少的晶体接触及挤压导致其侧向膨胀应力相对较小。

(2) 当试样的水泥含量中等时（58.8%），水泥水化产物绝对数量相对适中，凝固后试样内的毛细孔隙数量相对适中，提供了适量膨胀剂进一步水化的水，膨胀剂继续水化反应产生的 $Ca(OH)_2$ 晶体试样受到了一定数量的高强度成网C-S-H抑制，导致 $Ca(OH)_2$ 晶体体积生长时出现一定受限破损（见图2-13（b）），但抑制作用相对更高水泥含量试样较弱，即对C-S-H产生了的挤压相对适中，因此表现为体积增长最大，但膨胀应力适中。

(3) 当试样的水泥含量较高时（62.5%），水泥水化产物绝对数量相对较多，凝固后试样内的毛细孔隙数量相对较少，$Ca(OH)_2$ 晶体体积生长所需水分较少，此外，膨胀剂继续水化反应产生的 $Ca(OH)_2$ 晶体试样受到了更多数量高强度成网的C-S-H抑制，$Ca(OH)_2$ 晶体体积生长受限被切割破碎（见图2-13（c）），所以对C-S-H产生了更大的挤压，因此表现为体积增长相对受限，但侧向膨胀应力更大。

由以上分析可见，膨胀型浆体在终凝后迅速膨胀，主要的体积膨胀发生在终凝后的前3天。同时，膨胀型浆体可以提供较大的侧向膨胀应力（0.08～1.83MPa，试样顶部无约束条件）。膨胀型浆体的膨胀发育较快，有利于浆体尽快产生支护作用；膨胀产生的膨胀应力可以对被支护岩体提供一定的挤压作用，共同达到“先挤后黏”的注浆加固效果。由此可见，膨胀型浆体的膨胀性能可满足其注浆加固效果对于膨胀时间和膨胀应力产生有效挤压的要求。下一步需要对膨胀型浆体的力学强度进行进一步的研究。

3 不同约束条件下的膨胀型浆体性能

膨胀型浆体的膨胀性能对被支护岩体的应力状态改变具有重要影响，体积膨胀过小对岩体的挤压不够密实，不能使被支护的岩体处于三向受力状态，体积膨胀过大则可能直接将岩体压裂形成二次破坏[1]。此外，膨胀型浆体的自身强度对于浆体-岩体的整体结构强度有重要影响，浆体强度过小，则浆体-岩体整体结构的承载能力较差[2]。注浆主要应用于地下岩土工程，地应力的作用不可忽视。在不同的应力约束条件下，膨胀型浆体的膨胀行为也不相同[3-5]。因此，研究浆体在不同应力约束条件下的膨胀特性和自身强度特征对浆体的配制及应用具有重要意义。

本章在初步探索了膨胀型浆体的体积膨胀率和侧向膨胀应力的基础上，为浆体试样设置不同的约束条件，采用膨胀率监测和单轴压缩试验方法，重点关注膨胀型浆体在不同约束条件下的膨胀性能和力学性能。

3.1 膨胀性能及力学性能测试

3.1.1 试验方案

在第2章的研究基础上，为膨胀型浆体试样设置了不同的应力约束条件，增加了膨胀剂含量的梯度。由于膨胀型浆体在水灰比为0.7时拥有较好的流动性、膨胀性能和力学强度[6]，因此，本次试验水灰比为0.7：1，即水泥含量为58.8%。

在实际工程中，因地应力约束条件不同，浆体所处的约束环境也不相同。因此，设计了膨胀型浆体的自由膨胀率测试试验、单自由面膨胀率测试试验，以及单面有压条件下的膨胀率测试试验，测试不同约束环境中膨胀型浆体的膨胀性能及其自身强度。如图3-1所示，三种应力约束方案的内容及其意义总结如下。

(1) 自由膨胀率测试。膨胀型浆体试样各面均无约束（忽略放置试样时底面所受自身重力约束），试样可向六个自由面自由膨胀，测试的膨胀率定义为自由膨胀率，可视为膨胀型浆体的固有物理属性。

(2) 单面自由膨胀率测试。试样五个面为固定约束，顶面为单自由面，测试的膨胀率定义为单面自由的体积膨胀率，既可视为膨胀型浆体的固有物理属性，也可用于评估膨胀型浆体在单发育方向的膨胀能力。

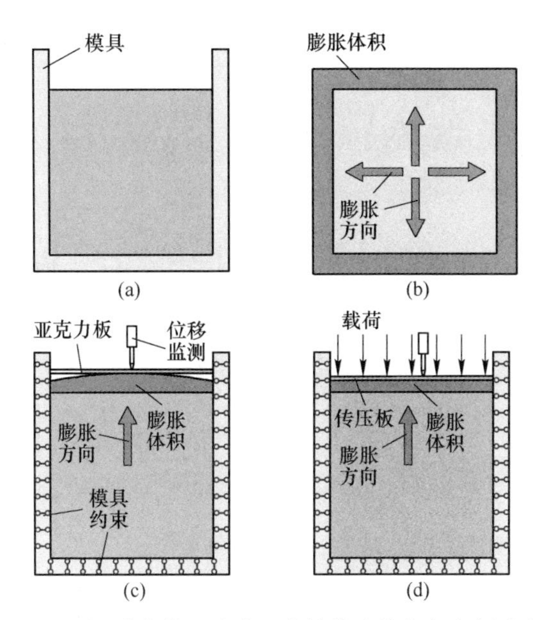

图 3-1 不同约束条件下膨胀型充填体试样的膨胀率测试方案

（a）浆液入模；（b）自由膨胀；（c）单面自由膨胀；（d）单面有压膨胀

（3）单面有压膨胀率测试。试样五个面为固定约束，顶面有一定量的载荷(本次试验中固定为 0. 8MPa)，视为有约束的自由面，试样在有压条件下的单向膨胀，测试的膨胀率定义为单面有压的体积膨胀率，可视为膨胀型浆体在有地应力作用下的单向膨胀发育特征。

在上述 3 种膨胀率测试方案下设置 8 个梯度的膨胀剂含量（0%、3%、6%、9%、12%、15%、18%、21%）。试验在 25℃室温条件下进行，使用 25℃普通自来水拌合，每种膨胀剂含量制备 3 个试样。

为研究不同膨胀剂含量和不同约束条件下膨胀型浆体单轴压缩力学特性，对以上试样进行单轴压缩试验。此外，为研究不同养护龄期下浆体的力学特性，选取膨胀剂含量为 9%的浆体在养护（1d、3d、5d、7d）后分别进行单轴压缩试验，具体试验方案如图 3-2 所示。

3. 1. 2 试验过程

根据表 2-2 的配比方案称取原材料，然后用水泥净浆搅拌机将配好的材料搅拌至浆液中无气泡。搅拌好的浆液倒入底面为 70. 7mm×70. 7mm 长方体的钢制模具中，初始浇筑深度控制为 70. 7mm。根据前期预试验结果，膨胀型浆体在试样终凝后第 1 天体积膨胀速度最快，3d 后基本达到稳定状态。因此，第 1 天每隔 3h 监测一次数据，后续监测时间间隔为 12h，进行为期 7d 的体积膨胀率测试。

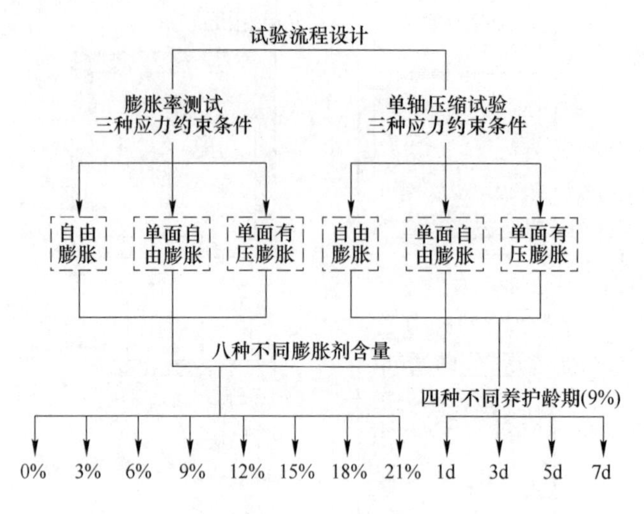

图 3-2 具体试验方案

（1）自由膨胀率。待试样终凝后，人工拆模并用真空封装机将试样真空密封至轻薄密封袋中，同时立即采用固体密度仪测试试样体积，作为初始体积。固体密度仪工作原理为阿基米德原理，采用排水法测试固体体积。因此，密封袋对浆体试样进行隔水密封，后期膨胀测试过程中忽略密封袋对试样的微弱约束作用，试样可向各面自由膨胀。其膨胀率按照式（3-1）计算：

$$w_{\mathrm{f}} = \frac{V_t - V_0}{V_0} \times 100\% \tag{3-1}$$

式中，V_0为终凝后试样的初始体积，mm^3；V_t为测试时刻试样的体积，mm^3。

（2）单面自由膨胀率。由于模具的约束作用，在模具内试样四周及底面受到约束，只有顶面为自由面。试样达到终凝后，在试样顶面放置轻质亚克力板，并在亚克力板上安装电子千分表测试不同时期试样的高度增量，按照设计好的监测时间间隔读取表值并记录。需要说明的是，由于模具侧壁的摩擦抑制作用，试样顶面并不作为一个平面整体向上膨胀，而是顶面中间相对较高四周靠近模具侧壁较低，本次试验忽略了此部分的误差，监测数据为试样顶面几何中心最高点。试样单面自由膨胀率按式（3-2）计算：

$$w_{\mathrm{s}} = \frac{H_t}{70.7} \times 100\% \tag{3-2}$$

式中，70.7 为试样的初始高度，mm；H_t为测试时刻的试样高度增量，mm。

（3）单面有压膨胀率。试样终凝后，将试样连同模具安装在高压固结仪上，在试样自由面上放置传压板和电子千分表，将固结仪压头对准传压板中心，千分表指针置于压头一侧并与传压板表面垂直接触。调节固结仪杠杆手轮平衡杆件自重，然后加砝码至压强值为0.8MPa，立即将千分表示数归零。试样单面有压膨胀率同样由式（3-2）计算。

在膨胀率测试结束后，对测试完毕的膨胀型浆体试样进行单轴压缩试验。本次试验采用YZW-30A型微机控制电子式岩石直剪仪对浆体试样进行单轴压缩。试样上下端面放刚性垫板，上端面垫板上放置万向球压头。为了减小端部摩擦力，在垫板与在试样接触面涂抹凡士林。加载过程采用位移控制及试验力控制，加载速率分别为0.02mm/s和0.05kN/s，具体试验过程见图3-3。

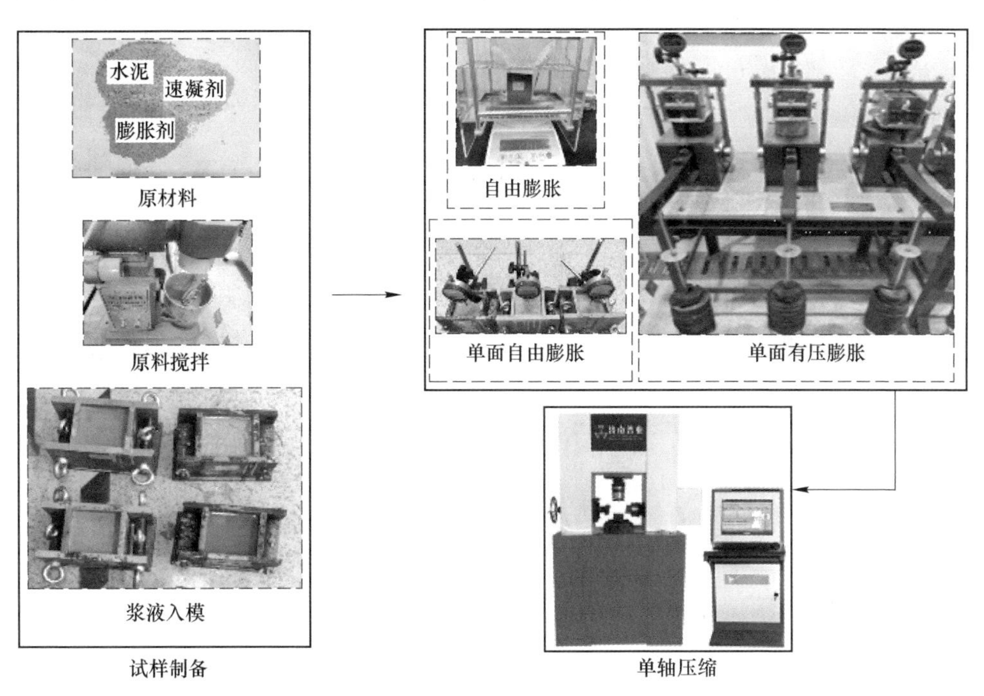

图3-3 试验过程

3.2 膨胀特性及力学强度

3.2.1 膨胀发育演化规律

根据7d的体积膨胀率监测数据，绘制了三种不同约束条件下膨胀型浆体试样的膨胀演化曲线，结果如图3-4所示。

由图3-4可知，三种约束条件下不同膨胀剂含量的试样膨胀发育过程相似，前期膨胀速度快，后期膨胀速度慢。这与第2章中试样的膨胀阶段完全相同，即可分为快速膨胀阶段（见图3-4中O—A），缓慢膨胀阶段（图3-4中A—B），残余膨胀阶段（图3-4中B—C），终态稳定阶段（图3-4中C以后）。

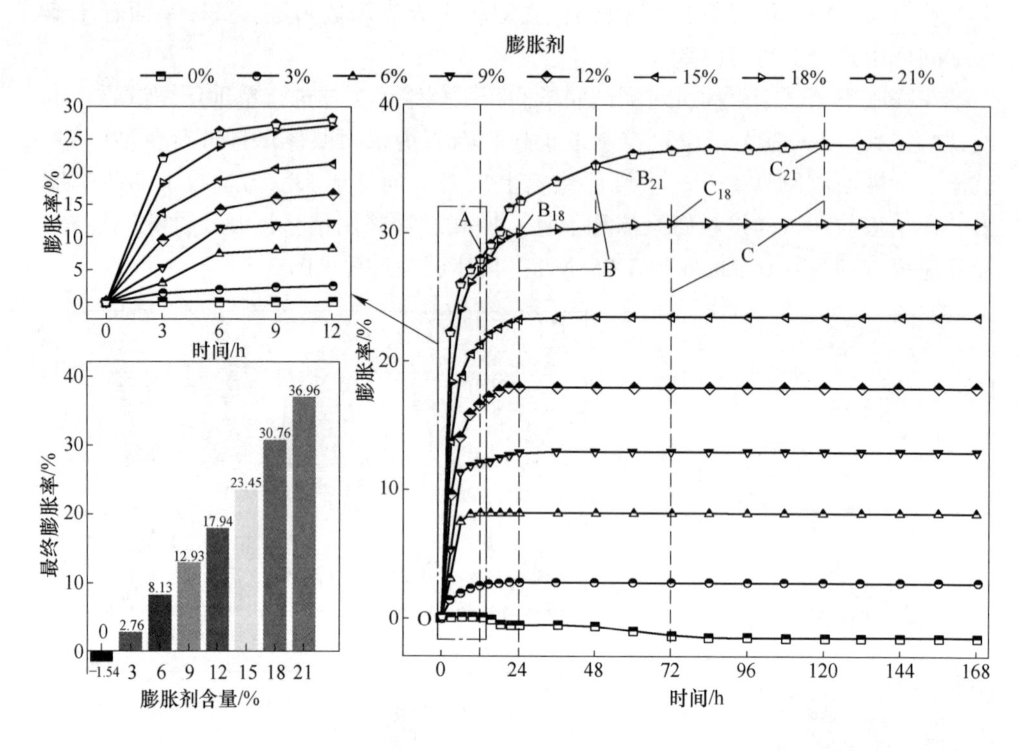
膨胀剂
0%
3%
6%
9%
12%
15%
18%
21%
膨胀率/%
时间/h
最终膨胀率/%
膨胀剂含量/%
0
-1.54
2.76
8.13
12.93
17.94
23.45
30.76
36.96
A
B_{21}
B_{18}
B
C_{18}
C_{21}
C
O

(a)

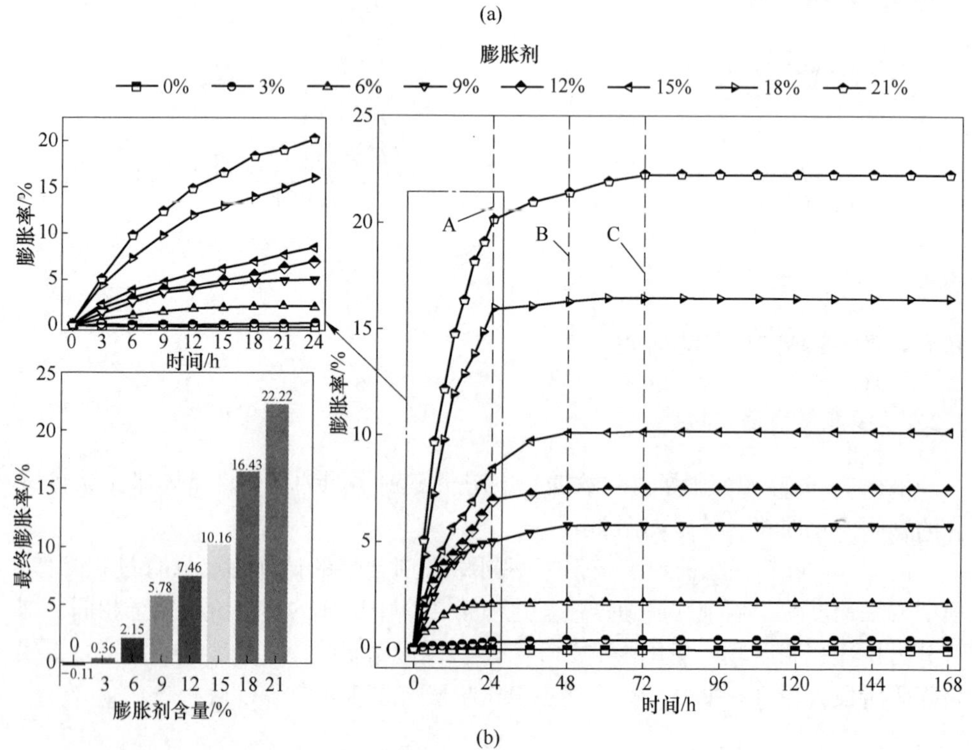
膨胀剂
0%
3%
6%
9%
12%
15%
18%
21%
膨胀率/%
时间/h
最终膨胀率/%
膨胀剂含量/%
0
-0.11
0.36
2.15
5.78
7.46
10.16
16.43
22.22
A
B
C
O

(b)

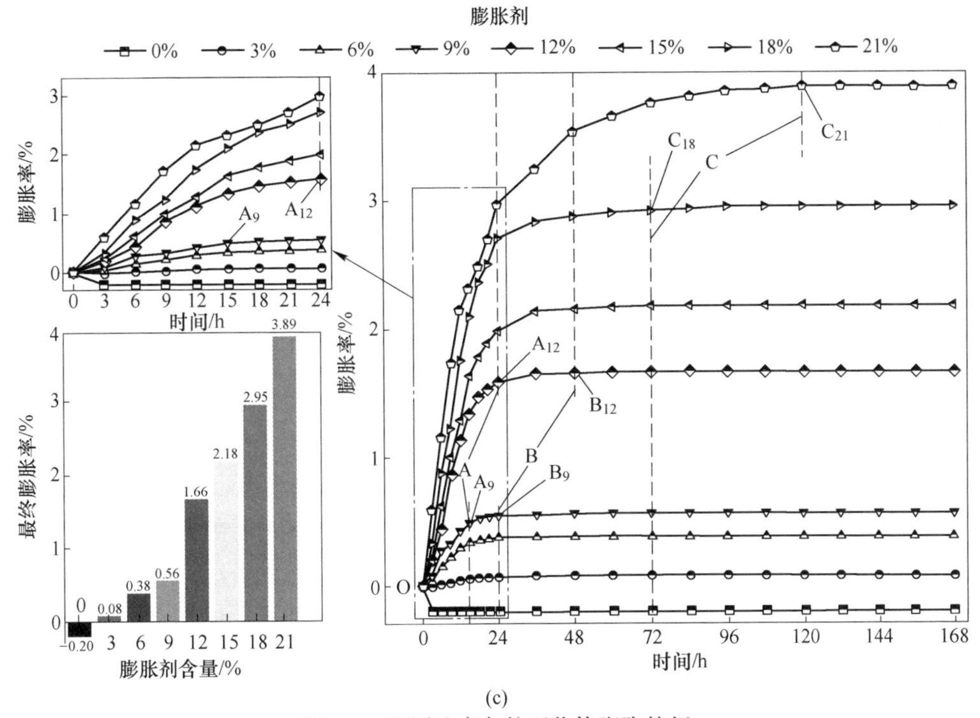

(c)

图 3-4 不同约束条件下浆体膨胀特征

(a) 自由膨胀；(b) 单面自由膨胀；(c) 单面有压膨胀

膨胀型浆体试样的膨胀发育演化规律主要受膨胀剂含量和约束条件的影响，具体分析如下。

3.2.1.1 膨胀剂含量

由图 3-4 可知，膨胀剂含量越高，试样的最终膨胀率越大。无膨胀剂含量的试样存在明显的体积缩减现象，同一约束条件下，膨胀剂含量较低（3%、6%、9%）时，试样 24h 左右就达到最终膨胀率。膨胀剂含量为 18%和 21%的浆体，残余膨胀现象更加明显，膨胀发育时间也较长，在 72h 左右才达到最终膨胀率。

（1）自由膨胀条件下（见图 3-4（a）），浆体快速膨胀阶段为终凝后的 12h；膨胀剂含量为 3%~18%时，缓慢膨胀阶段为 12~24h，膨胀剂含量为 21%时，缓慢膨胀阶段为 12~48h。

（2）单面自由膨胀条件下（见图 3-4（b）），浆体的快速膨胀阶段为终凝后的 24h，缓慢膨胀阶段为 24~48h。

（3）单面有压膨胀条件下（见图 3-4（c）），膨胀剂含量为 3%~9%时，浆体的快速膨胀阶段为终凝后的 12h，浆体的缓慢膨胀阶段为 12~24h；膨胀剂含量为 12%~21%时，浆体的快速膨胀阶段在终凝后的 24h；缓慢膨胀阶段为 24~48h。

自由膨胀条件下，试样的膨胀发育没有受到约束限制，因此，终凝后试样的快速膨胀阶段相对较短。由于约束的限制作用，另两组约束条件下试样快速膨胀 12h 后，已经产生了一定的体积膨胀，体积向外膨胀时受到约束作用，自身密实程度增加，需要更多的 $Ca(OH)_2$ 晶体生成才能产生进一步的体积膨胀。因此膨胀剂含量较低时，浆体在快速膨胀阶段过后，体积膨胀率增加缓慢，最终体积膨胀率较小。随着膨胀剂含量的增加，浆体内部产生的 $Ca(OH)_2$ 晶体越来越多，高膨胀剂含量的浆体残余膨胀现象也更加明显。

3.2.1.2 约束条件

膨胀剂含量为 3%、12% 和 21% 的浆体试样在不同约束条件下的膨胀发育过程如图 3-5 所示。对于同一膨胀剂含量的试样，无约束条件下试样的最终膨胀率最大。

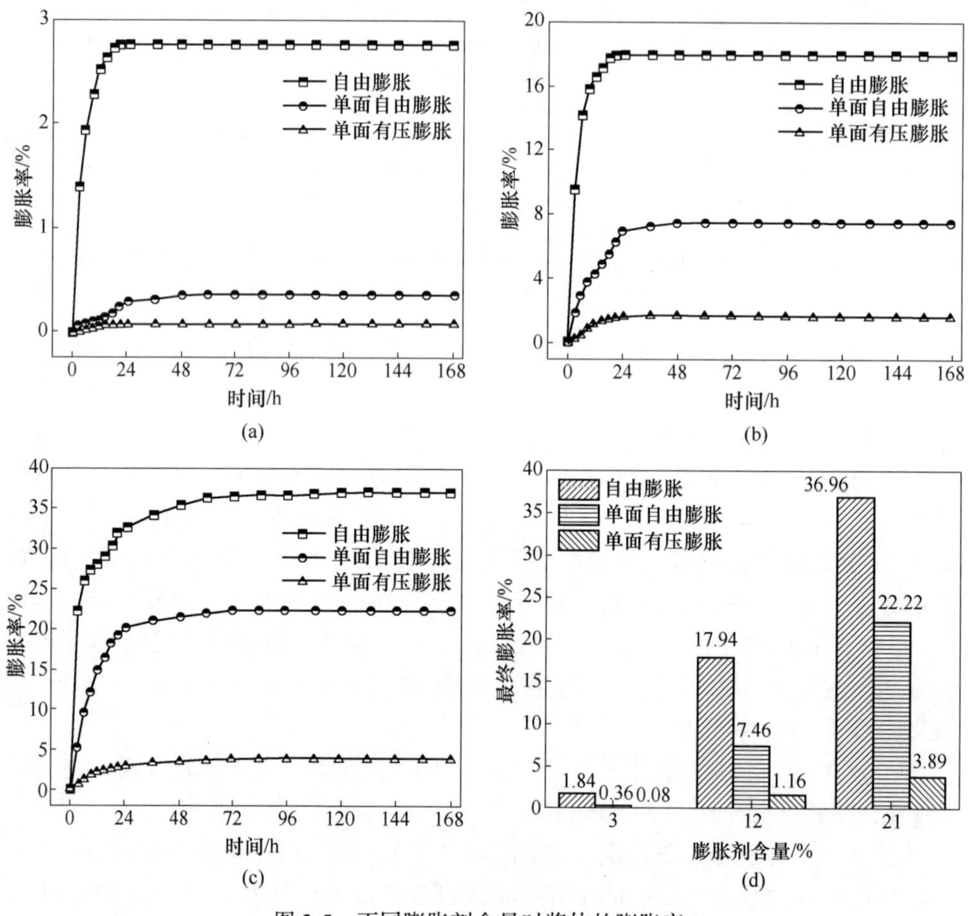

图 3-5 不同膨胀剂含量时浆体的膨胀率

(a) 3%；(b) 12%；(c) 21%；(d) 最终膨胀率

膨胀剂含量较低时（3%）时，试样的膨胀发育时间为前24h，自由膨胀、单面自由膨胀和单面有压膨胀条件下试样的最终膨胀率分别为2.76%、0.36%和0.08%。表明膨胀剂含量较低时，无论膨胀发育环境是否存在约束，浆体的膨胀作用效果多用于补偿自身体积收缩，产生极小的体积膨胀。

膨胀剂含量适中（12%）时，浆体的膨胀发育时间为前24h，自由膨胀、单面自由膨胀和单面有压膨胀条件下试样的最终膨胀率分别为17.94%、7.46%和1.66%。单面自由膨胀条件下，浆体的残余膨胀现象较其他两种约束条件更明显，表明无约束时，中等膨胀剂含量的浆体稳定膨胀发育至最终状态后不再变化；约束较小时，还能发生微量的残余膨胀，产生进一步的体积膨胀。

膨胀剂含量较高时（21%），浆体的膨胀发育时间为48~72h，自由膨胀、单面自由膨胀和单面有压膨胀条件下试样的最终膨胀率分别为36.96%、22.22%和3.89%。残余膨胀现象更加明显。表明高膨胀剂含量的浆体，无论膨胀发育环境是否受到约束，浆体的体积膨胀均较大，存在较长时间的残余膨胀现象。

约束条件对不同膨胀剂含量试样具有不同的影响效果。由于模具的约束作用，浆体试样的膨胀发育只能在有限的空间内进行，因此，自由膨胀条件下的试样体积膨胀率最大。在约束作用限制下，试样膨胀至一定程度后，产生的晶体堆积在有限的空间内，试样内部更加密实。随着膨胀剂含量的增多，试样体积向外膨胀受到模具侧壁的约束作用和摩擦作用，体积膨胀由均匀向外扩张转变为向上膨胀。

3.2.2　单轴压缩强度

不同约束条件时，膨胀型浆体试样的单轴抗压强度与其膨胀剂含量关系如图3-6所示。

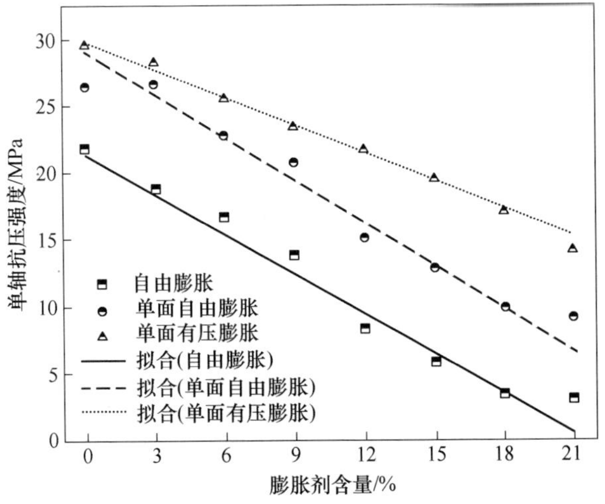

图3-6　单轴抗压强度与膨胀剂含量的关系

由图 3-6 可见，试样的单轴抗压强度与膨胀剂含量呈线性关系。膨胀剂含量和约束条件对试样的单轴抗压强度具有显著影响，具体分析如下。

3.2.2.1 膨胀剂含量

由图 3-6 可知，约束条件相同时，试样的单轴抗压强度随膨胀剂含量的增加而降低。膨胀剂含量在 0%~21%之间时，自由膨胀、单面自由膨胀条和单面有压膨胀条件下，试样的单轴抗压强度变化范围分别为 2.53~21.38MPa、8.82~27.42MPa 和 13.55~30.70MPa。

无膨胀剂及膨胀剂含量较低时（3%），试样在单面自由膨胀条件下的强度与单面有压膨胀条件下的强度接近，表明低膨胀剂含量下，浆体的膨胀效果用于补偿自身体积收缩，体积膨胀较小，内部密实程度相近，抗压强度均较大。随着膨胀剂含量的增加，浆体内部的 $Ca(OH)_2$ 晶体数量变多，浆体的体积不断向外膨胀，内部密实程度下降，强度逐渐降低。

3.2.2.2 约束条件

由图 3-6 可知，单面有压条件下的膨胀型浆体试样，其单轴抗压强度明显大于在自由膨胀条件下进行膨胀发育的试样，试样的单轴抗压强度随膨胀剂含量的增加而降低。但不同约束条件下，试样的强度降低率并不相同。自由膨胀条件下、单面自由膨胀条件和单面有压条件下试样的最大强度降低率分别为 88.17%、67.91%和 55.86%。

当浆体膨胀发育环境受到约束时，随着膨胀发育的进行，浆体体积向外膨胀受到模具及外加载荷的抑制，使得浆体内部密实程度和黏结效果更加完好，浆体的抗压强度均较大。

3.2.2.3 养护时间

图 3-7 所示为膨胀剂含量 9%的膨胀型浆体试样在 1d、3d、5d、7d 膨胀发育后的单轴抗压强度。

由图 3-7 可知，试样的单轴抗压强度随养护时间的延长而增大。自由膨胀条件、单面自由膨胀条件和单面有压膨胀条件下，试样从 1~7d 的强度范围分别为 5.21~11.83MPa、7.92~20.37MPa 及 10.72~24.31MPa。随着养护时间的延长，强度随时间增加而增长的趋势减弱，约束越少，浆体强度随龄期的增加速率越缓慢。

由图 3-4 可知，试样在 3d 左右膨胀发育基本稳定，但强度还在增加（见图 3-7）。表明膨胀剂水化反应较快，浆体内部膨胀挤压密实作用效果发生较早，而水泥中的胶结体还在发育，黏结效果仍在进行，有利于膨胀型浆体达到先挤压-后黏结的注浆加固效果。

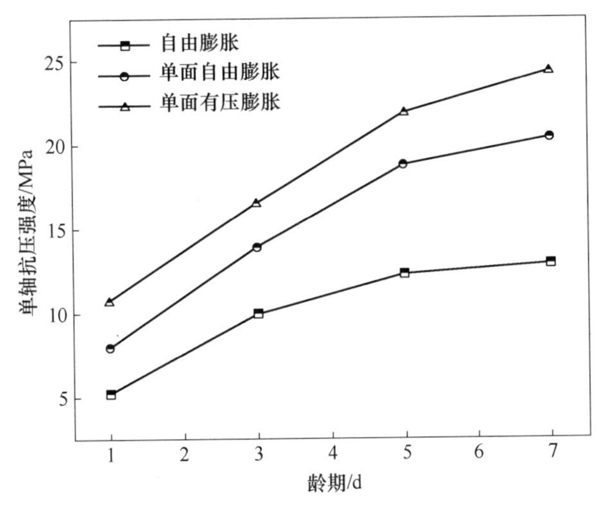

图 3-7 不同龄期下浆体的单轴抗压强度（膨胀剂含量 9%）

3.2.3 应力应变及破坏特征

3.2.3.1 应力应变曲线分析

A 膨胀剂含量

膨胀剂含量 3%、9%、15%、21%的浆体试样在不同约束条件下的单轴压缩应力应变曲线与弹性模量如图 3-8 所示。由图可知，试样单轴压缩应力应变曲线都经历了初始孔隙压密阶段、线弹性阶段、屈服阶段、峰后破坏阶段，但各阶段特征随膨胀剂含量和约束条件的变化呈现出较大的差异。

(1) 孔隙压密阶段：对于膨胀剂含量较小（3%）的浆体试样，由于试样自身密实程度较好，在轴向荷载作用下，应变增加缓慢，但应力不断增大，初始孔隙压密阶段呈现出下凸状曲线。膨胀剂含量较高时，试样密实程度相对较差，在轴向荷载作用下，应变迅速增加，但应力变化缓慢。

(2) 线弹性阶段：膨胀剂含量对浆体试样受压过程的线弹性阶段影响显著，图 3-8（d）为膨胀剂含量为 3%、9%、15%、21%的弹性模量直方图。试样的弹性模量随膨胀剂含量的增加而减小。膨胀剂含量较低时，试样受压过程线弹性阶段应变较小，抵抗变形的能力较强。

(3) 屈服阶段：浆体试样的屈服阶段随膨胀剂含量的增加而逐渐延长，试样由脆性向延性转变。

(4) 峰后破坏阶段：膨胀剂含量较低时（3%），试样受压到达峰值强度后，应力快速下降，应变缓慢增加，表现出较强的脆性特性。随着膨胀剂含量的增加，试样在峰值强度后具有一定的承载能力，应力下降速度变缓。

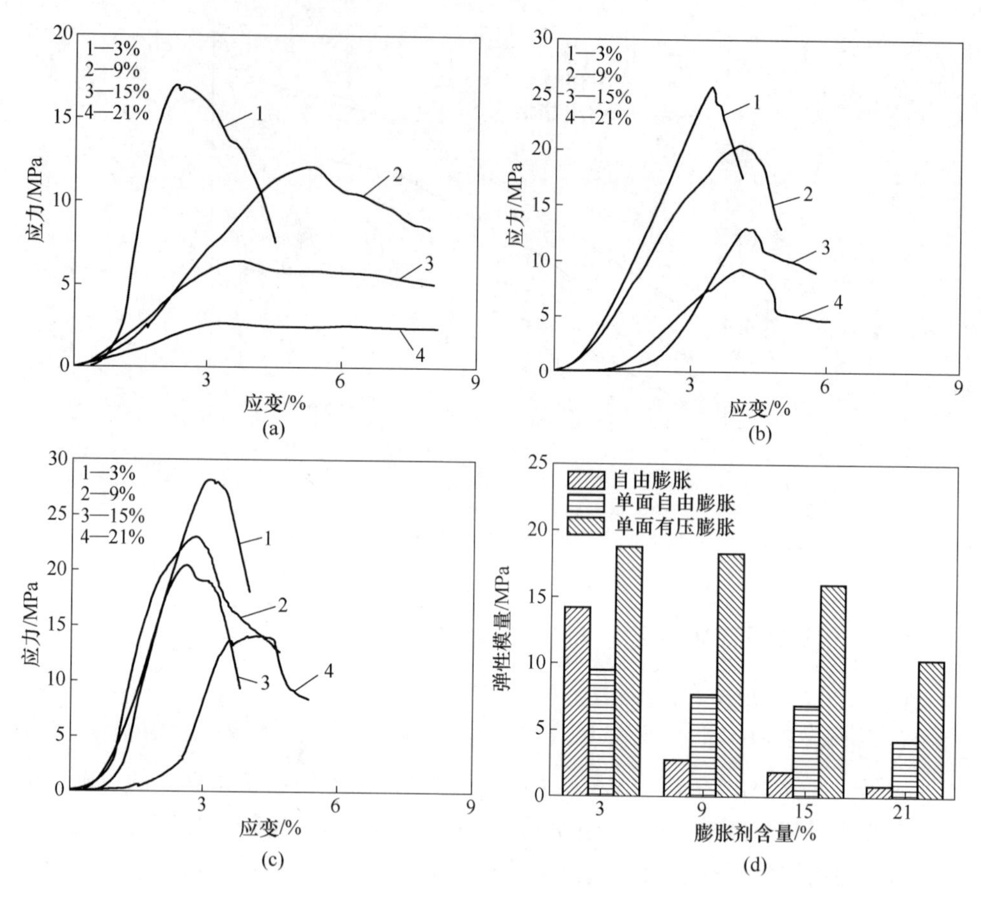

图 3-8 不同约束条件下试样的典型应力应变曲线及弹性模量

（a）自由膨胀；（b）单面自由膨胀；（c）单面有压膨胀；（d）不同约束条件下的弹性模量

B 约束条件

选取三种约束条件下膨胀剂含量为 3%、12%和 21%的浆体试样的应力应变曲线作为典型应力应变曲线，分析不同约束条件对试样应力应变特性的影响。由图 3-9 可见，不同约束条件下相同膨胀剂含量的试样受压特征明显不同。

膨胀剂含量为 3%时（见图 3-9（a）），自由膨胀条件下，试样应力应变曲线的线弹性现象较另外两种约束条件稍弱。同时，试样在达到峰值强度发生破坏后，应力下降速度较缓，具有明显的塑性特征。

膨胀剂含量为 12%时（见图 3-9（b）），单面自由膨胀和单面有压膨胀条件下，试样在达到屈服阶段前的应变均小于自由膨胀条件，且单面有压膨胀条件下达到屈服阶段前最小。在达到峰值强度发生破坏后，试样的应力下降速度较快，表现出一定的脆性特征。

膨胀剂含量为21%时（见图3-9（c）），单面有压膨胀条件下，试样的弹性模量最大，达到峰值强度发生破坏后，试样的应力下急速下降，脆性特征更加明显。

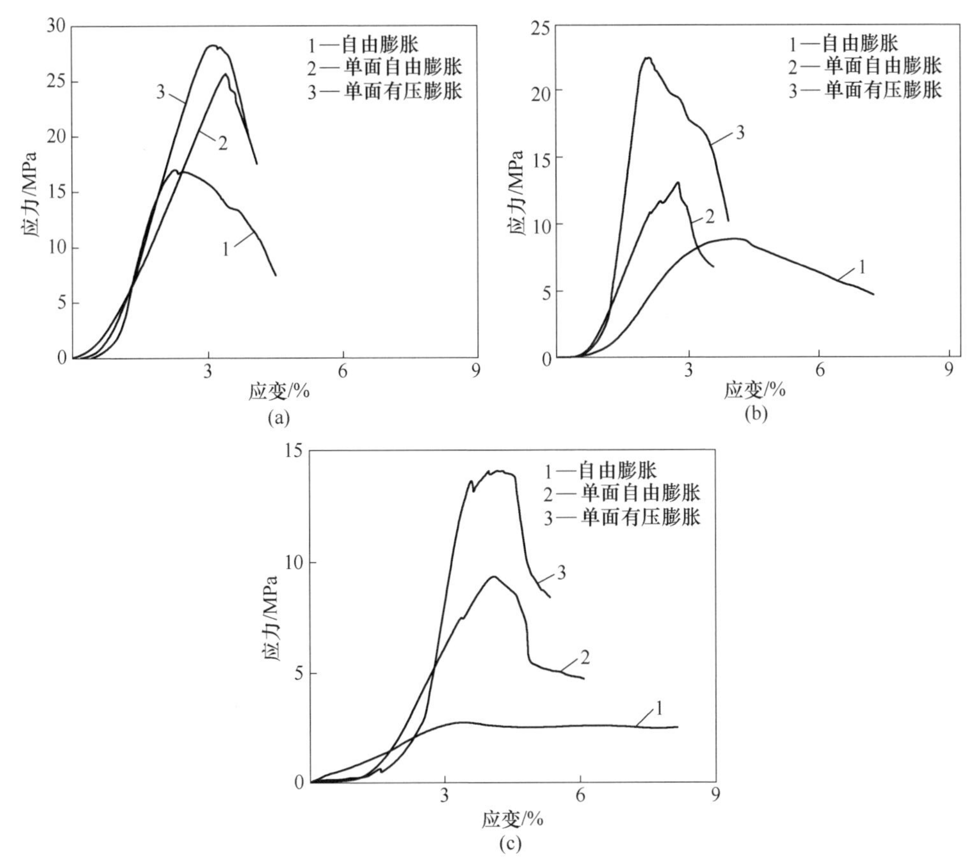

图3-9 不同膨胀剂含量下的典型应力应变曲线

（a）3%；（b）12%；（c）21%

前文分析了浆体的弹性模量随膨胀剂含量的增加而减小，但减少的幅度随约束条件的不同存在明显区别。由图3-8（d）可知，自由膨胀条件下，膨胀剂含量为3%的浆体试样弹性模量较大，随膨胀剂含量的增加，弹性模量大幅下降。另外两种约束条件下，试样的弹性模量随膨胀剂含量增加而下降的幅度较小，表明无约束条件下，低膨胀剂含量的浆体膨胀作用效果用于补偿自身收缩后，浆体内部密实程度较好，具有较强的抗压能力，而浆体的进一步的体积膨胀使其密实程度降低，抵抗变形的能力下降。

自由膨胀条件下，由于其膨胀作用效果用于补偿自身体积收缩，膨胀剂含量为3%的试样内部更加密实，导致受压过程的应力应变曲线与其他膨胀剂含量的浆体试样有明显区别。高膨胀剂含量的试样在自由膨胀条件下，膨胀没有受到限制，因膨胀作用导致自身密实程度相对较差。因此，其压密阶段与线弹性阶段斜率相近，线弹性特征稍弱，应力应变曲线的斜率在线弹性阶段会发生细微变化。单面自由膨胀和单面有压膨胀条件下，由于浆体密实程度相对较好，压密阶段应变较小，峰值后承载能力下降迅速，脆性特征更加明显。

C　养护时间

不同约束条件及不同龄期下试样的单轴压缩过程典型应力应变曲线如图 3-10 所示。由图 3-10 可知，龄期对试样受压过程的影响主要表现在屈服阶段和峰后破坏阶段。同一约束条件下，试样达到峰值强度附近时，发生的应变比较接近。龄期较短时，试样达到峰值强度后并不会突然失稳，导致应力急速下降而应变几乎不发生变化，而是出现一段明显的稳压区，表现为轴向应变逐渐增大，稳压承载。

龄期主要影响浆体的强度，浆体膨胀发育完成后，内部黏结作用仍在进行，强度不断增大。浆体自身的膨胀特性和受压变形特征主要与膨胀剂含量和约束条件有关。

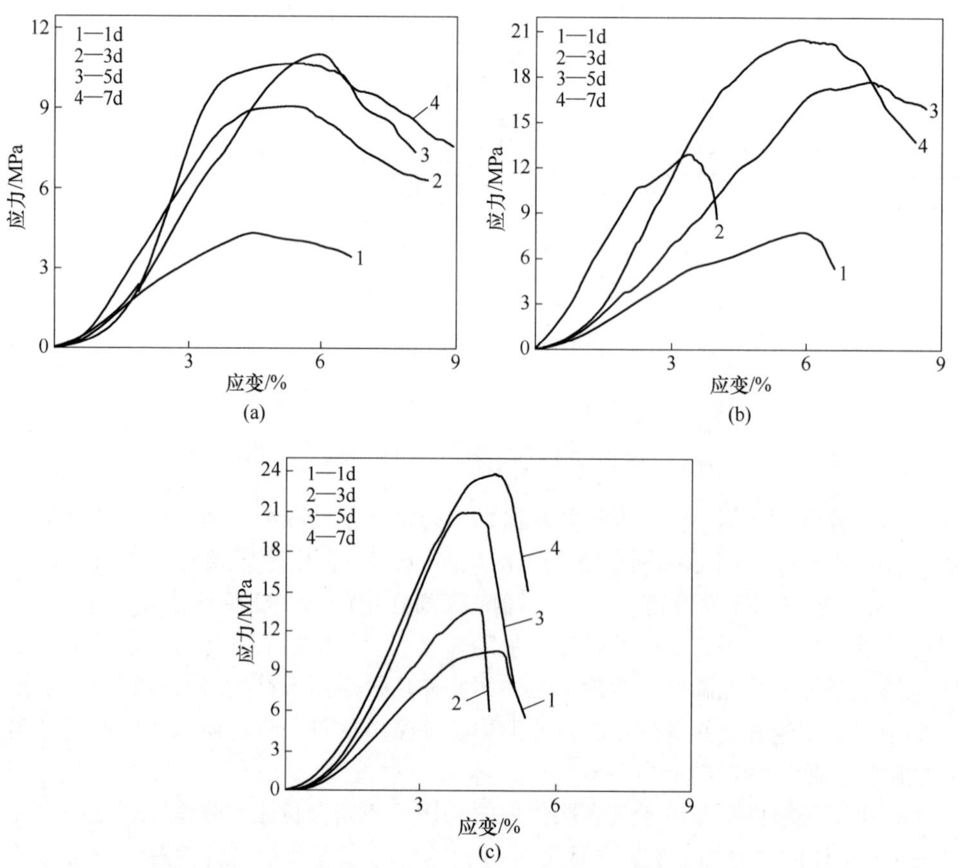

图 3-10　不同约束条件及龄期下试样的单轴抗压强度

（a）自由膨胀；（b）单面自由膨胀；（c）单面有压膨胀

3.2.3.2 单轴压缩破坏特征分析

膨胀型浆体试样单轴压缩破坏特征如图 3-11 所示。由图可知，膨胀型浆体试样整体以拉伸破坏为主剪切破坏为辅，但随膨胀剂含量及约束条件的不同而存在明显差异。整体上来说，应力约束越大，试样破坏时表面破裂程度越严重，完整度较低。膨胀剂含量高时，试样破坏时完整程度更好，表现出塑性碎胀的破坏形式，相关分析如下。

自由膨胀条件下，膨胀剂含量为 3%时（见图 3-11（a）），浆体在轴向荷载的作用下，出现了两条拉伸破坏的主裂纹，其中一条完全贯穿试样，裂纹与轴向基本平行，表明试样在低膨胀剂含量下具有较强的脆性；膨胀剂含量为 9%时（见图 3-11（d）），试样破坏主要由拉伸裂纹引起，局部存在剪切裂纹，但裂纹并未完全贯穿试样就导致试样发生破坏，破坏后的完整度较膨胀剂含量为 3%的试样更好；膨胀剂含量为 15%时（见图 3-11（g）），由于剪应力作用，主裂纹出现一定角度的弯折，出现剪切破坏的区域增大；膨胀剂含量为 21%时（见图 3-11（j）），试样受压过程次裂纹增多，但并未贯穿试样。可见由于膨胀剂含量的增加，试样内部的密实程度降低，试样脆性减弱并产生一定的软化特性，导致试样破坏后的完整度更好，与前文分析的应力应变曲线呈现出峰值强度后仍具有较好的承载能力吻合。膨胀剂含量较低的试样发生拉伸破坏，膨胀剂含量较高的试样以拉伸破坏为主，局部区域发生剪切破坏。

单面自由膨胀条件下，膨胀剂含量为 3%时（见图 3-11（b）），试样破坏主要是由拉应力作用产生的轴向多条主裂纹引起，端部出现大面积脆性片裂；膨胀剂含量为 9%时（见图 3-11（e）），试样出现拉应力和剪应力共同作用的破坏形式，试样表面同样出现片裂现象，但片裂程度较膨胀剂含量为 3%时有所减弱，破坏后试样的完整度也更好；膨胀剂含量为 15%时（见图 3-11（h）），试样片裂现象进一步减弱，并且主裂纹出现一定角度的弯折；膨胀剂含量为 21%时（见图 3-11（k）），试样破坏由一条轴向拉伸主裂纹引起，表面存在剪切裂纹导致的剥落现象，并且存在较多的次生裂纹。

单面有压膨胀条件下，除个别试样外，试样片裂程度较单面自由膨胀条件下更严重，出现大面积的剥落，破坏后的完整度较差。整体以拉伸破坏为主，主裂纹几乎不出现弯折。

由以上分析可见，浆体膨胀发育所受的约束条件越多，体积膨胀率越小，强度越高。自由膨胀、单面自由膨胀及单面有压膨胀条件下的最大体积膨胀率分别为 36.96%、20.22%及 3.89%，均具有较好的体积膨胀效果。通过测试不同龄期膨胀型浆体试样的体积膨胀率和单轴抗压强度，结果表明，绝大多数浆体试样在 3d 左右膨胀发育完成，但强度仍在增加，约束条件下 7d 强度可达到 20MPa 以上。表明浆体膨胀水化作用发生较早，体积膨胀发育较快，内部黏结作用仍在发

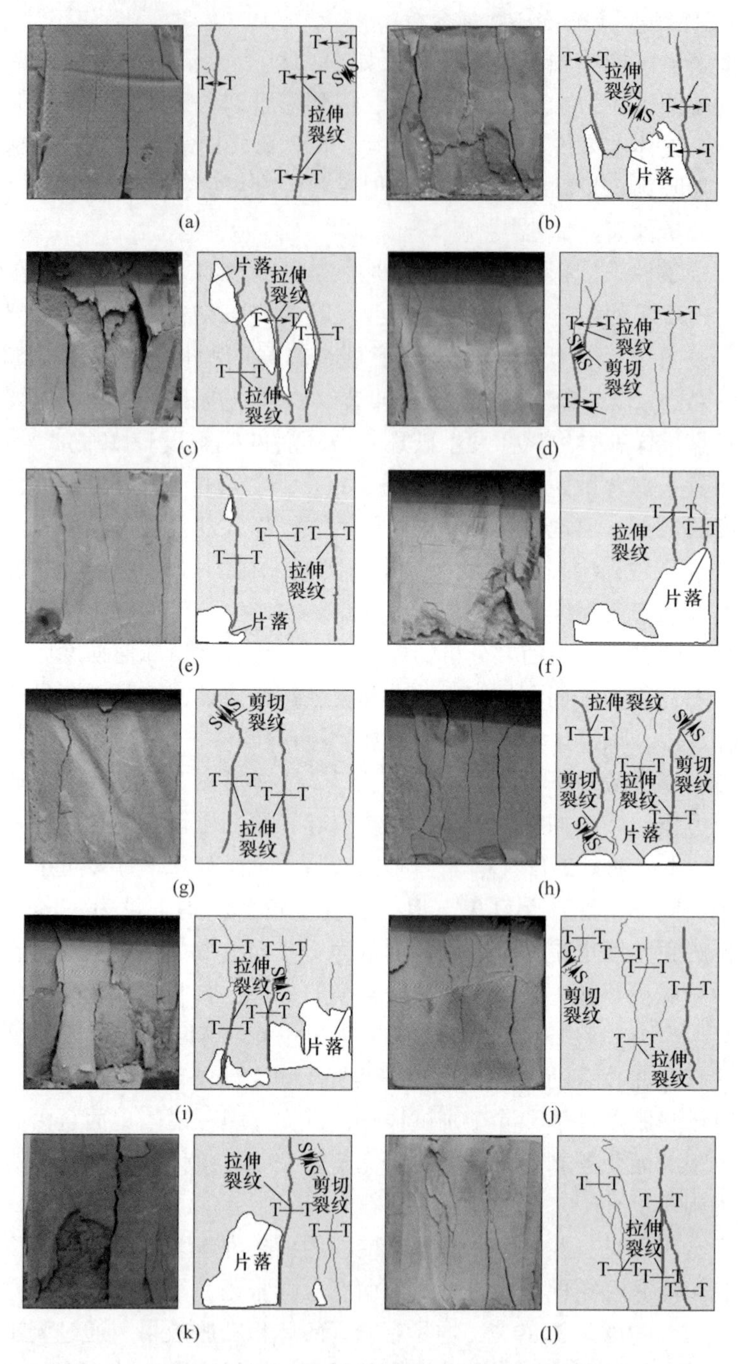

图 3-11　不同约束条件时膨胀型浆体试样的单轴压缩破坏特征

（a）自由膨胀-3%；（b）单面自由膨胀-3%；（c）单面有压膨胀-3%；（d）自由膨胀-9%；（e）单面自由膨胀-9%；（f）单面有压膨胀-9%；（g）自由膨胀-15%；（h）单面自由膨胀-15%；（i）单面有压膨胀-15%；（j）自由膨胀-21%；（k）单面自由膨胀-21%；（l）单面有压膨胀-21%

育，强度不断增加，约束作用虽然抑制了浆体的体积膨胀，但使得浆体内部更密实因而强度更好，有利于在注浆加固工程应用中对岩体弱面形成“先挤后黏”的注浆加固效果。

参考文献

[1] Yao N, Deng X, Wang Q, et al. Experimental investigation of expansion behavior and uniaxial compression mechanical properties of expansive grout under different constraint conditions [J]. Bulletin of Engineering Geology and the Environment, 2021, 80 (7): 5609-5621.

[2] 邓兴敏. 急倾斜层状岩体巷道顶板膨胀型浆体注浆加固机理研究 [D]. 武汉：武汉科技大学，2022.

[3] 余永强，张纪云，范利丹，等. 高温富水环境下裂隙岩体注浆试验装置研制及浆液扩散规律 [J]. 煤炭学报，2022，47（7）：2582-2592.

[4] 张正雨，陈锐，黄锋，等. 深厚回填土盾构隧道注浆加固效果检测与评价研究 [J]. 现代隧道技术，2021，58（Z1）：451-457.

[5] 李培楠，石来，李晓军，等. 盾构隧道同步注浆纵环向整体扩散理论模型 [J]. 同济大学学报，2020，48（5）：629-637.

[6] Yao N, Chen J, Hu N, et al. Experimental study on expansion mechanism and characteristics of expansive grout [J]. Construction and Building Materials, 2021, 268: 121574.

4 不同约束应力作用下的膨胀型浆体性能

在地下岩体工程中，浆体在被支护岩体的应力作用下通常处于应力约束状态，但所受的约束应力有所不同[1]。第3章分析了浆体在不同约束条件时的膨胀发育能力和力学性能，但在浆体试样上表面设置的压力大小相同，不足以评估浆体在不同约束应力作用下的各项属性。此外，压力环境的不同，是否导致浆体的微观演化机理发生变化并不明确。

因此，本章在第3章的基础上，设置不同的约束应力值，测试浆体在不同约束应力作用下的膨胀能力和力学性能。同时，借助微观手段分析不同约束应力作用下的浆体微观演化规律。

4.1 膨胀率及力学强度测试

4.1.1 试验方案及过程

采用固定的试验原材料及水灰比，试样的膨胀剂含量为0%、5%、10%、15%、20%。基于单面有压膨胀测试方法，设置试样上表面约束应力分别为0MPa、0.5MPa、1.0MPa、1.5MPa和2.0MPa。具体试验方案如图4-1~图4-3所示。

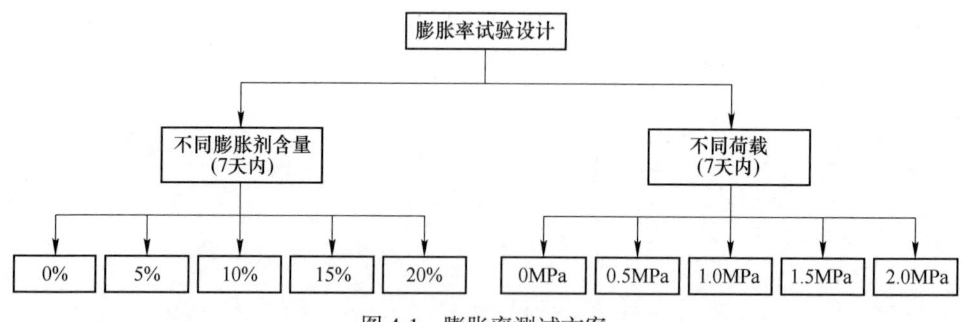

图4-1 膨胀率测试方案

膨胀型浆体试样的体积膨胀率测试方法与第3章一致，记录试样前7d的膨胀率数据，在快速膨胀阶段记录间隔为2h，之后记录间隔为24h。

膨胀率测试结束后，对试样进行单轴压缩试验。具体方法为，试样达到相应龄期（1d、3d、5d、7d）后，采用WDW-100kN型单轴压缩机测试其不同膨胀剂含量（5%、10%、15%、20%）和不同荷载（0.5MPa、1.0MPa、1.5MPa、2.0MPa）条件下的试样单轴抗压强度，观察并分析其破坏特征，具体试验方案如图 4-2 所示。

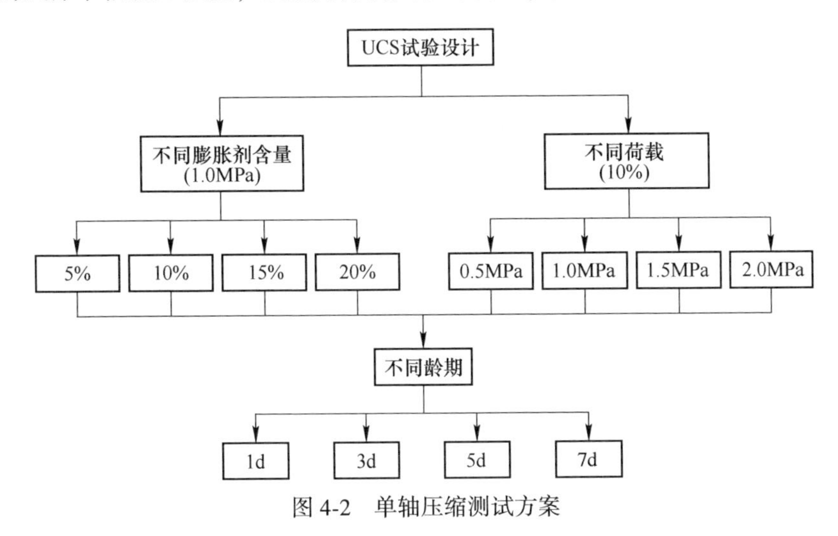

图 4-2 单轴压缩测试方案

为探究不同膨胀剂含量、不同荷载和不同龄期时试样内部的微观演化过程，设计如图 4-3 所示的微观测试试验方案。具体方法为，试样达到相应的龄期后，将试样打磨成边缘平整的小块状，然后浸泡在装有无水乙醇的口径 21mm 的广口塑料瓶中以终止试样的水化反应。测试前在烘干机中烘 1h 去除水分并取部分研磨成粉末状，通过 Smartlab 3kW X 射线衍射仪扫描测试，观察分析不同膨胀剂含量和不同荷载下膨胀型浆体的微观化学成分变化。随后采用 VHX-5000 超景深数码显微扫描仪放大 200 倍观察试样断面，获取表面形貌特征参数。

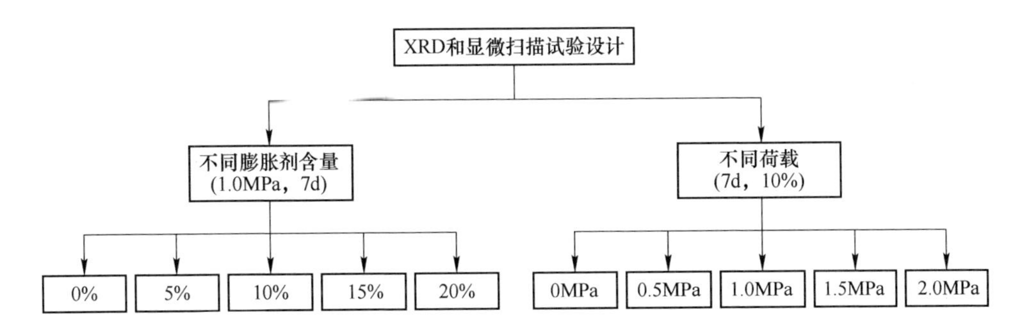

图 4-3 微观演化测试方案

4.1.2 膨胀性能与强度特征

4.1.2.1 体积膨胀特征

不同膨胀剂含量（荷载 1.0MPa）和不同荷载（膨胀剂含量 10%）条件下试

样在 7 天内的体积膨胀率试验结果如图 4-4 和图 4-5 所示。

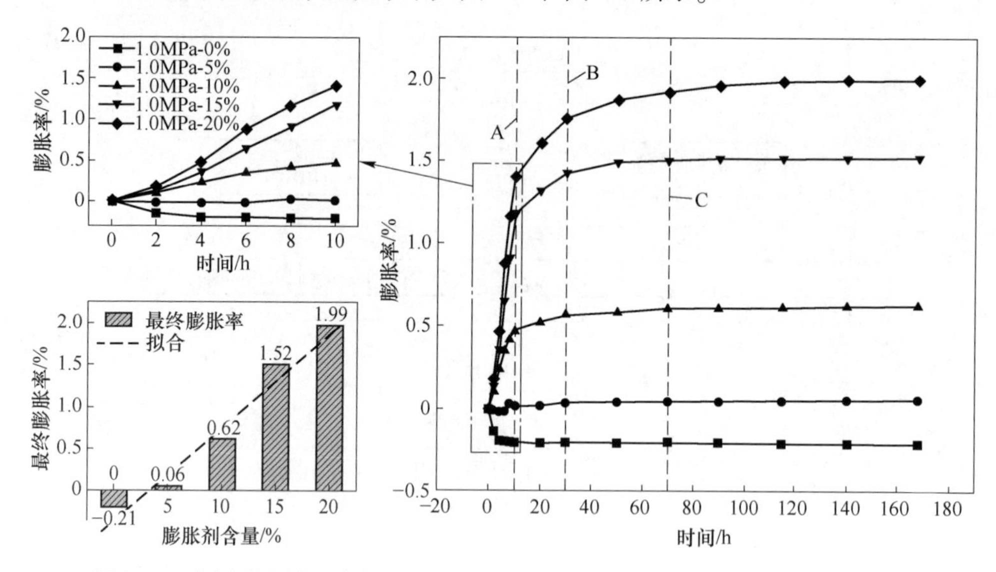

图 4-4 不同膨胀剂含量条件下试样体积膨胀率随时间变化特征（荷载 1.0MPa）

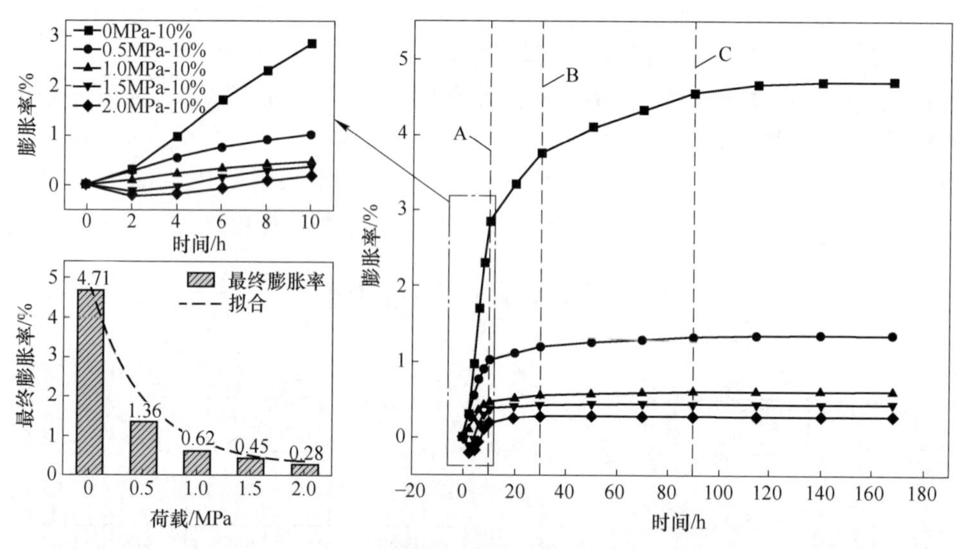

图 4-5 不同荷载条件下试样体积膨胀率随时间变化特征（膨胀剂含量 10%）

由图 4-4 和图 4-5 可知，试样体积增加趋势与第 2 章和第 3 章的结果大致相同，均为先快速增长后缓慢增加。影响浆体膨胀率的因素与前文的研究保持一致，此处不再进行分析。

4.1.2.2 单轴压缩测试结果

图 4-6 和图 4-7 所示为在不同膨胀剂含量和荷载条件下，试样在 7 天内的单

轴抗压强度，并设置0MPa荷载条件（7d）作为对照。

A 膨胀剂含量

由图4-6可见，同一荷载条件（1.0MPa）下，试样的单轴抗压强度随膨胀剂含量的增加而降低。前3天的强度增长最快随后增长减缓，5%、10%、15%和20%含量的四组试样在第7天后的平均强度分别达到26.57MPa、24.40MPa、23.37MPa、22.14MPa，强度在1.0MPa荷载下的变化较小。

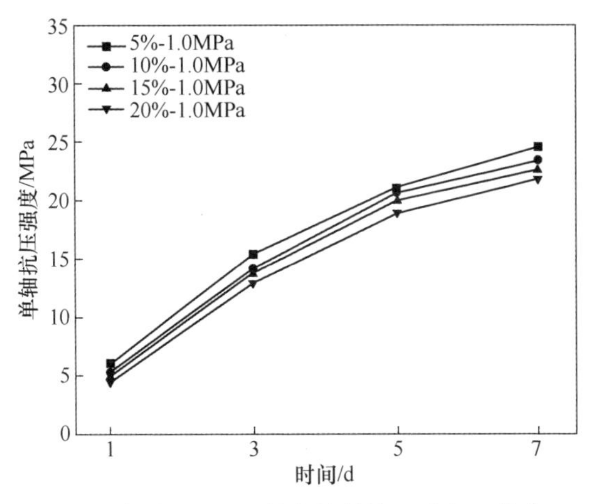

图4-6 不同膨胀剂含量下试样的单轴抗压强度（荷载1.0MPa）

B 荷载

由图4-7可知，同一膨胀剂含量条件（10%）下，试样的单轴抗压强度随荷载的增加而增大。前3天的强度增长最快随后增长减缓，在0.5MPa、1.0MPa、1.5MPa、2.0MPa 荷载下7天后的强度分别为18.2MPa、23.40MPa、27.97MPa、31.51MPa。

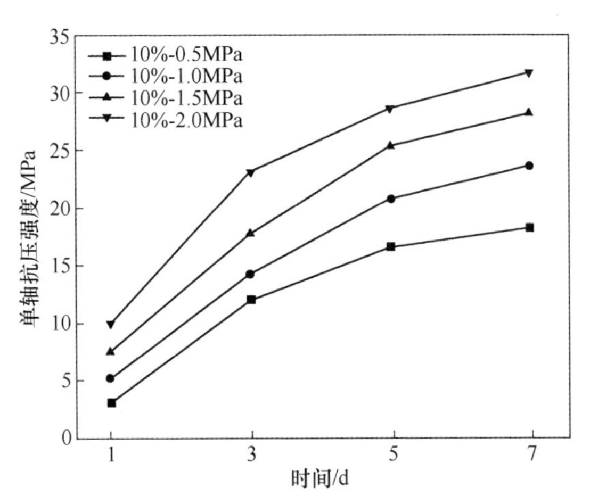

图4-7 不同荷载含量下试样的单轴抗压强度（膨胀剂含量10%）

由图4-8可知，无载荷时，试样的单轴抗压强度在5%、10%、15%和20%含量时分别为15.8MPa、18.6MPa、21.1MPa、22.9MPa。表明荷载对强度的影响较大，随着膨胀发育的进行，浆体体积向外膨胀受到模具及外加荷载的抑制，使得试样内部密实程度更好，显著增大了试样的单轴抗压强度。

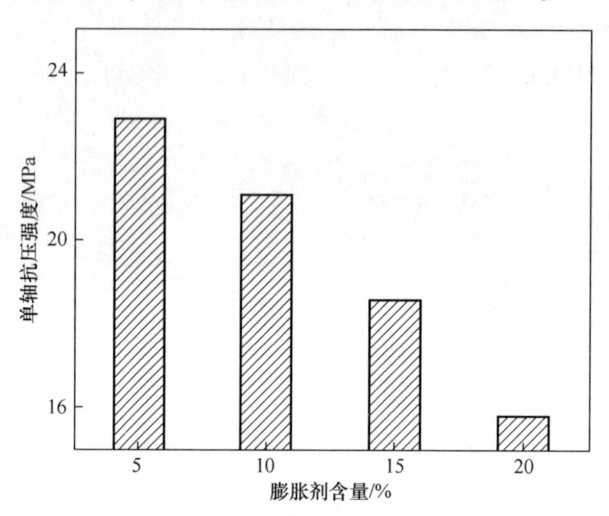

图4-8 不同膨胀剂含量下试样的单轴抗压强度（无荷载，7d）

4.1.2.3 应力应变曲线分析

不同膨胀剂含量和荷载条件下膨胀型浆体试样的应力应变曲线如图4-9所示。

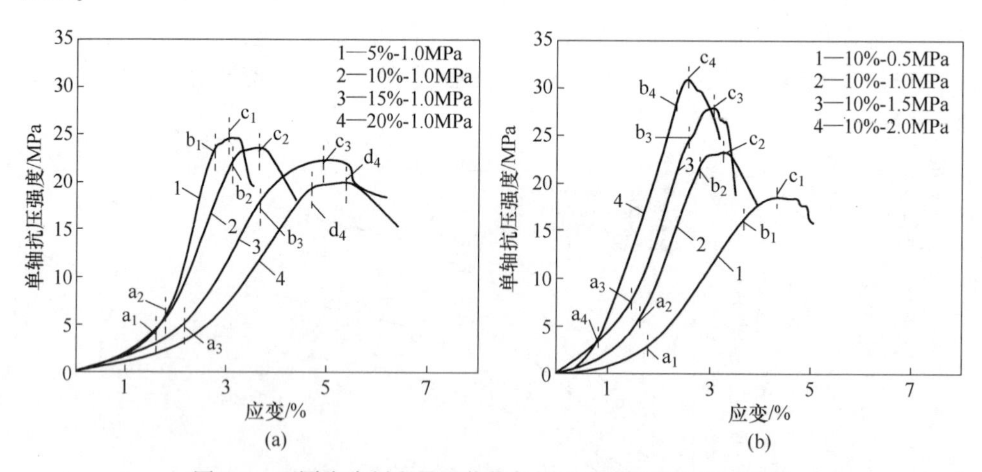

图4-9 不同膨胀剂含量和荷载条件下试样的应力应变曲线

（a）不同膨胀剂含量（7d）；（b）不同荷载（7d）

由图4-9可知，浆体单轴压缩过程都经历了初始孔隙压密阶段、线弹性阶段、屈服阶段、峰后破坏阶段，但各阶段的特征随膨胀剂含量、荷载和养护时间变化呈现出较大的差异。

A 膨胀剂含量

由图4-9（a）可见，随着膨胀剂含量的增加，孔隙压密阶段的应变增大，线弹性阶段应变增大，抵抗变形的能力变弱，屈服阶段延长，峰后应力下降速度变缓。

孔隙压密阶段（0a）：膨胀剂含量较低时（5%），由于试样自身密实程度较好，试样在轴向荷载作用下，应变增加缓慢，但应力不断增大，初始孔隙压密阶段呈现出下凸状曲线。膨胀剂含量较大时（15%），浆体密实程度相对较差，试样在轴向荷载作用下，应变增加，但应力变化减缓。

线弹性阶段（ab）：膨胀剂含量对试样受压过程的线弹性阶段影响显著，膨胀剂含量较低时，试样受压过程线弹性阶段应变较小，抵抗变形的能力较强。

屈服阶段（bc）：试样的屈服阶段随膨胀剂含量的增加而逐渐延长，试样由脆性向延性转变。

峰后破坏阶段（c-最后）：膨胀剂含量较低时（5%），试样受压到达峰值强度后，应力快速下降，应变缓慢增加，表现出较强的脆性特性。随着膨胀剂含量的增加（15%），试样的在峰值强度后具有一定的载能力，应力下降速度变缓。

B 荷载

由图4-9（b）可见，随着荷载的增大，孔隙压密阶段的应变减小，应力变化增大，线弹性阶段应变减小，抵抗变形的能力变强，屈服阶段缩短，峰后应力下降速度加快。

孔隙压密阶段（0a）：试样在轴向荷载作用下呈现出下凸状曲线。随着荷载的增大，试样密实程度更大，因此压密阶段应变减小，应力变化增大。

线弹性阶段（ab）：随着荷载的增大，试样受压过程线弹性阶段应变较小，抵抗变形的能力较强。

屈服阶段（bc）：试样的屈服阶段随荷载的增加而逐渐变短。

峰后破坏阶段（c-最后）：当施加的荷载较小时（0.5MPa），试样的在峰值强度后具有一定的承载能力。随着荷载的增大，密实程度更好，试样受压到达峰值后承载能力下降更加迅速，脆性特征更加明显。

4.1.2.4 破坏特征分析

试样单轴压缩破坏特征如图4-10和图4-11所示，从不同膨胀剂含量和荷载两个方面对浆体的典型破坏形态进行分析。

A 膨胀剂含量

由图4-10可见，随着膨胀剂含量的增加，试样的破坏形态从由拉伸破坏转变为拉伸破坏为主局部存在剪切破坏的特征。

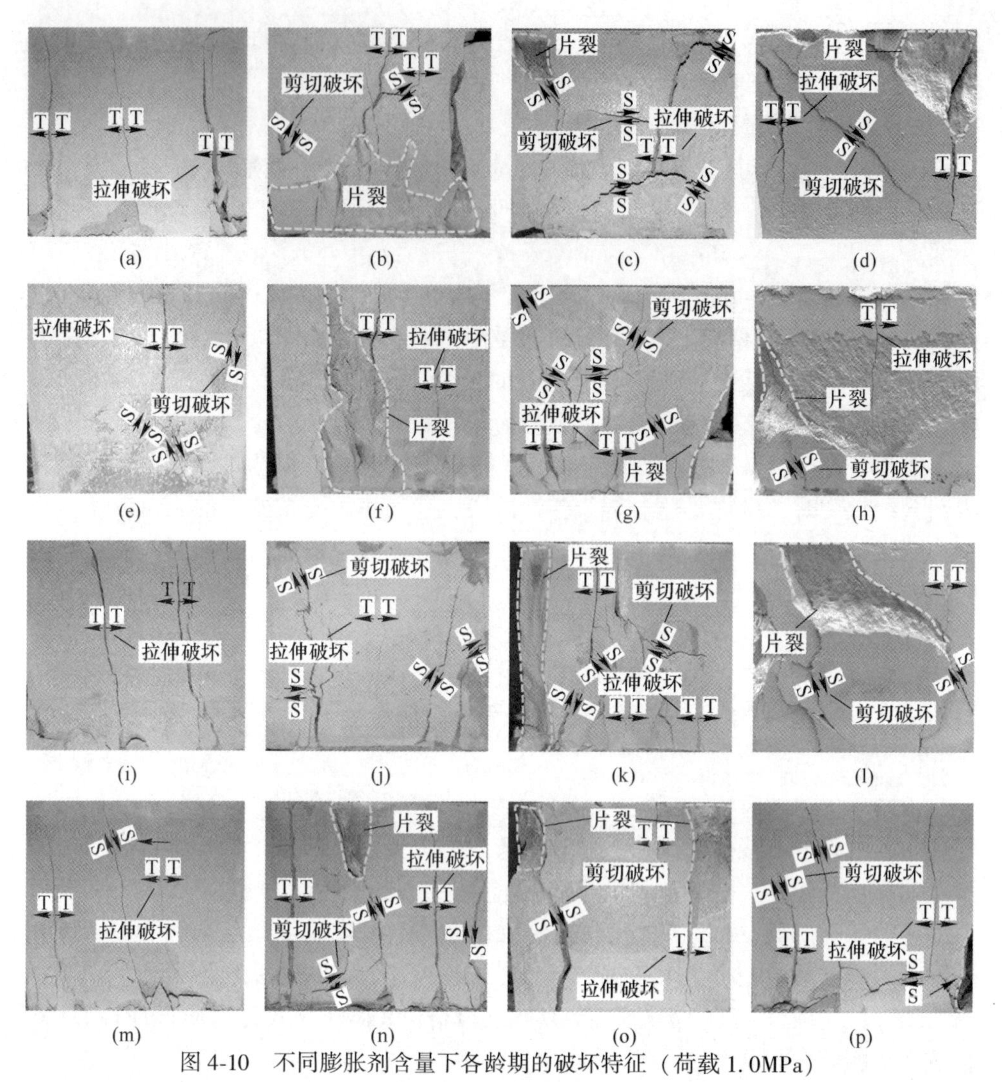

图 4-10　不同膨胀剂含量下各龄期的破坏特征（荷载 1.0MPa）

(a) 5%-1d；(b) 10%-1d；(c) 15%-1d；(d) 20%-1d；(e) 5%-3d；(f) 10%-3d；(g) 15%-3d；(h) 20%-3d；(i) 5%-5d；(j) 10%-5d；(k) 15%-5d；(l) 20%-5d；(m) 5%-7d；(n) 10%-7d；(o) 15%-7d；(p) 20%-7d

在 1.0MPa 荷载条件下，当膨胀剂含量较低时（5%），试样在轴向荷载的作用下出现拉伸裂纹和少量剪切裂纹，部分拉伸裂纹贯穿试样，裂纹大致轴向平行，部分端面出现小面积脆性片裂（见图 4-10（n））。膨胀剂含量适中时（10%），试样出现拉应力和剪应力共同作用的破坏形式，剪切裂纹增多，并同样存在片裂现象（见图 4-10（o））。膨胀剂含量较高时（15%），试样破坏由一条轴向拉伸主裂纹引起，主裂纹出现一定角度的弯曲，并且存在次生裂纹（见图 4-10（p））。

试样初期膨胀发育尚未完全，内部密实程度较低，随着养护时间的增加，试样的破坏由拉伸裂纹和剪切裂纹共同作用导致向拉伸破坏变化。

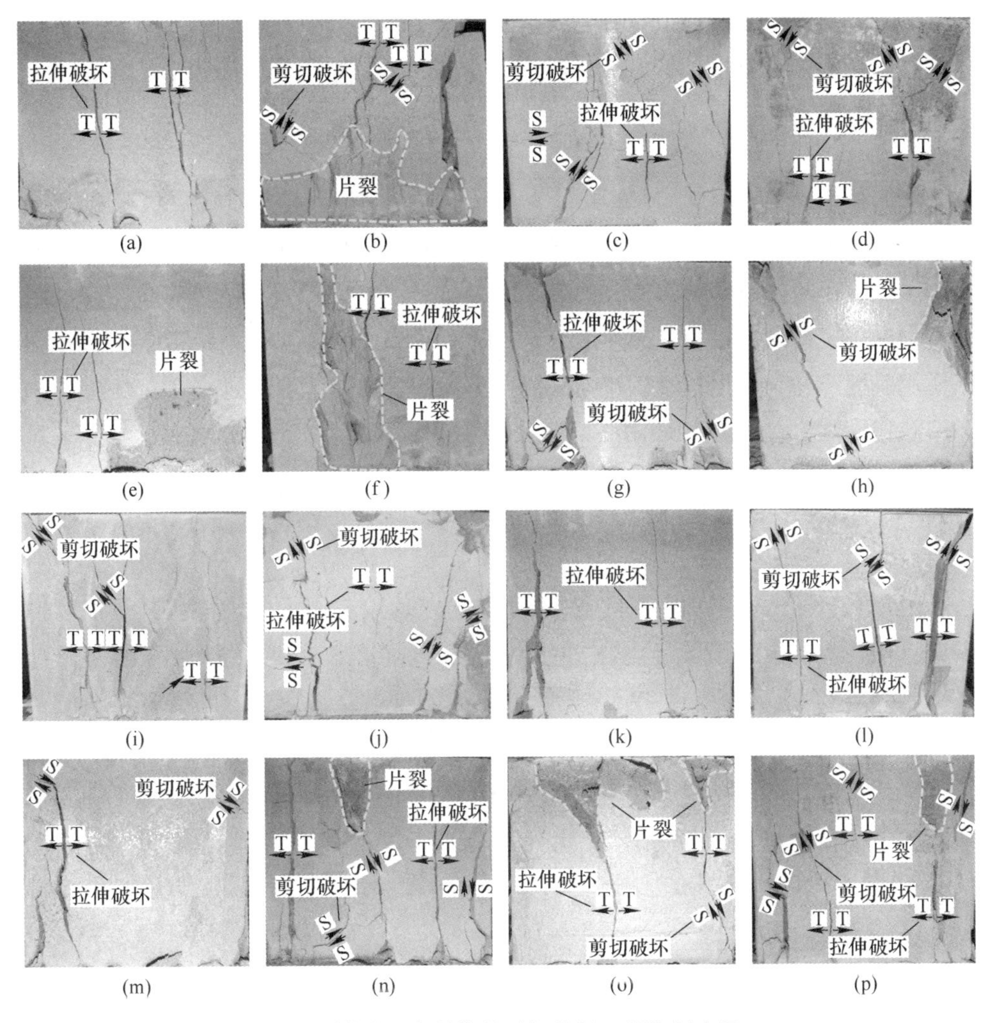

图 4-11 不同荷载下各龄期的破坏特征（膨胀剂含量 10%）

（a）0.5MPa-1d；（b）1.0MPa-1d；（c）1.5MPa-1d；（d）2.0MPa-1d；（e）0.5MPa-3d；（f）1.0MPa-3d；（g）1.5MPa-3d；（h）2.0MPa-3d；（i）0.5MPa-5d；（j）1.0MPa-5d；（k）1.5MPa-5d；（l）2.0MPa-5d；（m）0.5MPa-7d；（n）1.0MPa-7d；（o）1.5MPa-7d；（p）2.0MPa-7d

B 荷载

由图 4-11 可见，随着荷载的增大，试样内部更加密实，受压破坏后的片裂程度更加严重，脆性破坏特征更加明显。在 10%膨胀剂含量条件下，当荷载较小时（0.5MPa），试样在轴向荷载的作用下出现拉伸裂纹和少量剪切裂纹，存在片裂现象（见图 4-11（e））。荷载适中时（1.0MPa），片裂程度变大，整体以拉伸破坏为主，脆性破坏特征更加明显（见图 4-11（n））。荷载较大时（1.5MPa、2.0MPa），试样片裂程度更严重，破坏后的完整度较差。

随着养护时间的增加，试样由拉剪复合破坏转变为拉伸破坏，剪切裂纹逐渐减少，破坏形态基本为拉伸破坏，片裂面积增大，脆性特征更加明显。

4.2　微观演化特征

膨胀型浆体试样的宏观膨胀行为与试样微观的晶体生长发育过程密切相关[3,4]。水泥水化过程中，主要产物为C-S-H凝胶和$Ca(OH)_2$，其中C-S-H凝胶提供水泥硬化的主要黏结力和硬化体的主要强度[5,6]。膨胀型浆体有着相同的水化产物种类，但其含量与普通水泥水化有所差别，而$Ca(OH)_2$是膨胀型浆体膨胀作用关键产物，其生长过程决定了膨胀型浆体的膨胀发育规律[7-9]。设计XRD和微观扫描试验，通过XRD图谱和表面形貌特征参数分析膨胀剂含量和荷载对浆体性能的影响。

4.2.1　XRD图谱分析

图4-12所示为试样在不同膨胀剂含量、荷载和养护时间条件下的XRD图谱，由图可见衍射图谱的结构相似，说明试样在终凝后，产生的水化产物类别已经基本稳定，主要特征峰位置基本一样，为主要水化产物C-S-H和$Ca(OH)_2$的特征峰，C-S-H的峰面积最大，其余为部分AFt和少量的C_2S，其中AFt的峰值基本没有发生变化是由于本次试验中选取0.7∶1的水灰比有利于AFt在浆体中的稳定，少量C_2S存在是因为其水化反应主要在后期，7d时间内无法反应完全。

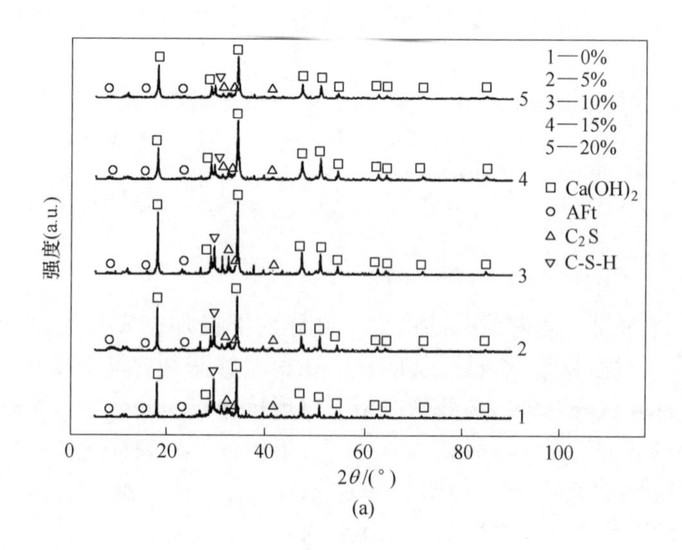

(a)

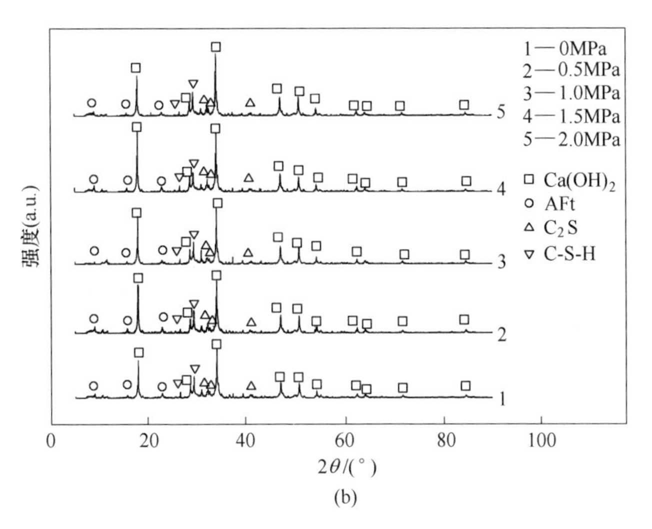

(b)

图 4-12　不同条件下的 XRD 图谱

(a) 不同膨胀剂含量 (7d); (b) 不同荷载 (7d)

(1) 随着膨胀剂含量的增加, $Ca(OH)_2$与 C-S-H 的衍射峰面积逐渐增大 (见图 4-12 (a)), 且 $Ca(OH)_2$与 C-S-H 峰面积相对差距逐渐缩小, 表明 $Ca(OH)_2$含量逐渐增大。

(2) 随着荷载的增大, $Ca(OH)_2$与 C-S-H 峰面积均逐渐减小 (见图 4-12 (b)), 表明水化产物减小, 水化程度更低。

4.2.2　显微扫描图像分析

图 4-13 和图 4-14 所示为不同膨胀剂含量和荷载条件下试样中心位置横切面在显微扫描仪放大 200 倍数下的图像。基于对象亮度抽取的区域进行测量, 结果表现为横切面的凹凸形貌特征, 其中暗处表示为凹面, 反映了试样的密实程度。

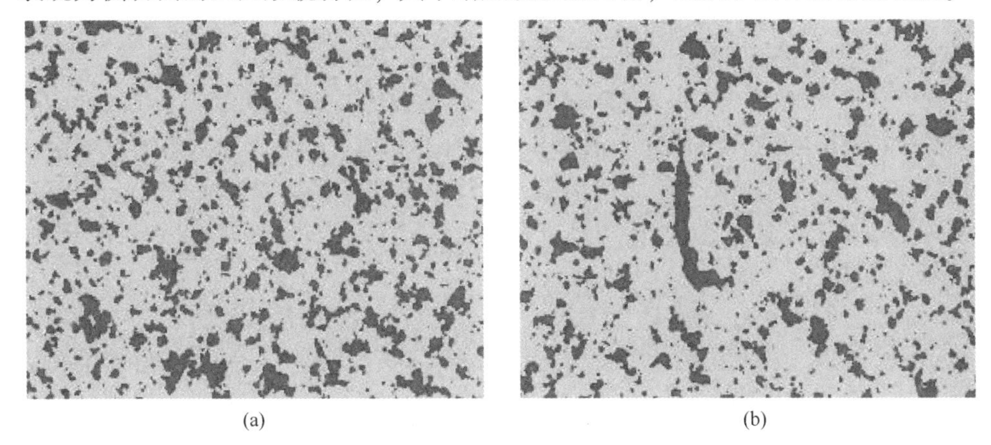

(a)　　(b)

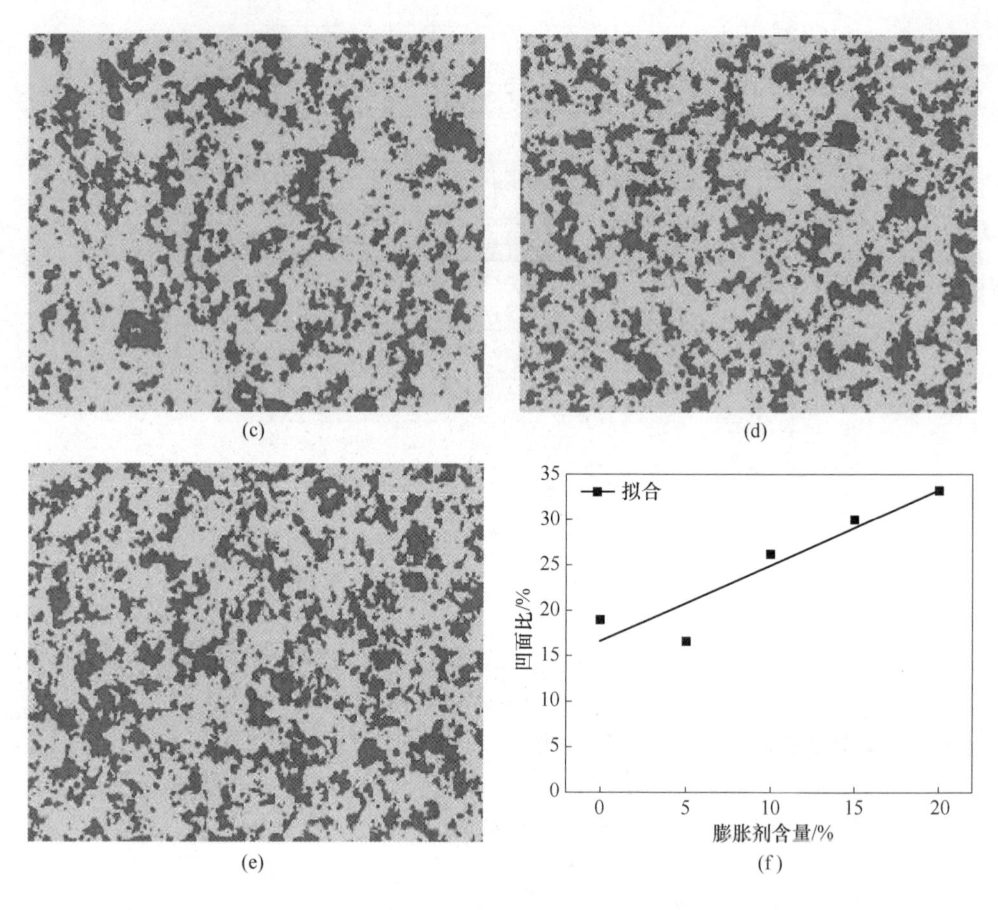

图 4-13　不同膨胀剂含量条件下试样表面形貌特征

(a) 0%-1.0MPa-7d；(b) 5%-1.0MPa-7d；(c) 10%-1.0MPa-7d；(d) 15%-1.0MPa-7d；(e) 20%-1.0MPa-7d；(f) 凹面比

4.2.2.1　膨胀剂含量

由图 4-13 可见，在 1.0MPa 荷载条件下，随着膨胀剂的增加，凹面在 7d 的占比整体逐渐增大。当膨胀剂含量为 5%时，膨胀剂中的 CaO 参与水化反应，产生的 $Ca(OH)_2$ 晶体增多填充了晶体之间存在的孔隙。随着膨胀剂的增加凹面占比增大，表明孔隙数随着膨胀剂含量的增大而增多，由于变大增多的 $Ca(OH)_2$ 晶体与 C-S-H 形成挤压产生了更多裂隙，因此密实程度进一步降低，试样的强度也随之降低。

0%、5%、10%、15%和 20%膨胀剂含量试样的凹面 7d 占比分别为 19.02%、16.67%、26.25%、30.02%和 33.15%。试样 7d 后的凹面占比 σ 与膨胀剂含量 φ 变化的函数关系如图 4-13 (f) 所示。由图可见，同一荷载条件下，膨胀型浆体试样的凹面占比与膨胀剂含量整体上呈线性增加关系。

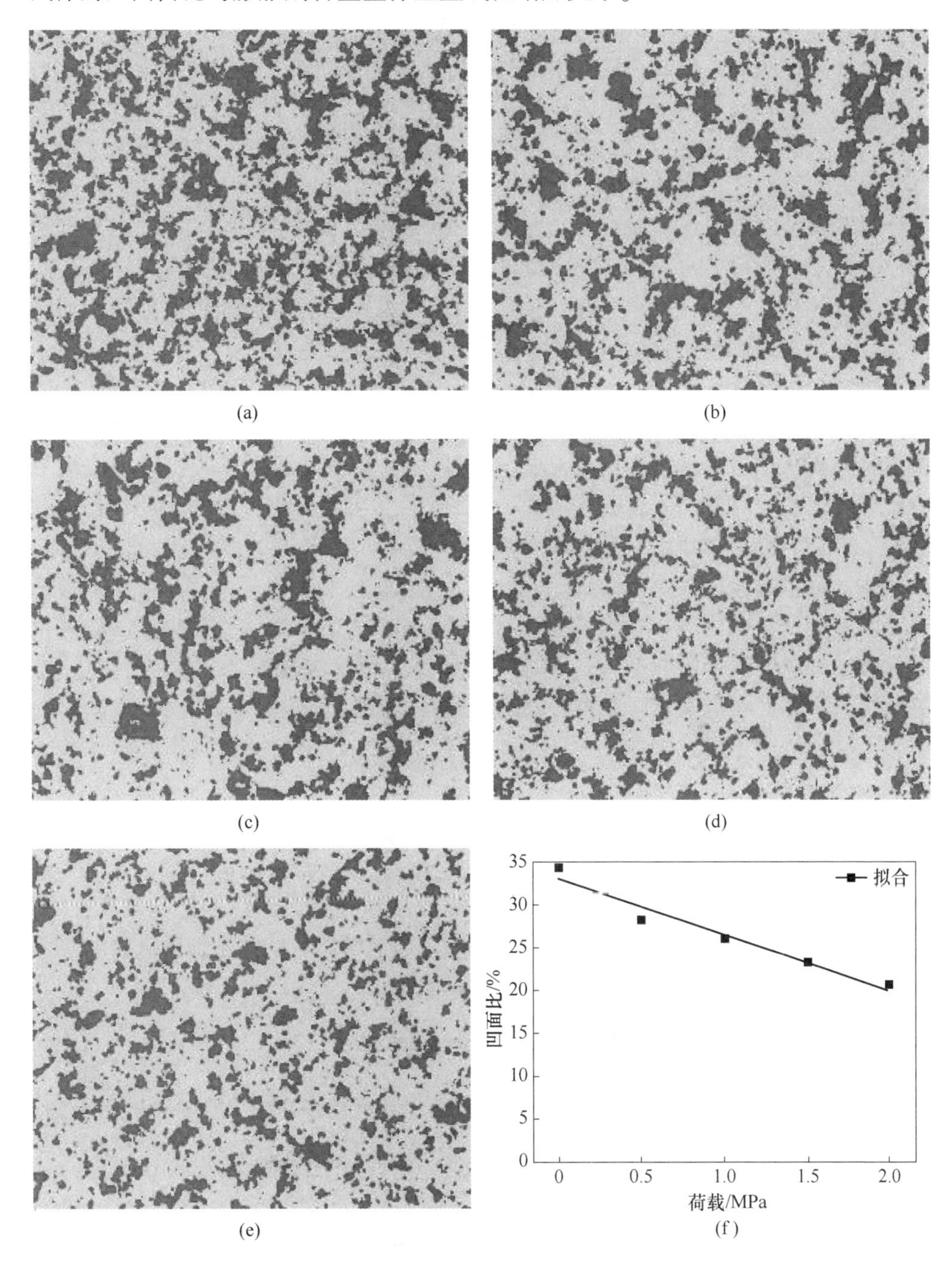

图 4-14 不同荷载条件下试样表面形貌特征

(a) 0%-1.0MPa-7d；(b) 5%-1.0MPa-7d；(c) 10%-1.0MPa-7d；

(d) 15%-1.0MPa-7d；(e) 20%-1.0MPa-7d；(f) 凹面比

4.2.2.2 荷载

由图 4-14 可见，在 10%膨胀剂含量条件下，随着荷载的增大，凹面在 7d 的占比整体逐渐减小。随着荷载的增加凹面占比减小，反映了孔隙数随着荷载的增大而减小，在轴向荷载下发生挤压，孔隙水和毛细水的减少，阻碍了水化反应的进行，产生的裂隙被进一步压缩，因此试样的密实程度更高，试样的强度随之变大。

试样在 0.5MPa、1.0MPa、1.5MPa、2.0MPa 荷载下的凹面 7d 占比分别为 34.59%、28.34%、26.25%、23.4%和 20.63%。试样 7d 后的凹面占比 σ 与荷载 P 变化的函数关系如图 4-14（f）所示。由图可见，同一荷载条件下，膨胀型浆体试样的凹面占比与荷载呈线性减小关系。

随着膨胀剂含量的增加，膨胀型浆体的膨胀率增加，强度降低；随着荷载的增加，膨胀型浆体的膨胀率降低，强度增加。结果在微观层面上解释如下：膨胀剂直接影响水化过程，产生更多 $Ca(OH)_2$ 晶体，晶体间挤压导致试样中出现更多孔隙，密实度降低。荷载直接增加了膨胀型浆体的密实度，晶体之间的孔隙较少，$Ca(OH)_2$ 晶体体积生长所需的水量较少，进一步阻碍了水合过程，生成的 $Ca(OH)_2$ 晶体较少[11]。

由上述试验结果可知，不同膨胀剂含量、荷载及龄期下的膨胀率、膨胀发育时间及单轴压缩强度差异较大。为确保膨胀型浆体具有较好的“先挤后黏”支护效果，膨胀材料应满足膨胀发育时间较短、体积膨胀率较大、自身强度较高的要求，在浆体产生黏结效果的同时提供挤压力，并与被支护岩体形成整体共同承载。

结合浆体性能测试结果，随着膨胀剂含量越高，其体积膨胀率越大，膨胀发育更快，但膨胀剂含量高于 15%时浆体自身强度明显降低。因此考虑选取 10%膨胀剂含量的膨胀型浆体，其浆体的膨胀主要发生在终凝后的快速膨胀阶段，10h 内达到最终膨胀率的 70%以上，且自身强度较高，满足后续注浆加固试验的浆体性能条件。

参考文献

[1] 刘一鸣．急倾斜层状岩体巷道顶板膨胀型浆体注浆加固试验研究［D］．武汉：武汉科技大学，2022.

[2] Lu J, Yin G Z, Yin D. True triaxial strength and failure characteristics of cubic coal and sandstone under different loading paths ［J］. International Journal of Rock Mechanics and Mining Sciences, 2020, 135: 104439.

[3] 赵海涛，李晓龙，谢东升，等．氧化钙膨胀剂、高吸水树脂和养护温度对水泥浆体早龄期孔结构演变的影响［J］．中南大学学报（英文版），2022，29（5）：1663-1673.

[4] 李红，邓敏，莫立武．不同活性氧化镁膨胀剂对水泥浆体变形的影响［J］．南京工业大

学学报（自然科学版），2010，32（6）：98-102.

[5] 雷进生，戴康，涂保林，等．掺膨胀剂水泥-黏土浆体膨胀性能的试验研究［J］．三峡大学学报（自然科学版），2019，41（6）：54-58.

[6] 李绍晨．遇水膨胀水泥浆体系的研究与应用［J］．钻井液与完井液，2013，30（3）：67-69.

[7] 姜建松，邓敏，莫立武，等．MgO 膨胀剂细度对 MgO 水化和水泥浆体膨胀的影响［J］．水电能源科学，2016，34（2）：116-119.

[8] 丁文文，谭克锋，刘来宝，等．氧化镁膨胀剂对水泥浆体膨胀性能、强度和孔结构的影响［J］．西南科技大学学报，2017，32（1）：52-57.

[9] 丁文文．氧化镁膨胀剂对水泥浆体和胶砂性能影响的研究［D］．绵阳：西南科技大学，2016.

[10] Wang D，Ye Y，Yao N，et al. Experimental study on strength enhancement of expansive grout［J］. Materials，2022，15（3）：885.

[11] Liu Y M，Ye Y C，Yao N，et al. Expansion performance and mechanical properties of expansive grout under different curing pressure［J］. Geomechanics and Engineering，2023，33（4）：327-339.

5　膨胀型浆体强度提升方案

膨胀型浆体在膨胀过程中产生了相应的膨胀应力，但是因为体积膨胀过程中晶体间微裂隙的增加，尤其是膨胀剂含量较高时，导致了浆体力学强度在一定程度上的降低[1,2]。因此，浆体的力学强度存在进一步优化的空间。为了解决因为体积膨胀而产生的膨胀型浆体力学强度降低问题，考虑添加非活性矿物掺和剂来对浆体内部进行微裂隙的填充[3,4]。工程上常添加非活性矿物掺合料石英砂来增强浆体的性能。石英砂作为一种非活性矿物掺合料，价格便宜，来源广泛，化学性质稳定，基本不与水泥组分起反应，可以降低浆体成本、提高耐久性[5]。

本章将石英砂作为骨料，将其掺入膨胀型浆体的原材料中，采用膨胀率监测、单轴压缩、声发射、扫描电镜、XRD 等试验方法，总结出力学强度与石英砂和膨胀剂含量对膨胀剂浆体力学强度的影响规律，分析不同配比下试样内部微裂隙的生长和变化及晶胞分布和物相组成，探索石英砂对膨胀型浆体的膨胀性能和力学性能影响。

5.1　原材料及试验方案

5.1.1　原材料及配比

在之前原材料基础上，添加石英砂作为骨料。石英砂作为一种矿物掺合料，可以形成低水胶比，提高水泥水化度，增加浆体的密实度，进而对 $Ca(OH)_2$ 晶体产生的空隙进行填充，可以提高浆体的强度[6,7]。

经过多次配比试验，在同时兼顾流动性和膨胀性能的情况下，采用 0.7 的水灰比。同时，考虑石英砂和静态破碎剂对浆体性能的影响，设置膨胀剂为 3%、6%、9%、12%、15%五个水平，石英砂为 0%、5%、10%、15%四个水平，开展双因素正交试验，研究两个不同因素条件下浆体的性能，在此基础上加入适量速凝剂和消泡剂提高水泥胶结速度以及减少气泡。配比方案见表 5-1。

表 5-1　材料配比

水灰比	膨胀剂/%	石英砂/%	速凝剂/%	消泡剂/%
0.7∶1	3、6、9、12、15	0、5、10、15	0.25	0.2

注：表中百分比含量除石英砂外均以水泥与水质量之和为基数，石英砂含量以水泥质量为基数。

5.1.2　试验方法

本次试验主要包括：体积膨胀率测试、单轴压缩测试、声发射、扫描电镜（SEM）和X射线衍射仪（XRD），具体试验流程如图5-1所示。

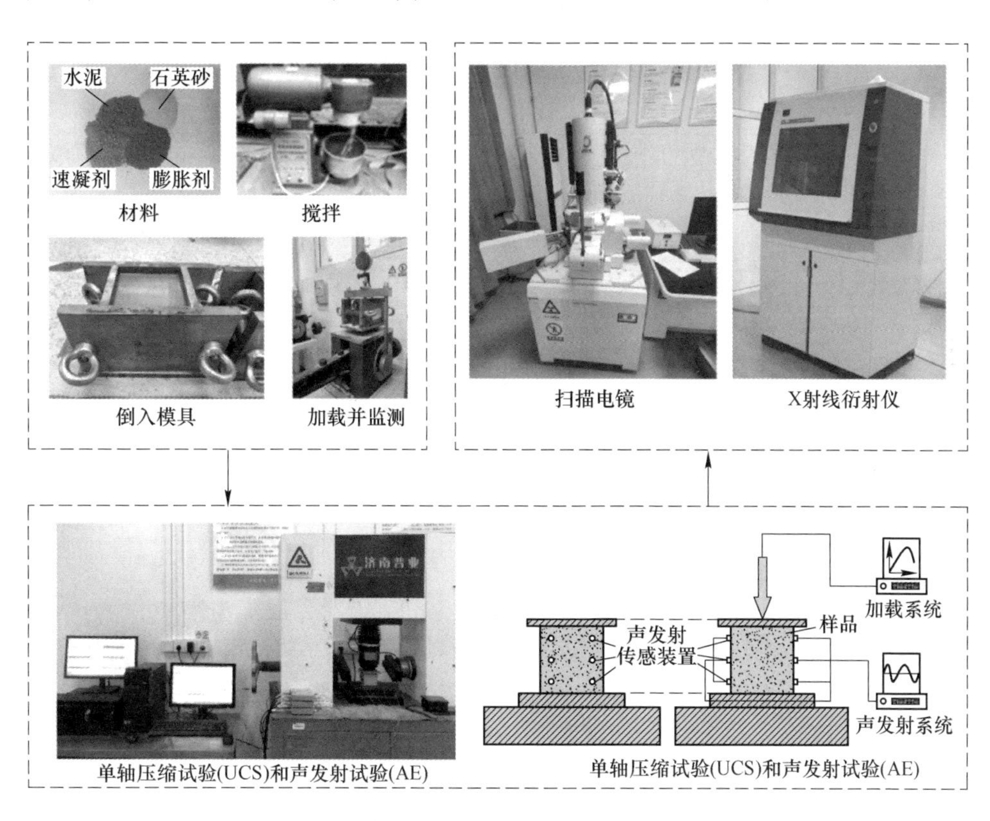

图5-1　具体试验过程

试样制备方法及膨胀率测试方法与前文相同，不再赘述。试样养护时通过高压固结仪对其顶部施加0.5MPa的轴向应力。此处主要介绍声发射、SEM及XRD测试方法。

（1）声发射。为研究不同石英砂和膨胀剂含量下的试样内部裂隙的产生、破坏及微裂纹的分布特征，利用声发射（AE）技术进行分析。根据试样的尺寸确认六个传感器的位置，对布置区域进行适当打磨，在传感器表面涂抹少量的耦合剂，轻轻挤压传感器，使传感器和试样表面完全接触，利用胶带将传感器固定于试样表面。根据试样受压损伤时所释放的声发射信号，定量探讨了试样的内部损伤程度和能量变化，总结不同膨胀剂和石英砂含量对浆体力学强度的影响。

(2) SEM 和 XRD。对不同膨胀剂和石英砂含量的试样粉末进行烘干研磨，通过 FEI Talos F200 高分辨透射电镜、JSM-7610F 场发射扫描电镜和 Smartlab 3kW X 射线衍射仪进行扫描测试，分析不同条件下试样的内部微观裂隙、物相组成和晶胞变化。测试方案如图 5-2 所示。

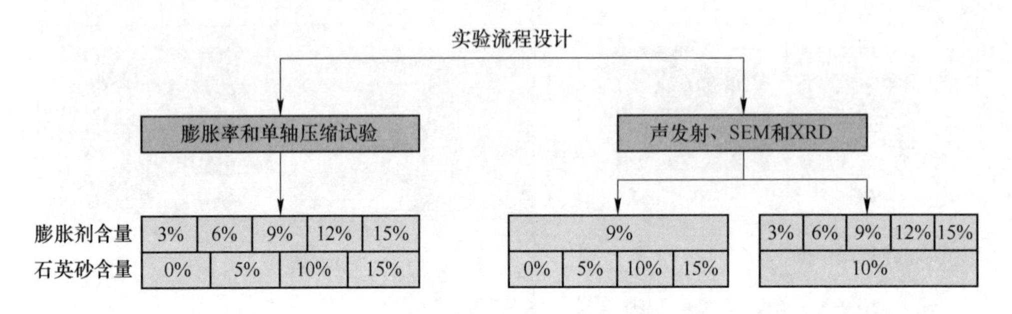

图 5-2　试验测试方案

5.2　石英砂对膨胀型浆体的性能影响

5.2.1　体积膨胀率

经过多次的试验验证，由于浆体膨胀在 3d 时基本完成，为缩短试验周期，本次体积膨胀测试由之前记录前 7d 的实验数据变为只记录前 5d 的实验数据。不同膨胀剂和石英砂含量条件下的试样在 5d 内的体积膨胀率试验结果如图 5-3 所示。

由图 5-3 (a)~(d) 可知，试样体积增加趋势与前文中的趋势大致相同，均为先快速增长后缓慢增加。试样膨胀发育过程分的四个阶段也一致，均可分为快速膨胀阶段、缓慢膨胀阶段、残余膨胀阶段及终态稳定阶段。

5.2.2　单轴抗压强度

不同膨胀剂和石英砂含量条件下试样的单轴抗压强度如图 5-4 所示。

由图 5-4 可知，在石英砂含量相同的条件下，试样的单轴抗压强度随膨胀剂含量的增加而减小。在膨胀剂含量相同的情况下，试样的单轴抗压强度随石英砂含量的增加而增加。

在膨胀剂含量分别为 3%、6%、9%、12% 和 15% 的条件下，石英砂为 5% 时，强度平均增加 10.51%；石英砂为 10%时，强度平均增加 29.88%；石英砂为 15%时，强度平均增加 37.92%。可以看出，在石英砂含量为 5%~10%之间对试样强度增强效果最明显。

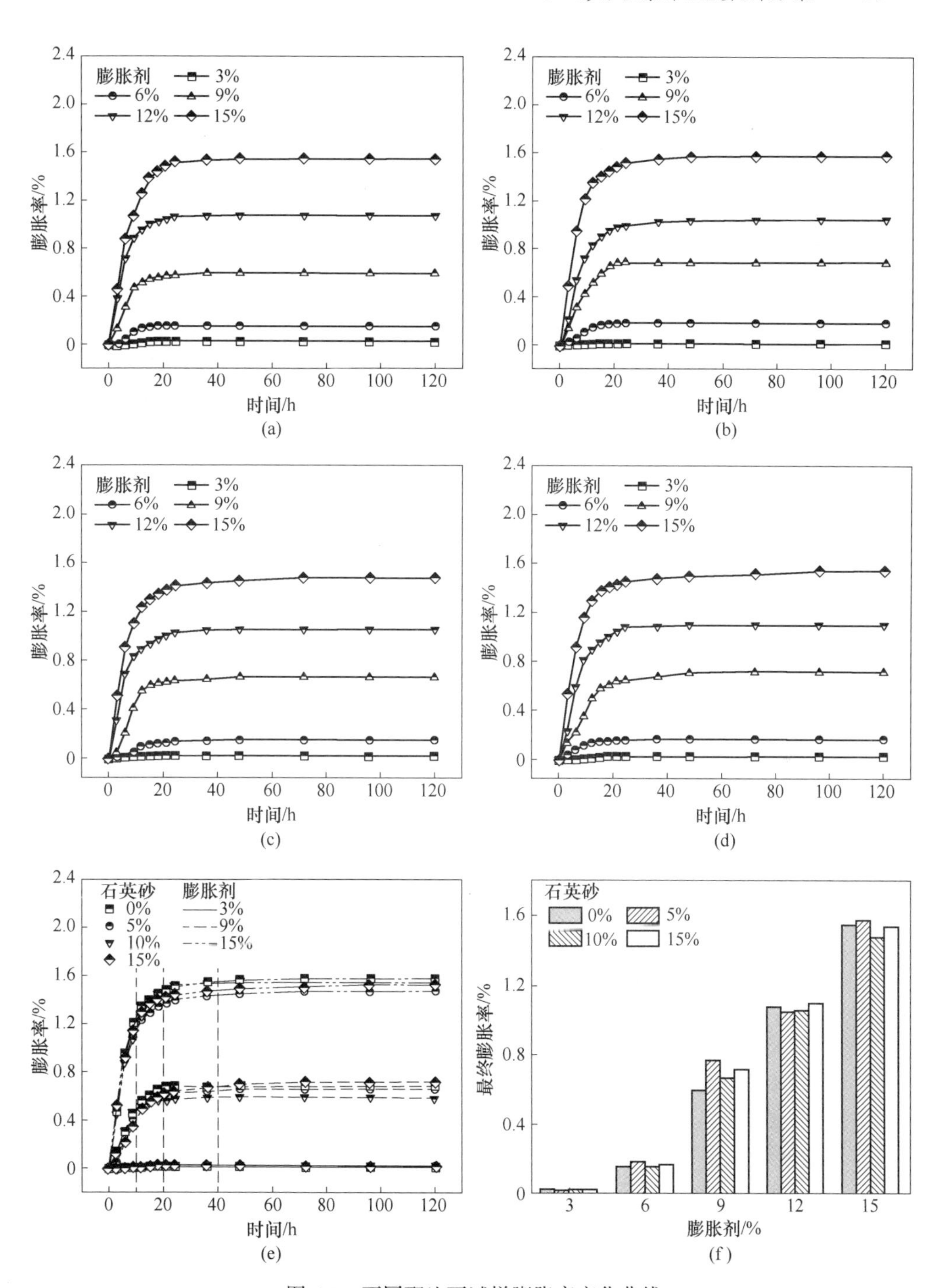

图 5-3 不同配比下试样膨胀率变化曲线

(a) 石英砂 0%；(b) 石英砂 5%；(c) 石英砂 10%；(d) 石英砂 15%；
(e) 不同膨胀剂含量和石英砂含量；(f) 最终膨胀率

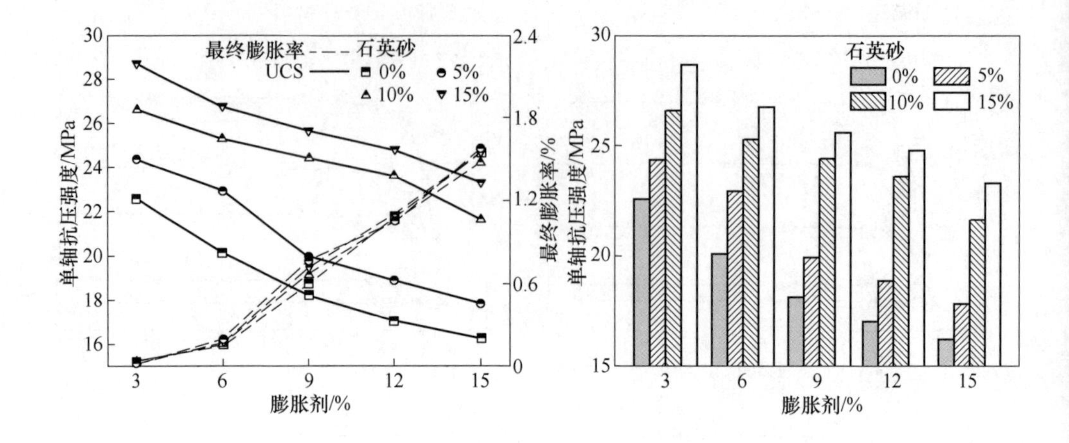

图 5-4 膨胀剂和石英砂含量与单轴抗压强度的关系曲线

利用函数拟合可以计算出单轴抗压强度 σ 与膨胀剂 ω 和石英砂 ε 之间的函数关系为：

$$\sigma = 23.07 - 0.476\omega + 0.45\varepsilon \tag{5-1}$$

5.2.3 应力应变曲线

不同配比的膨胀型浆体试样单轴压缩应力应变曲线如图 5-5 所示。

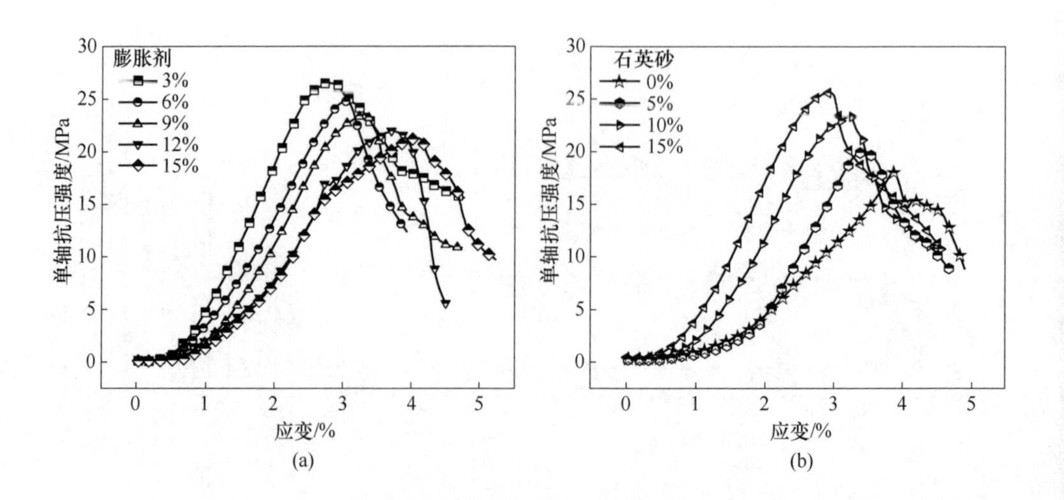

图 5-5 不同膨胀剂和石英砂含量试样的应力应变曲线

（a）不同膨胀剂含量（石英砂 10%）；（b）不同石英砂含量（膨胀剂 9%）

由图 5-5 可见，试样单轴压缩应力应变曲线均分为 4 个阶段，即初始孔隙压密阶段、线弹性阶段、屈服阶段、峰后破坏阶段。试样整体上表现为弹塑性材料，但在不同膨胀剂含量和石英砂含量的情况下，整个阶段特征有较为显著的影响差异。当石英砂含量相同时，膨胀剂含量对试样应力应变的影响与第 3 章基本一致，因此，此次试验重点分析石英砂含量不同时，试样受压的应力应变特征。

相同膨胀剂含量（9%）条件下，不同石英砂含量的膨胀型浆体试样单轴压缩应力应变曲线如图 5-5（b）所示。试样受压应力应变特征如下：

（1）膨胀型浆体试样初始孔隙压密阶段的变形随着石英砂含量增加而减小。石英砂含量越高，试样进入线弹性阶段之前的变形越小。反之，石英砂含量越低，试样进入线弹性阶段之前的变形越大。

（2）膨胀型浆体试样单轴压缩破坏过程中产生的变形随石英砂含量增加而减小。石英砂含量越高，试样达到峰值强度前，发生的变形越小。

（3）膨胀型浆体试样的弹性模量随石英砂含量增加而增大。在线弹性阶段，石英砂含量越低，曲线直线段切线斜率越小，试样切线模量越小。反之，石英砂含量越高，试样切线模量越大。

（4）膨胀型浆体试样屈服及峰后阶段的变形随石英砂含量增加而减小。线弹性阶段结束后，石英砂含量较高时，随着加载的进行，试样承载能力急速下降，而应变变化较小，呈现出明显的脆性破坏特征。石英砂含量较低时，达到峰值强度后呈现出一段明显的稳压区域，轴向应变逐渐增大，稳压承载。

以上单轴压缩应力应变曲线变化特征的具体原因为：石英砂含量越高时，石英砂对试样体积膨胀过程中的微裂隙填充效果越明显，在试样单轴压缩过程中，宏观上表现为初始孔隙压密阶段变形变小，试样的弹性模量变大，试样刚度变大，越不容易发生变形，脆性越明显，因而强度越大。

5.2.4 声发射特征

为了探究不同膨胀剂和石英砂含量的膨胀型浆体试样在单轴压缩过程中的内部破坏特征，通过试样的单轴压缩声发射试验，获取了试样的声发射损伤定位信号点（见图 5-6 和图 5-7）、声音信号点持续时间数量（见图 5-8）、声发射声音信号点能量（见图 5-8 和图 5-9）。对声发射信号点进行定位，可以分析试样破坏裂纹的分布特点，不同声发射点的持续时间用不同的颜色标识，不同持续时间说明裂纹蓄能的时间长短。根据声音信号不同持续时间的数量关系和能量大小不同，持续时间越长，延性越大，持续时间越短，脆性越大，累积能量值越大，试样延性越大。

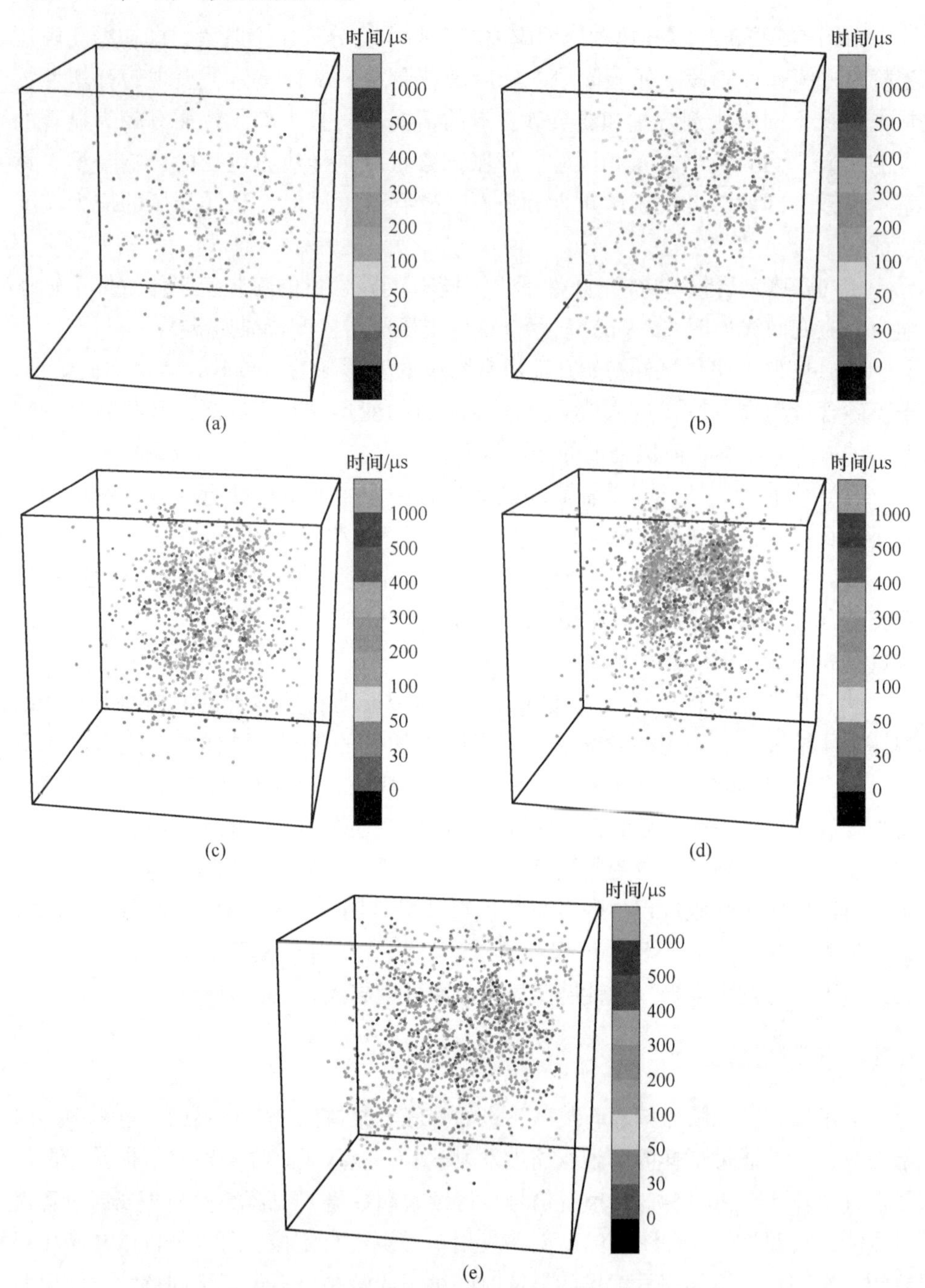

图 5-6　不同膨胀剂含量试样声发射损伤定位图

（a）膨胀剂含量 3%；（b）膨胀剂含量 6%；（c）膨胀剂含量 9%；
（d）膨胀剂含量 12%；（e）膨胀剂含量 15%

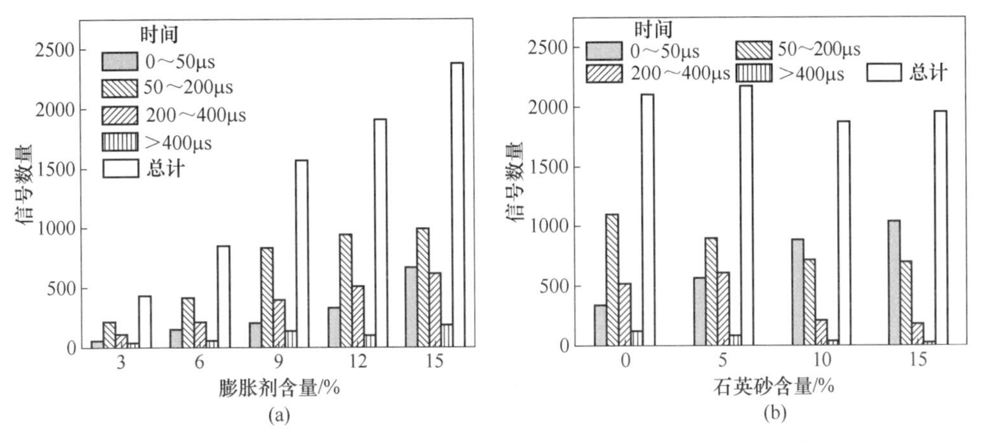

图 5-7 不同膨胀剂和石英砂含量试样的声发射声音信号持续时间数量图

(a) 不同膨胀剂含量；(b) 不同石英砂含量

因为试样基本为水泥材料，试样较为均匀，基本可视为均质材料。由图 5-6 和图 5-7 可见，在不同膨胀剂和石英砂含量条件下，试样的定位点分布并无较大变化，事件的空间位置都出现明显集中的现象，声发射事件成核成团，破坏点都集中在裂纹贯通部分。

尽管试样内部声发射点分布无较明显的变化，但是根据图 5-6 可以看出，信号点的颜色和数量都有明显差别，声音数量越多，内部生成的微裂纹越多；声音信号时间持续越久，产生新鲜裂纹的时间越长，延性更强，反之则微裂纹越小，产生新鲜裂纹的时间越短，脆性更强。根据图 5-8 和图 5-9 可以看出，信号点的数量和大小也会对累积能量值和平均能量值产生影响。

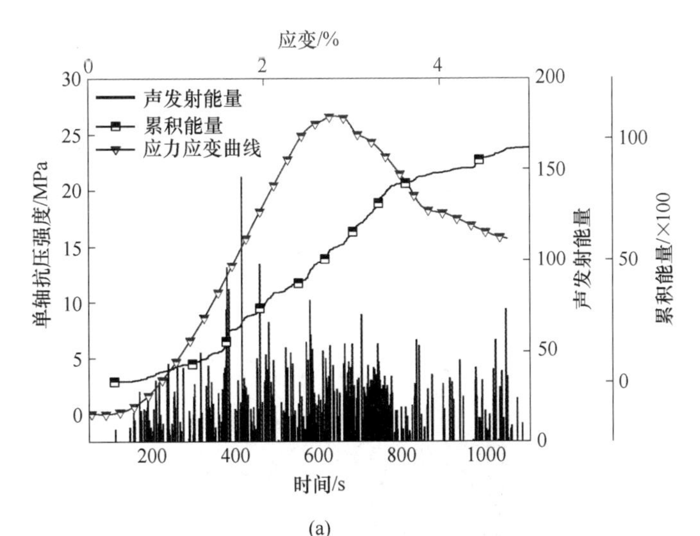

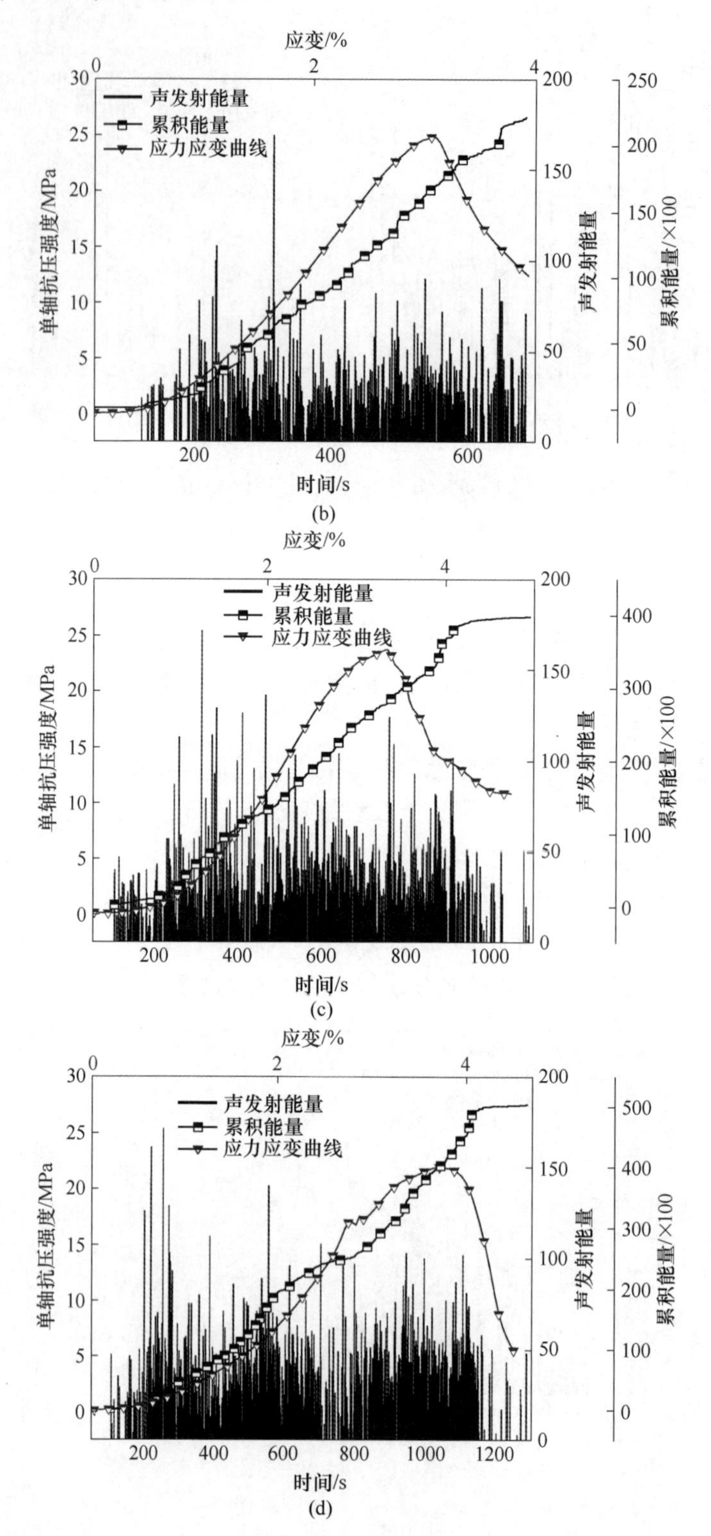

(b)

(c)

(d)

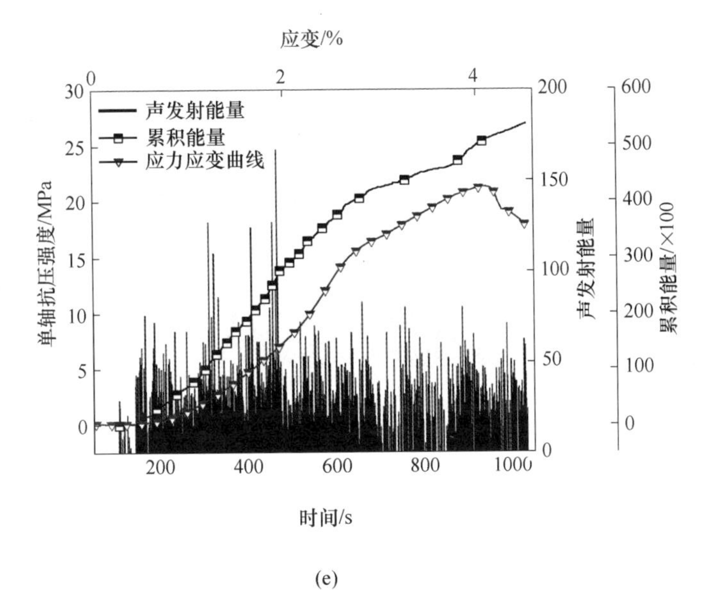

(e)

图 5-8 不同膨胀剂含量试样的声发射 AE 能量图

(a) 膨胀剂含量 3%；(b) 膨胀剂含量 6%；(c) 膨胀剂含量 9%；
(d) 膨胀剂含量 12%；(e) 膨胀剂含量 15%

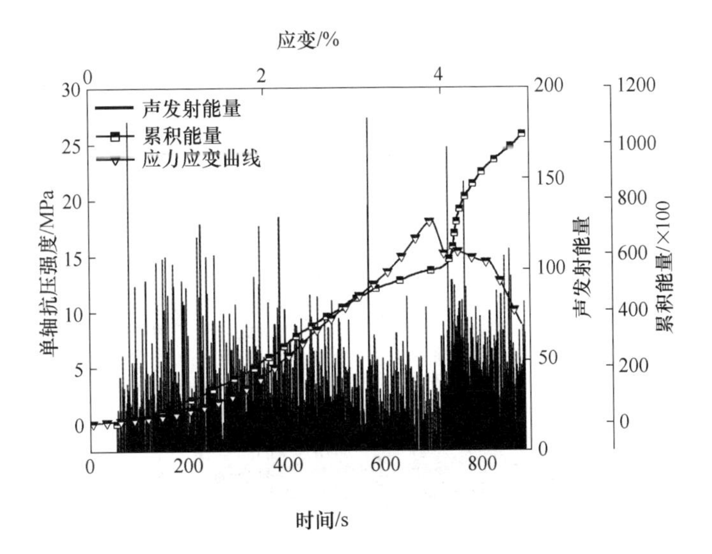

(a)

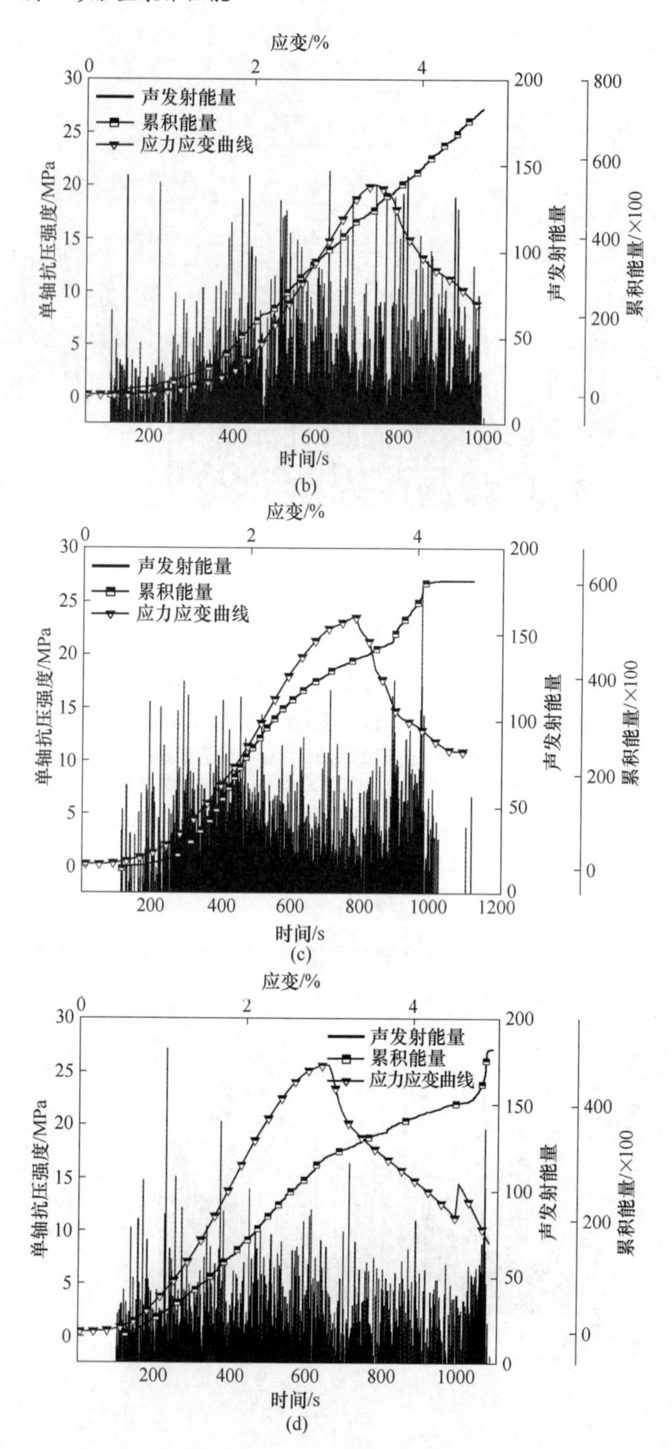

图 5-9　不同石英砂含量试样的声发射 AE 能量图

（a）石英砂含量 0%；（b）石英砂含量 5%；（c）石英砂含量 10%；（d）石英砂含量 15%

根据以上结果，不同膨胀剂含量和石英砂含量试样的声发射规律可总结如下。

（1）膨胀剂含量。

1）声发射信号数量与膨胀剂含量成正比关系，膨胀剂含量越高，声发射信号总数量越多，各阶段信号点的数量也在增加。

2）0~50μs 信号的数量在膨胀剂 9%~15%增幅相比于膨胀剂 0%~9%时更大；而 50~200μs 声音信号在 0%~9%时增幅更大，在 9%~15%增幅较小；200~400μs 增幅基本保持较为平稳的增幅；大于 400μs 的信号略有增加。

3）随着膨胀剂含量的增加，孔隙率变大，声发射 AE 事件累积能量越高，但是平均幅值降低，而裂纹起裂临界应力变低，后续能量点变多，但幅值变小。声发射激增点所对应的应力值越小，从裂纹发育角度分析，伴随更多的高幅值信号间的小幅值震荡和发育—蓄能过程。

膨胀剂含量不同导致声发射特征出现差异的主要原因为：膨胀剂含量越高，随着体积的膨胀，内部孔隙率变大，微裂隙变多，内部密实度降低，试样内部出现更多大尺度孔隙及更多新的小尺度孔隙的生成，导致信号点变多，试样由脆性向延性发展，试样释放能量的微裂隙变多但平均能量变低。宏观上体现为膨胀剂含量越高，试验破坏特征出现的片裂越多，导致试样破坏后的完整性降低。

（2）石英砂含量。

1）对于各个阶段的声发射引号数量而言，随着石英砂含量增加，声发射信号总数量无较大变化，0~50μs 信号的数量保持较为明显的增幅；50~200μs 声音信号在 0%~10%时降幅更大；200~400μs 声音信号仅在石英砂含量为 0%~5%时略有增加；大于 400μs 的信号则保持持续下降的趋势。

2）随着石英砂含量增加，试样在加载初期的压密阶段就有较大声发射能量事件产生，压密阶段就存在声发射信号激增点，但是一段时间后回落，随后出现第二个信号激增点，该时刻声发射能量信号幅值明显升高，同时能量累积曲线的斜率也在该点后逐渐变大。

3）石英砂含量越高，声发射 AE 事件累积能量越低，高幅值信号和低幅值信号之间差值变大，扩展过程对外界释放的盈余能越多，声发射监测到的能量信号幅值越大、累积能量越多，导致发育—蓄能过程差值变大。

石英砂含量不同导致声发射特征出现差异的主要原因为：石英砂含量越高，对试样微裂隙填充效果越明显，内部密实度越高，大孔隙往小孔隙方向转化，但是对整体声音信号数量影响不明显，试样由延性向脆性发展；石英砂对内部微裂隙提供填充效果，导致发育—蓄能过程中的能量幅值差值变大。宏观上表现为随着石英砂含量的增加，压缩过程中出现的次生裂纹和片裂变少，试样破坏后的完整性增加。

5.2.5 微观分析

通过分析其SEM图像、XRD图谱和XRD物相，揭示不同膨胀剂和石英砂含量的浆体宏观膨胀性能和力学特性。水泥水化主要产物为C-S-H凝胶和$Ca(OH)_2$，C-S-H提供水泥硬化的主要黏接力和硬化强度。膨胀型浆体有着同样的水化产物，但因为膨胀剂的作用及添加石英砂之后，对膨胀型浆体内部产生的孔隙填充影响，其发育过程和物相组成与普通水泥有所差别。

5.2.5.1 XRD分析

图5-10和图5-11所示分别为试样在不同膨胀剂含量和不同石英砂含量条件下的XRD图谱和物相组成分析。

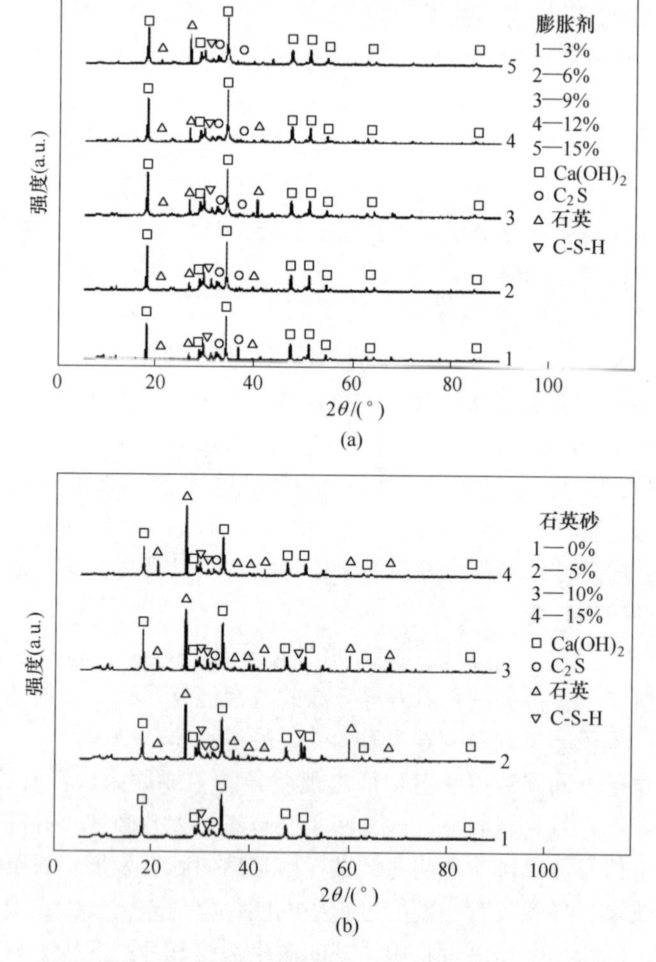

图5-10 不同膨胀剂和石英砂含量试样的XRD图谱

(a) 不同膨胀剂含量（石英砂10%）；(b) 不同石英砂含量（膨胀剂9%）

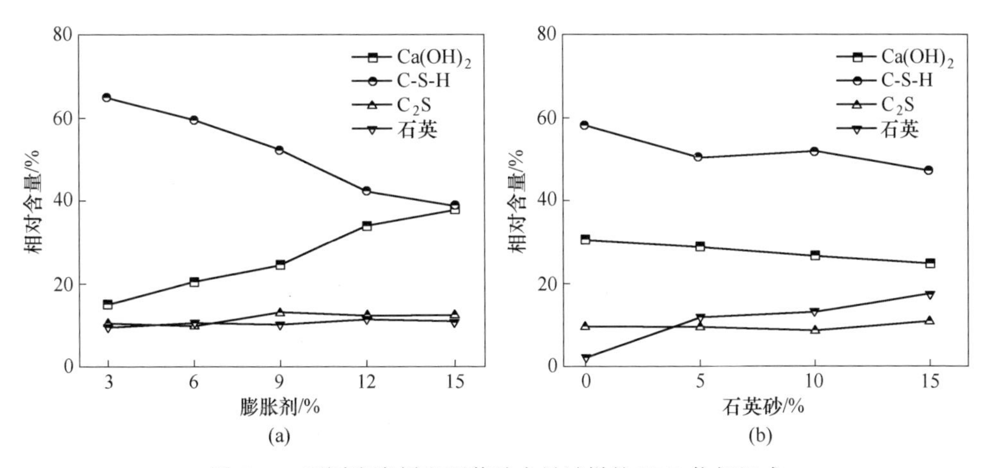

图 5-11 不同膨胀剂和石英砂含量试样的 XRD 物相组成

（a）不同膨胀剂含量（石英砂 10%）；（b）不同石英砂含量（膨胀剂 9%）

由图 5-10 和图 5-11 可知：

（1）试样在不同时间的衍射图谱相似，说明样品终凝后产生的水化产物类型稳定，水化产物基本相同，水化产物主要为 C-S-H、$Ca(OH)_2$、C_2S，与普通硅酸盐水泥水化产物相同。因为石英砂性能稳定，基本不参与水化反应，因此在添加了石英砂的试样图谱中可见石英。

（2）根据峰值和峰面积可以看出 C-S-H 和 $Ca(OH)_2$ 为浆体的主要水化产物，有较高的结晶度和较高的含量，水化产物中包含少量 C_2S 是因为 C_2S 的水化反应往往发生在后期，短时间内无法完全反应。

（3）在相同石英砂含量下，随着膨胀剂含量增加，C-S-H 的相对含量呈下降趋势，$Ca(OH)_2$ 呈上升趋势，石英和 C_2S 含量保持相对稳定。

（4）在相同膨胀剂含量下，随着石英砂含量增加，$Ca(OH)_2$ 和 C-S-H 含量略微下降，石英含量呈上升趋势。

不同膨胀剂含量导致 XRD 物相出现差异的主要原因为：随着膨胀剂含量增加，膨胀剂中的 CaO 参与水化反应产生了大量的水化产物，$Ca(OH)_2$ 晶体变大增多，限制了 C-S-H 的生成。

不同石英砂含量导致 XRD 物相出现差异的主要原因为：因为石英砂的加入，导致试样中水泥及膨胀剂含量相对质量减少，从而影响部分水化产物的生成，即图像中 C-S-H 和 $Ca(OH)_2$ 的相对含量略微减少；膨胀型浆体式样的膨胀率主要由 $Ca(OH)_2$ 晶体含量决定，由于其含量变化不大，因此试样的宏观体积膨胀几乎不受影响，同时石英砂化学性质稳定，并不参与内部水化反应，所以石英的相对含量持续保持增加。

5.2.5.2　SEM 分析

图 5-12 所示为试样在不同膨胀剂含量下的 SEM 图像，图 5-13 所示为试样在 10%石英砂含量下，不同放大倍数的 SEM 图像。

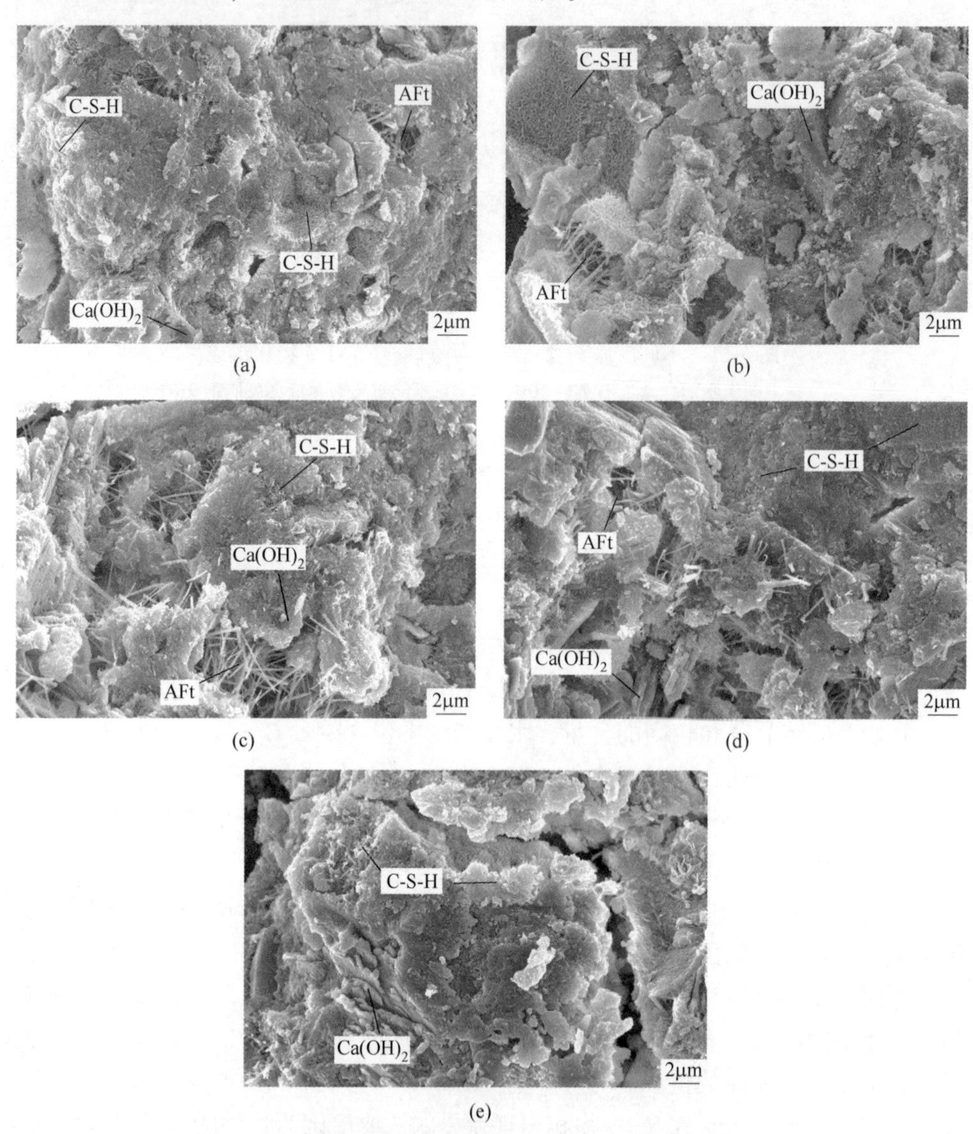

图 5-12　不同膨胀剂含量试样的 SEM 图（石英砂含量 10%）

（a）膨胀剂含量 3%；（b）膨胀剂含量 6%；（c）膨胀剂含量 9%；
（d）膨胀剂含量 12%；（e）膨胀剂含量 15%

从图 5-12 可见，随着膨胀剂含量增加，膨胀剂中的 CaO 参与水化反应产生了大量的水化产物，$Ca(OH)_2$ 晶体变大增多，并与具备一定强度的 C-S-H 形成挤压导致过大的膨胀应力破坏了内部结构产生了裂缝，降低了密实程度。宏观上表现为体积膨胀以及试样强度变弱。

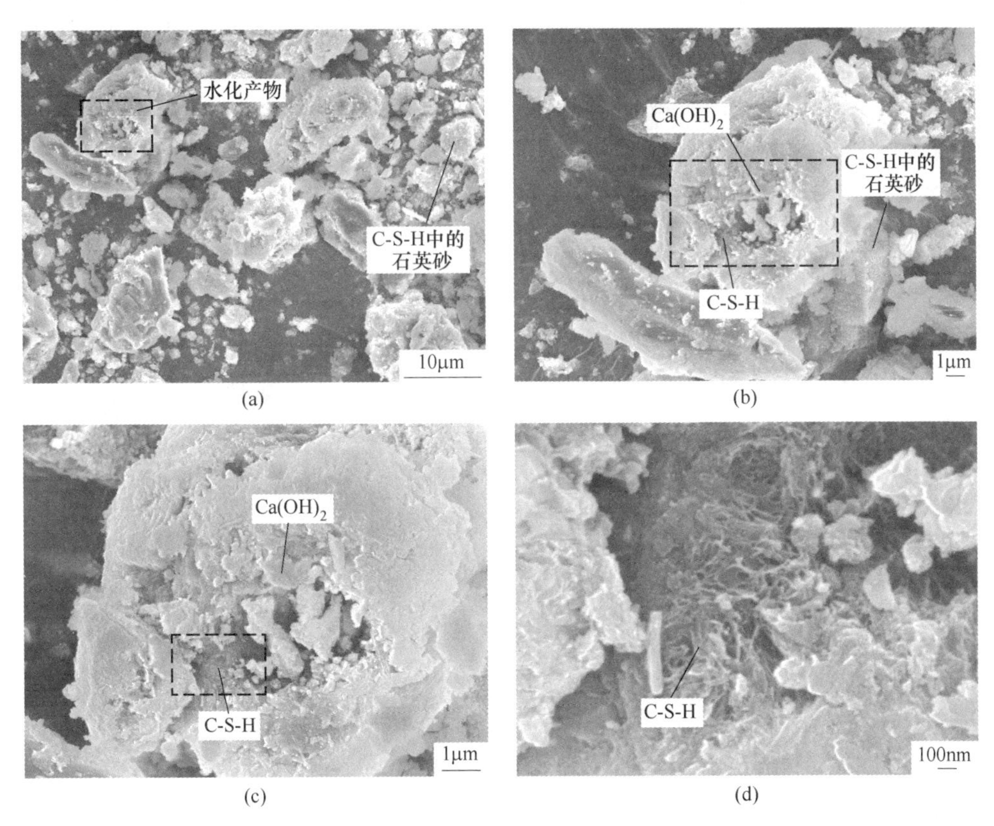

图 5-13 石英砂含量为 10%时不同放大倍数 SEM 图

（a）放大 2000 倍；（b）放大 5000 倍；（c）放大 10000 倍；（d）放大 50000 倍

从图 5-13 可见，当试样中含有石英砂时，膨胀型浆体中依然以主要的水化产物 C-S-H 和 $Ca(OH)_2$ 为主，由于石英砂化学性质稳定，并不参与内部水化反应，石英主要以较大的颗粒形式存在，同时表面覆盖有大量 C-S-H 及少量 $Ca(OH)_2$ 等水化产物，未影响 C-S-H 和 $Ca(OH)_2$ 的生成，对试样内部孔隙具有较好的填充效果。宏观体现为试样膨胀率无较大变化，但试样密实度增加，试样整体强度增加。

上述研究结果表明，膨胀型浆体的膨胀率与石英砂含量无关，石英砂对试样的膨胀效果无明显影响，因为石英砂主要成分为二氧化硅，化学性质稳定，基本不参与水化反应。但在膨胀型浆体中添加石英砂能有效提高其强度，石英砂含量越高，试样的单轴抗压强度越大。相比于不添加石英砂，在石英砂含量为 5%、10%和 15%时，膨胀剂含量 9%的膨胀型浆体试样的强度分别增加了 10.51%、

29.88%、37.92%；并且试样中膨胀剂含量越高，石英砂对试样强度的增加效果越显著。

根据以上分析，在膨胀型浆体中加入石英砂后强度增强的作用机理如图 5-14 所示。由图可见，石英砂对决定浆体膨胀的 $Ca(OH)_2$ 晶体的生长不产生影响，因此在宏观上不影响膨胀型浆体试样的膨胀率。同时填充了因浆体膨胀率产生的微裂隙，提高了浆体的密实度，因此在宏观上试样的单轴抗压强度增加。由此可见，石英砂是良好的膨胀型浆体强度增强添加材料。

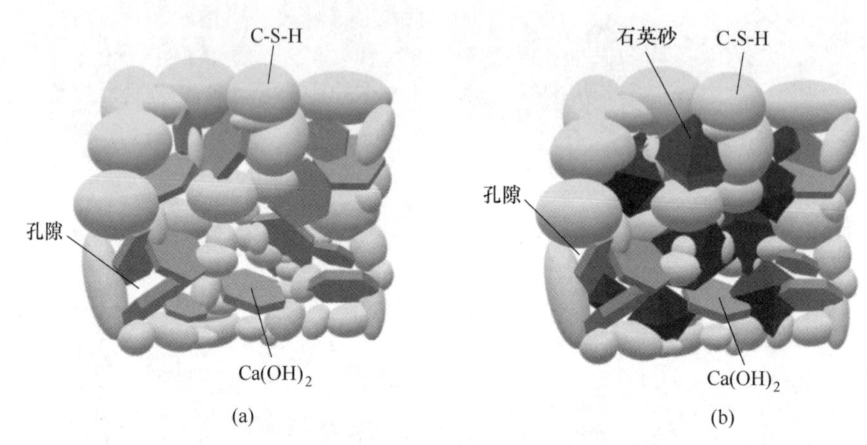

图 5-14 石英砂增强膨胀型浆体力学强度的作用机理
（a）不含石英砂的膨胀型浆体；（b）含石英砂的膨胀型浆体

参 考 文 献

[1] Mohamed El Tani. Grouting rock fractures with cement grout [J]. Rock Mechanics and Rock Engineering, 2012, 45: 547-561.

[2] 刘云霄，荏引引，田威，等．不同膨胀剂对水泥基灌浆料性能的影响［J］. 建筑材料学报，2022，25（3）：307-313.

[3] 徐长伟，杜秋实．磷渣粉对硅酸盐水泥-膨胀剂复合体系灌浆料性能的影响［J］. 混凝土，2019，353：44-48.

[4] 王涛．活性粉末协同自膨胀对带模注浆材料性能的影响［J］. 铁道建筑技术，2022，352（7）：91-95.

[5] 汪迪．水玻璃与石英砂对膨胀型浆体力学特性影响研究［D］. 武汉：武汉科技大学，2022.

[6] Liu F, Shen S, Hou D, et al. Enhancing behavior of large volume underground concrete structure using expansive agents [J]. Construction and Building Materials, 2016, 114: 49-55.

[7] 宛阿祥．铁尾矿砂高性能水泥基灌浆料工作性能及基本力学性能试验研究［D］. 合肥：合肥工业大学，2011.

6 膨胀型浆体凝结时间调控

不同的注浆支护环境对于浆体的凝结时间有不同的要求，如膨胀型浆体在注浆至含水弱面后，由于胶结材料水泥的凝结时间较长，浆体不能很快地与被支护岩体凝结成整体，从而影响了膨胀型浆体的加固效率和效果[1,2]。为了缩短浆体的凝结时间，考虑添加水玻璃以提高浆体的凝结速率。水玻璃是工程上常用的外加剂，常用于缩短料浆凝结时间[3,4]，且在不影响浆体流动性的前提下，提高浆体的早期强度[5-7]。通过加入适量水玻璃来促进料浆中水泥水化反应速率，进而提高料浆早期强度，使之能够尽快满足工程需求[8-10]。水玻璃作为一种添加剂，其主要成分为 $Na_2O \cdot nSiO_2$，由于水泥与膨胀剂的主要水化产物 $Ca(OH)_2$ 呈强碱性，而 $Na_2O \cdot nSiO_2$ 呈弱酸性，在膨胀型浆体中添加水玻璃后，不仅其凝结时间会发生改变，也可能影响其膨胀发育及强度[11-13]。

本章以水玻璃为添加剂，通过设计不同水玻璃含量和膨胀剂含量的膨胀型浆体配比试验，对不同配比的浆体进行凝结时间测试、体积膨胀率监测和单轴压缩试验，最终揭示水玻璃对膨胀型浆体的凝结时间、体积膨胀率和强度的影响规律。

6.1 原材料及试验方案

6.1.1 试验材料及配比

配制浆体试样的原材料与前文相同，此外，添加水玻璃和石英砂作为浆体的添加剂，水玻璃的波美度 50、模数 2.31。本次试验水灰比为 0.7：1，考虑水玻璃和膨胀剂对浆体性能的影响，设置膨胀剂掺量为 0%、10%、20%三个水平，水玻璃掺量为 0%、5%、10%、15%、20%和 25%六个水平，构建双因素正交试验。石英砂为骨料，为避免其掺量对浆体性能的影响，取固定值为 10%，另外添加少量消泡剂，减少浆体拌合过程中产生的气泡。配比方案见表 6-1。

表 6-1 浆体配比

水灰比	膨胀剂/%	水玻璃/%	石英砂/%	消泡剂/%
0.7：1	0、10、20	0、5、10、15、20、25	10	0.2

6.1.2 试验内容及测试方法

本次试验主要包括：初凝终凝时间测试、体积膨胀率监测、单轴压缩试验、X 射线衍射仪（XRD）和扫描电镜（SEM），具体试验过程如图 6-1 所示。

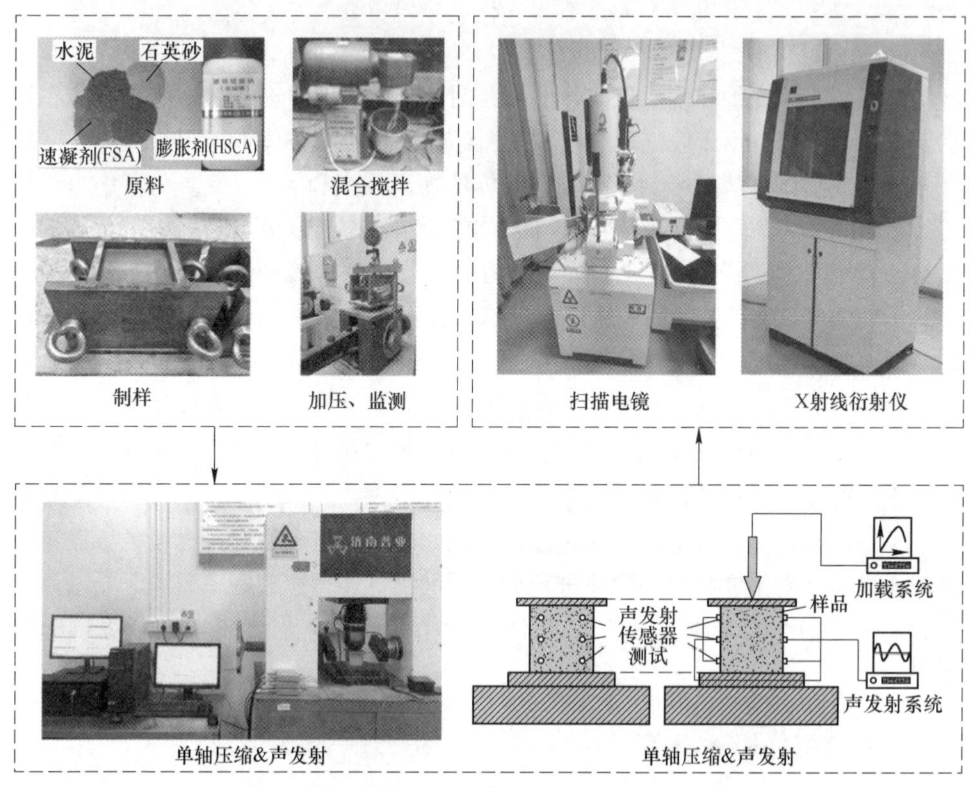

图 6-1 具体试验过程

按试验方案确定的配比称取原材料，将固态材料拌匀后，加水混合倒入搅拌机内，充分搅拌 10~20min，然后将其浇筑入模，并在振动台上振捣成型，制成 70. 7mm×70. 7mm×70. 7mm 的试样。待其达到终凝后，将试模放置在固结仪上，施加大小为 0. 5MPa 的轴向应力，对试样进行有压养护，养护时间分为两组，分别为 3d 和 7d。各试验内容如下：

（1）初凝终凝测试。根据《水泥标准稠度用水量、凝结时间、安定性检验方法》(GB/T 1346—2011)，待试样接近初终凝时间时，利用维卡仪每隔 5min 测定一次浆体凝结状态，记录浆体的初凝终凝时间。

（2）体积膨胀率监测。由于钢制模具的侧向约束，以试样单自由面的高度变化率为试样的体积膨胀率。采用千分表测量试样终凝后的初始高度以及养护过程中的高度，试样的体积膨胀率按式（3-2）计算。

（3）单轴抗压强度测试。利用 YZW-30A 型单轴压缩机，采用速率为 0.02mm/s 位移加载的方式对试样进行单轴压缩，获取试样的单轴抗压强度及应力应变曲线。

（4）SEM 和 XRD 测试。从试样的中心位置取块状试样，对其进行烘干研磨，利用 Bruker D8 Advance 25 型射线衍射仪及 ZEISS GeminiSEM 300 型扫描电镜，分析不同条件下试样的物相组成，观察试样内部水化产物晶胞变化。

6.2 水玻璃对膨胀型浆体的性能影响

6.2.1 凝结速率

不同水玻璃及膨胀剂含量浆体的初凝终凝时间测试结果如图 6-2 所示。

由图 6-2 可知，不同膨胀剂及水玻璃含量试样初凝终凝时间变化规律如下：

（1）未添加水玻璃时，膨胀剂含量越高的试样，初凝终凝时间越长；添加水玻璃后，膨胀剂含量越高的试样，浆体初终凝时间反而越短。以浆体初凝时间为例，未添加水玻璃的 0%、10%、20% 膨胀剂含量试样的初凝时间分别为 560min、630min、740min，在添加 5% 含量的水玻璃后，初凝时间分别降至 440min、405min、385min，凝结时间分别缩短了 21.43%、35.71%、47.97%。

（2）膨胀剂含量相同时，水玻璃含量越高的试样，初凝终凝时间越短。以 10%膨胀剂含量浆体试样的初凝时间为例，水玻璃含量 0%、5%、10%、15%、20%、25% 试样的初凝时间分别为 630min、405min、290min、125min、55min、

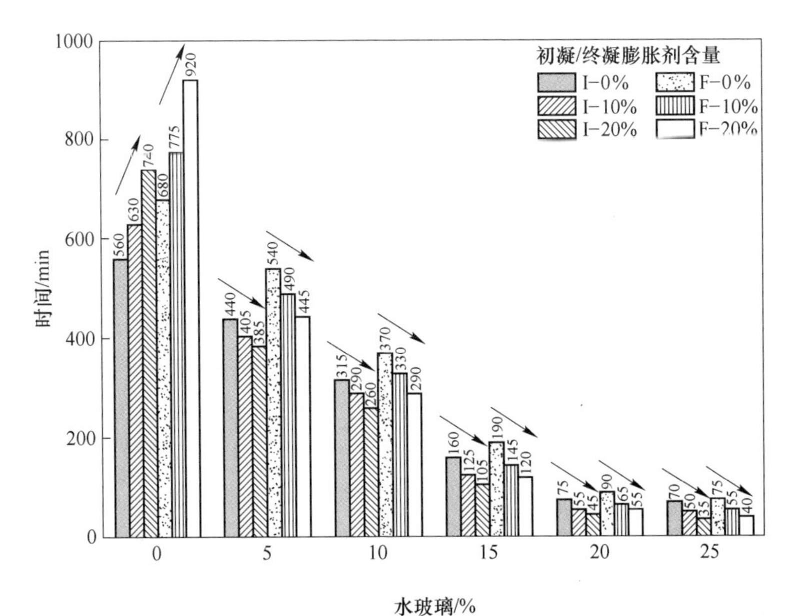

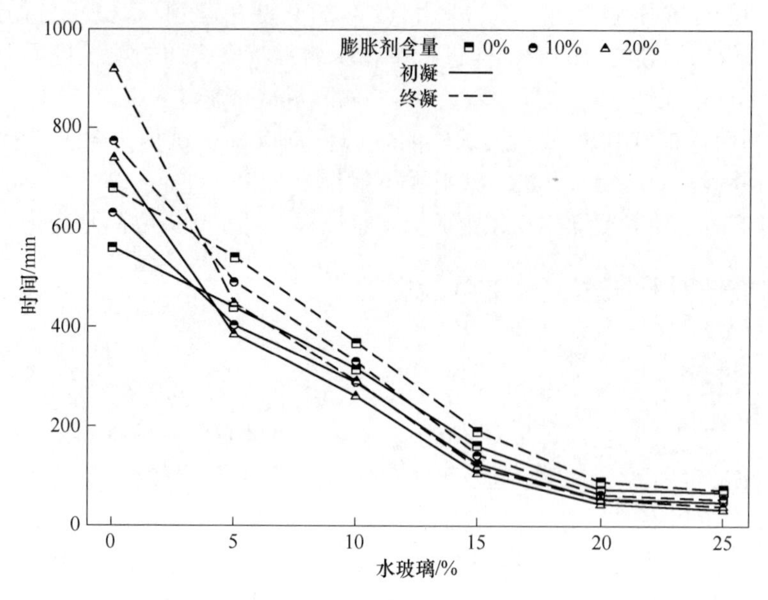

图 6-2 不同膨胀剂及水玻璃含量试样的初凝终凝时间

50min，水玻璃含量 5%、10%、15%、20%、25%浆体的初凝时间相较于未添加水玻璃浆体分别缩短了 35.71%、53.97%、80.16%、91.27%、92.6%。

（3）浆体初终凝时间不会随着水玻璃含量的提高而一直减小，当水玻璃含量提高到一定程度时，继续提高水玻璃含量，浆体初终凝时间的缩短程度减小。以 20%膨胀剂含量浆体的初凝时间为例，在水玻璃含量为 15%时，浆体初凝时间为 105min，相较于未添加水玻璃浆体缩短了 88.59%；当水玻璃含量提升至 20%时，浆体初凝时间为 65min，相较于未添加水玻璃浆体缩短了 92.93%；当水玻璃含量继续提高至 25%时，浆体初凝时间为 55min，相较于未添加水玻璃浆体缩短了 94.02%。

6.2.2 体积膨胀率

不同膨胀剂及水玻璃含量试样的最终膨胀率如图 6-3 所示。

由图 6-3 可知，不同膨胀剂及水玻璃含量试样的体积膨胀率变化规律如下：

（1）未添加膨胀剂时，随着水玻璃含量的提高，试样的干缩率持续减小。未添加膨胀剂的试样，水玻璃含量 0%、5%、10%、15%、20%、25%试样的干缩率分别为−0.32%、−0.27%、−0.21%、−0.14%、−0.07%、−0.02%。

（2）膨胀剂含量相同时，随着水玻璃含量的提高，试样最终膨胀率出现拐点，表现为膨胀率先略微增大再减小。以 10%膨胀剂含量的试样为例，水玻璃含量 0%、5%、10%、15%、20%、25%试样的最终膨胀率分别为 0.4%、0.46%、

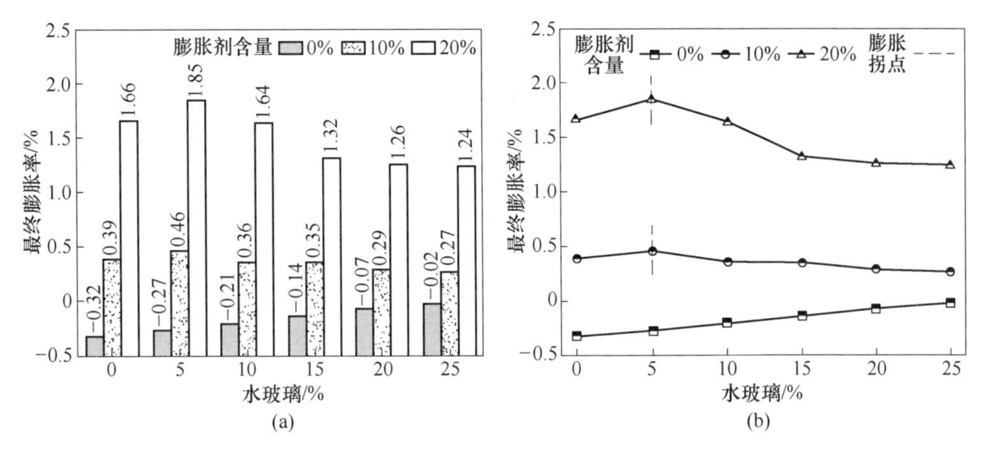

图 6-3 不同膨胀剂及水玻璃含量试样的最终膨胀率

0.36%、0.35%、0.29%、0.27%。膨胀剂含量10%及以上的浆体，5%水玻璃含量是其最终膨胀率的拐点。

(3) 水玻璃含量相同时，随着膨胀剂含量的增加，试样膨胀率明显增大。以15%水玻璃含量的试样为例，膨胀剂含量0%、10%、20%试样的最终膨胀率分别为-0.14%、0.35%、1.32%，膨胀剂含量10%与20%试样相较于未添加膨胀剂的试样，膨胀率分别增大了150%与843%。

6.2.3 单轴压缩特性

6.2.3.1 单轴抗压强度

不同膨胀剂和水玻璃含量膨胀型浆体试样的单轴抗压强度如图6-4所示。

由图6-4可知，浆体的单轴抗压强度具有以下规律：

(1) 不同膨胀剂及水玻璃含量的试样在7d养护时间的单轴抗压强度均大于3d养护时间的单轴抗压强度。以10%膨胀剂含量15%水玻璃含量试样的单轴抗压强度为例，7d与3d养护时间的强度分别为17.85MPa、14.28MPa。

(2) 未添加水玻璃时，膨胀剂含量越高，3d与7d养护时间试样的单轴抗压强度越小。以7d养护时间的单轴抗压强度为例，膨胀剂含量0%、10%、20%试样的强度分别为6.62MPa、4.98MPa、4.44MPa。

(3) 膨胀剂含量一定时，随着水玻璃含量的提高，试样3d及7d单轴抗压强度均出现拐点，表现为强度先增大再减小，且3d与7d强度拐点处对应的水玻璃含量一致，此外膨胀剂含量越高，拐点越靠后，即拐点对应的水玻璃含量越高。以10%及20%膨胀剂含量的试样为例，水玻璃含量0%、5%、10%、15%、20%、25%试样的单轴抗压强度分别为4.98MPa、7.77MPa、13.52MPa、17.85MPa、12.67MPa、9.09MPa及4.44MPa、6.61MPa、7.96MPa、11.55MPa、17.99MPa、

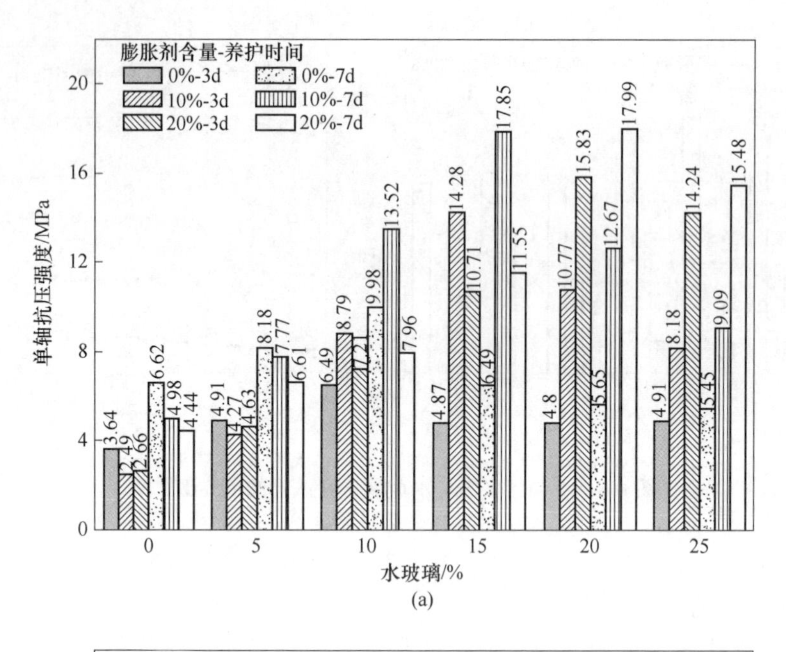

(a)

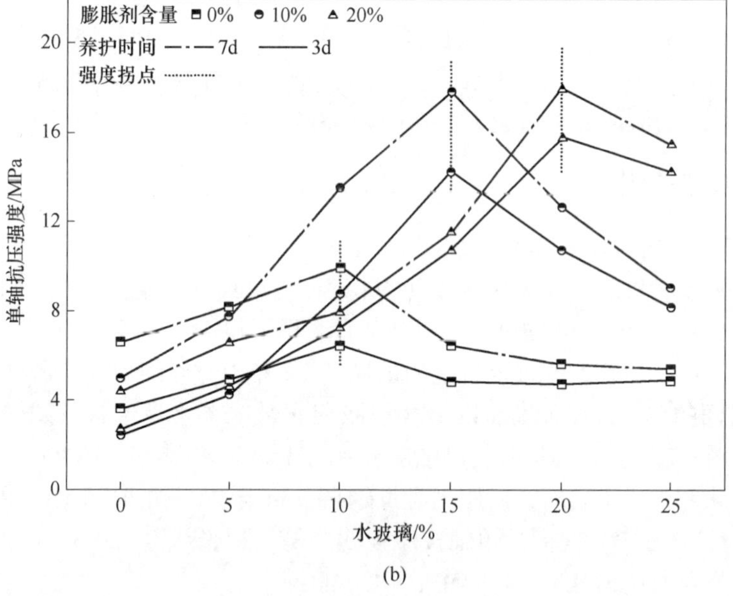

(b)

图 6-4　试样单轴抗压强度

15. 48MPa，膨胀剂含量 10%与 20%试样的强度拐点分别对应的水玻璃含量为 15%及 20%。

6. 2. 3. 2　应力应变特性分析

不同膨胀剂及水玻璃含量试样的单轴压缩应力-应变曲线如图 6-5 所示。

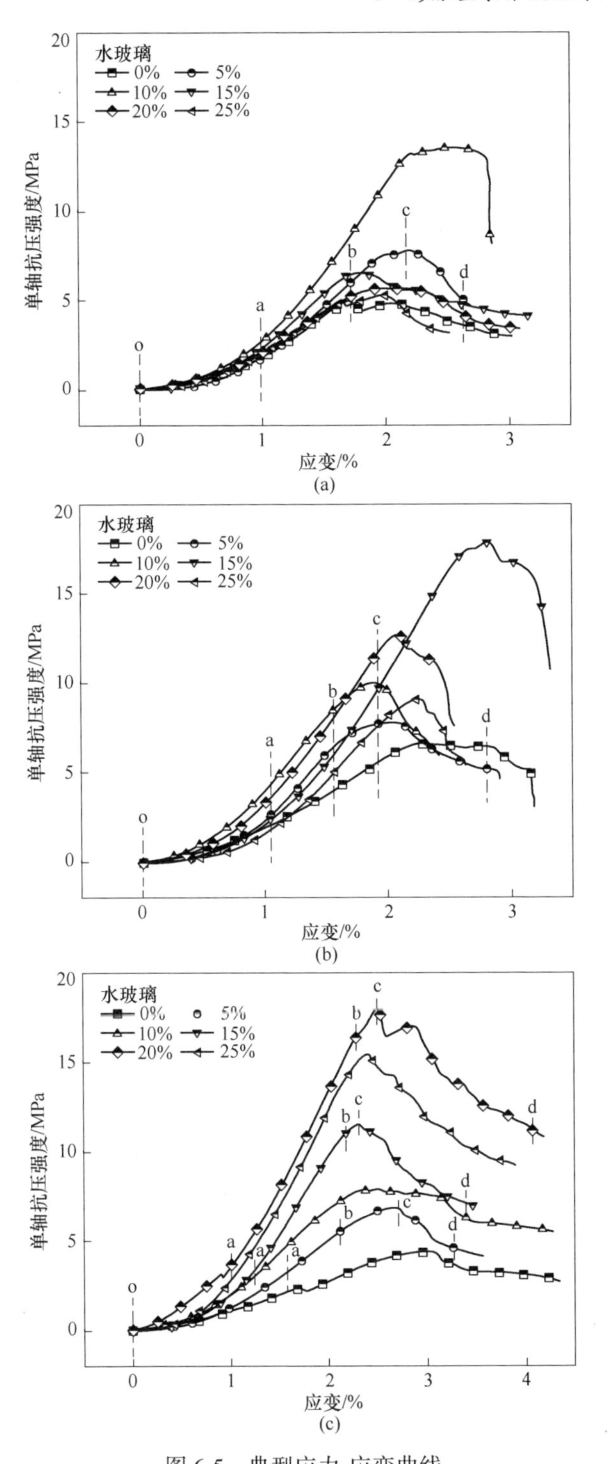

图 6-5　典型应力-应变曲线

（a）膨胀剂含量 0%；（b）膨胀剂含量 10%；（c）膨胀剂含量 20%

由图 6-5 可知，不同膨胀剂及水玻璃含量试样在单轴压缩条件下的应力应变曲线中，破坏均可分为 4 个阶段，即孔隙压密阶段（oa）、线弹性阶段（ab）、屈服阶段（bc）、峰后破坏阶段（cd）。试样整体上表现为弹塑性材料，但不同膨胀剂及水玻璃含量的试样，其阶段特征有较为显著的差异，具体如下所述。

（1）水玻璃含量相同时，试样的膨胀剂含量越高，其在单轴压缩破坏过程中产生的总应变越大，试样的孔隙压密阶段（oa）应变越大；曲线线弹性阶段（ab）切线斜率持续减小，表明试样弹性模量随着膨胀剂含量的增加而减小。

（2）膨胀剂含量相同时，试样的水玻璃含量越高，其孔隙压密阶段（oa）应变越小，线弹性阶段（ab）及峰后破坏阶段（bc）应变越大；曲线线弹性阶段（ab）段切线斜率先增大后减小，表明试样弹性模量随着水玻璃含量的增加出现先增加后减小的趋势，且此趋势的拐点与强度拐点对应的水玻璃含量一致。

当试样水玻璃含量相同时，膨胀剂含量越高，其体积膨胀率越大，膨胀过程中产生的微裂隙越多，在试样单轴压缩过程中，表现为初始孔隙压密阶段变形越大，更容易发生变形。试样膨胀剂含量相同时，水玻璃含量越高，其浆体凝结时间越快，在一定程度上减小了试样孔隙率，表现为试样初始孔隙压密阶段变形越小，更不容易发生变形。

6.2.4 微观分析

通过分析 XRD 图谱和 SEM 图像以探究水玻璃含量对膨胀型浆体的凝结时间、体积膨胀率及单轴抗压强度产生影响的原因。

膨胀型浆体的主要水化产物为 C-S-H 凝胶和 $Ca(OH)_2$，其中 C-S-H 不仅加强了各水化产物之间的黏结程度，也提供了试样的主要强度；$Ca(OH)_2$ 的生成及其分子体积发育主要影响试样的膨胀发育。添加水玻璃后，膨胀型浆体的水化产物类型未发生改变，但由于水玻璃会与膨胀型浆体发生反应，浆体内部水化产物的占比会发生一定变化。

6.2.4.1 XRD 分析

图 6-6 所示为膨胀剂含量 10%的膨胀型浆体试样在不同水玻璃含量及养护时间条件下的 XRD 图谱，需要说明的是，饼状图中各物质的占比是利用 jade 通过波峰占比及波峰高度计算得出的，不代表绝对含量，只能代表相对含量。

由膨胀剂含量 10%试样在不同水玻璃含量及不同养护时间条件下的 XRD 图谱可见，浆体水化产物的生成具有以下规律：

（1）不同养护时间内不同水玻璃含量试样的衍射图谱相似，说明样品的水化产物类型稳定，水化产物基本相同。水化产物主要为 C-S-H 和 $Ca(OH)_2$，有较高的结晶度和较高的含量。

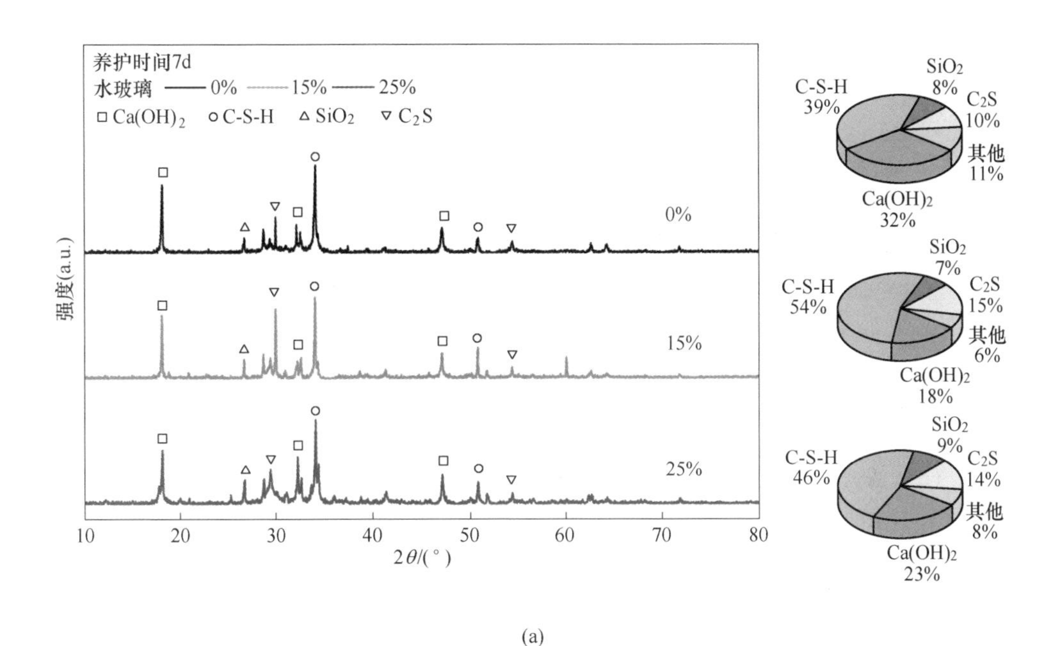
养护时间7d
水玻璃 0% 15% 25%
□ Ca(OH)2 ○ C-S-H △ SiO2 ▽ C2S
强度(a.u.)
2θ/(°)
0%
15%
25%
C-S-H 39%
SiO2 8%
C2S 10%
其他 11%
Ca(OH)2 32%
C-S-H 54%
SiO2 7%
C2S 15%
其他 6%
Ca(OH)2 18%
C-S-H 46%
SiO2 9%
C2S 14%
其他 8%
Ca(OH)2 23%

(a)

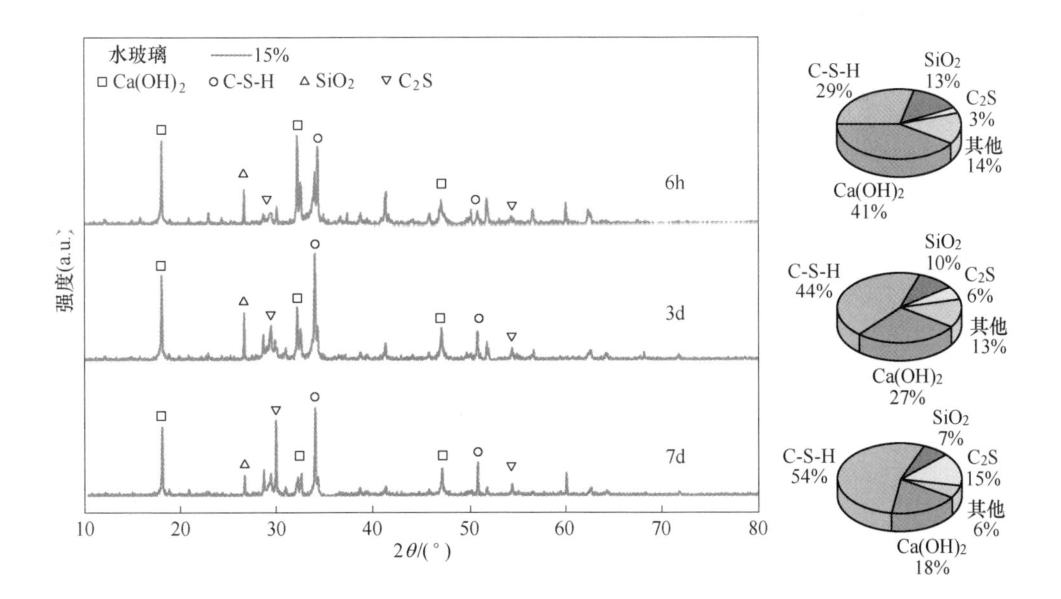
水玻璃 15%
□ Ca(OH)2 ○ C-S-H △ SiO2 ▽ C2S
强度(a.u.)
2θ/(°)
6h
3d
7d
C-S-H 29%
SiO2 13%
C2S 3%
其他 14%
Ca(OH)2 41%
C-S-H 44%
SiO2 10%
C2S 6%
其他 13%
Ca(OH)2 27%
C-S-H 54%
SiO2 7%
C2S 15%
其他 6%
Ca(OH)2 18%

(b)

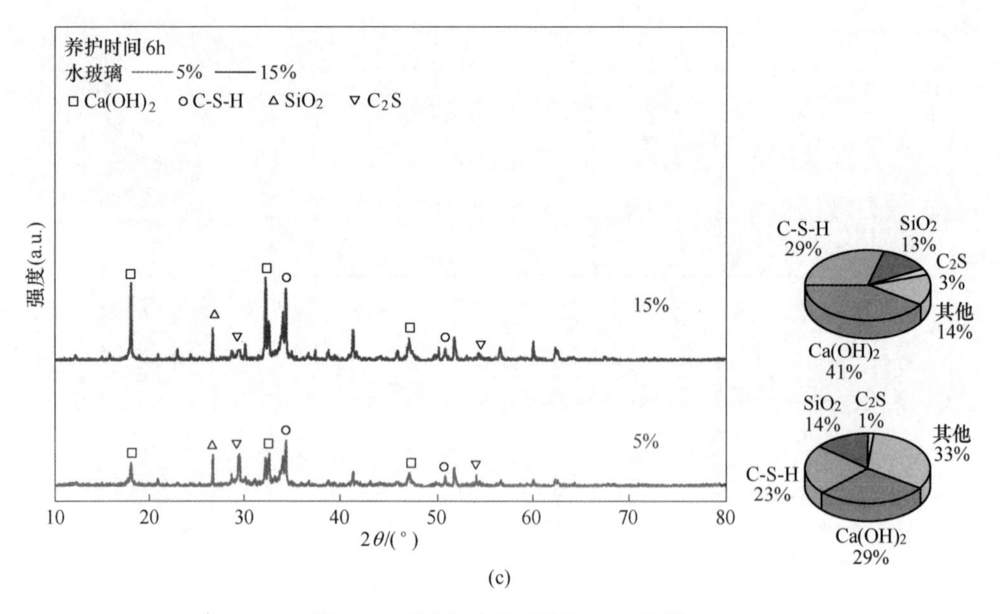

(c)

图 6-6 不同条件下试样的 XRD 图谱

(a) 不同水玻璃含量；(b) 不同养护时间；(c) 不同水玻璃含量

(2) 由图 6-6 (a) 可见，在养护时间为 7d 时，未添加水玻璃试样的 $Ca(OH)_2$ 含量高于添加水玻璃的试样，C-S-H 含量低于添加水玻璃的试样；随着水玻璃含量的提高，试样内部的 $Ca(OH)_2$ 含量先较大幅度降低再较小幅度提高，C-S-H 含量先较大幅度提高再较小幅度降低。膨胀剂含量 10%试样在养护时间至 7d 时，水玻璃含量 0%、15%、25%试样的 $Ca(OH)_2$ 含量分别为 32%、18%、23%；C-S-H 含量分别为 39%、54%、46%。

(3) 由图 6-6 (b) 可见，添加水玻璃后，随着时间的推移，试样内部 $Ca(OH)_2$ 含量持续降低而 C-S-H 含量持续提高。膨胀剂含量 10%试样在养护时间至 6h、3d、7d 时，水玻璃含量 15%试样的 $Ca(OH)_2$ 含量分别为 41%、27%、18%，C-S-H 含量分别为 29%、44%、54%。

(4) 由图 6-6 (c) 可见，在浆体水化早期的同一时间内，水玻璃含量越高，试样内部 $Ca(OH)_2$ 与 C-S-H 的含量均越高。膨胀剂含量 10%试样在养护时间 6h 时，5%与 15%水玻璃含量试样的 $Ca(OH)_2$ 含量分别为 29%和 41%；C-S-H 含量分别为 23%和 29%。

6.2.4.2 SEM 图像分析

不同膨胀剂和水玻璃含量膨胀型浆体试样的 SEM 图像如图 6-7 所示。

由膨胀剂含量 10%试样在不同水玻璃含量及不同养护时间条件下的 SEM 图像可见，试样的 SEM 图像存在以下规律：

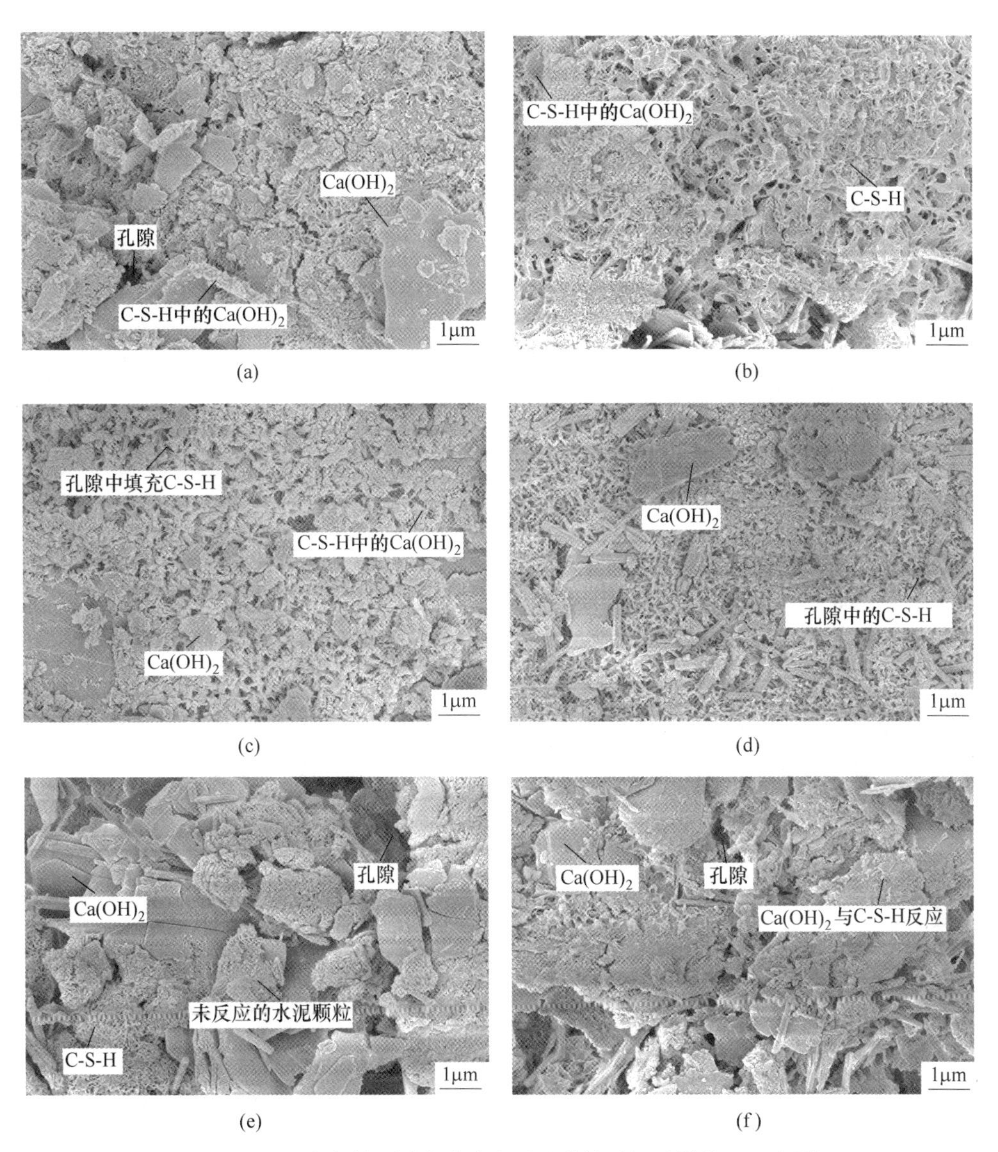

图 6-7 10%膨胀剂不同水玻璃含量及养护时间试样的 SEM 图像

(a) 0%-7d；(b) 15%-7d；(c) 25%-7d；(d) 15%-3d；(e) 5%-6h；(f) 15%-6h

(1) 不同养护时间的不同水玻璃含量试样的主要水化产物相似，主要为C-S-H和 $Ca(OH)_2$，个体差异主要表现在不同水化产物的所占比例以及产物间孔隙的大小。

(2) 由图 6-7 (a)~(c) 可见，在水玻璃含量提高至 15%时，相较于未添加水玻璃的试样，C-S-H 的含量明显提高，$Ca(OH)_2$ 含量降低，孔隙减小；当水玻璃含量提高至 25%时，相较于 15%水玻璃含量的试样，C-S-H 凝胶含量略微降低，$Ca(OH)_2$ 晶体含量略微提高。

(3) 由图 6-7 (f)、(d) 和 (b) 可见，水玻璃含量 15%试样分别在养护时间 6h、3d、7d 时，随着时间的推移，试样在早期生成了大量 $Ca(OH)_2$，产物之间存在孔隙，试样密实度较差，之后这些 $Ca(OH)_2$ 与水玻璃反应生成 C-S-H，C-S-H 填充于各种水化产物之间的孔隙且提供黏结作用，使得试样内部的孔隙减少变得更密实。

(4) 由图 6-7 (e) 和 (f) 可见，水玻璃含量 5%试样的内部存在部分未反应的水泥颗粒，且试样内部的 C-S-H 含量明显低于水玻璃含量 15%的试样，组分间的黏结程度以及密实度明显低于水玻璃含量 15%的试样。

6.3　微观演化与宏观表现

水泥与膨胀剂水化后会产生大量 $Ca(OH)_2$，在加入水玻璃之后，水玻璃与浆体中的 $Ca(OH)_2$ 反应会生成 C-S-H 凝胶，其反应式可表达为：

$$Ca(OH)_2 + Na_2O \cdot nSiO_2 + mH_2O \longrightarrow CaO \cdot nSiO_2 \cdot mH_2O + NaOH \tag{6-1}$$

结合上述反应式及试样的 XRD 图谱和 SEM 图像，分析不同水玻璃含量对膨胀型浆体的凝结时间、体积膨胀率及单轴抗压强度产生影响的原因。

水玻璃有效缩短膨胀型浆体凝结时间的原因为：水泥与膨胀剂的主要水化产物为 $Ca(OH)_2$，在未加入水坡璃时，浆体正常进行水化反应，在 $Ca(OH)_2$ 达到饱和状态后，阻碍了浆体的水化反应速率。加入水玻璃后，水玻璃迅速与浆体中的 $Ca(OH)_2$ 与 H_2O 反应，不仅生成了具有一定强度及黏结力的 C-S-H 凝胶促进了浆体凝结，而且消耗了浆体中的 $Ca(OH)_2$，打破了浆体中 $Ca(OH)_2$ 的饱和状态，使得浆体以高速率持续进行水化反应，宏观表现为水玻璃的加入缩短了浆体凝结时间，且水玻璃含量越高，浆体凝结时间越短。

水玻璃对膨胀型浆体体积膨胀率产生影响的原因为：未添加膨胀剂时，随着水玻璃含量的提高，水玻璃与水泥水化产物 $Ca(OH)_2$ 反应生成 C-S-H 凝胶，这些凝胶填充于各水化产物之间的孔隙中，加强了各反应物间的黏结程度，减小了早期试样中的孔隙率，使得浆体收缩程度减弱。添加 10%含量的膨胀剂后，由于膨胀剂的主要水化产物为 $Ca(OH)_2$，在加入少量水玻璃（≤5%）时，此时的水玻璃含量相较于膨胀剂早期生成的 $Ca(OH)_2$ 分子含量来说较少，水玻璃与浆体的反应打破了 $Ca(OH)_2$ 的饱和状态，加快了生成 $Ca(OH)_2$ 的反应速度，从而增大了试样的体积膨胀率；随着水玻璃含量的提高（>5%），大量的水玻璃与 $Ca(OH)_2$ 反应，导致 $Ca(OH)_2$ 含量降低，浆体的膨胀率略微减小。

水玻璃对膨胀型浆体单轴抗压强度产生影响的原因为：膨胀剂含量为 10%

时，水玻璃含量在小于强度拐点对应的水玻璃含量（15%）时，水玻璃与浆体中早期产生的 $Ca(OH)_2$ 反应生成 C-S-H 凝胶，C-S-H 凝胶不仅提供了试样主要的力学强度而且会填充于各水化产物之间的孔隙，减小了试样的孔隙率，这在宏观上表现为增大了试样的单轴抗压强度。水玻璃含量在大于拐点处水玻璃含量后，会对试样强度产生负作用，过量的水玻璃不仅无法与早期 $Ca(OH)_2$ 发生反应，其溶于水后会生成强碱 NaOH 和弱酸 H_2SiO_3，这样的离子反应是不断的生成强碱弱酸然后不断地发生酸碱中和的现象，然而氢氧根离子所显示的碱性远大于弱酸所显示出的酸性，从而增大了水化反应环境的碱性（见图 6-8），这种碱性环境抑制了早期 $Ca(OH)_2$ 的生成，导致水玻璃与 $Ca(OH)_2$ 的反应产物 C-S-H 含量降低，减小了试样的单轴抗压强度。

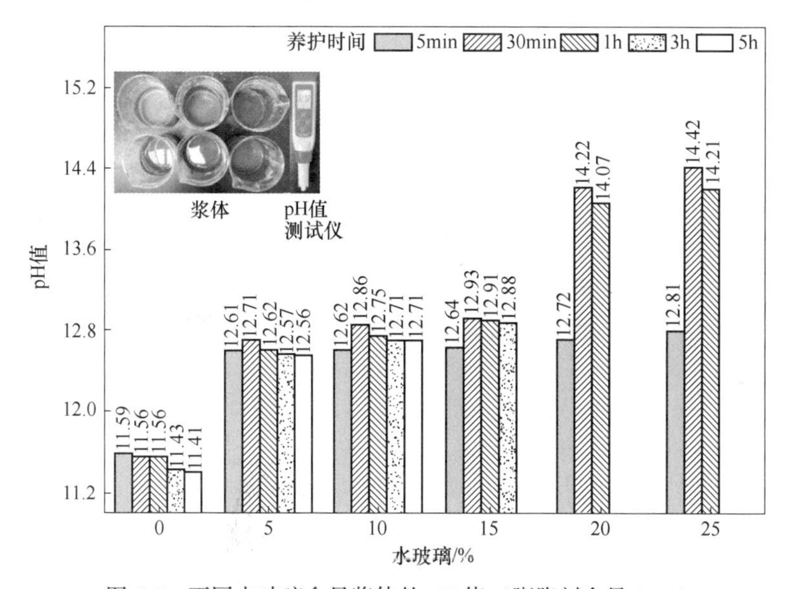

图 6-8 不同水玻璃含量浆体的 pH 值（膨胀剂含量 10%）

由此可见，水玻璃能有效缩短膨胀型浆体的凝结时间，略微减小其体积膨胀率，当添加剂量合适时，还可大幅提高膨胀型浆体的强度，具有良好的加快凝结效果，为其在特殊的需要快速凝固的注浆加固环境中发挥更好的加固作用。

参考文献

[1] Guo J, Wang L, Fan K, et al. An efficient model for predicting setting time of cement based on broad learning system [J]. Applied Soft Computing, 2020, 96: 106698.

[2] Kang X, Lei H, Xia Z. A comparative study of modified fall cone method and semi-adiabatic calorimetry for measurement of setting time of cement based materials [J]. Construction and Building Materials, 2020, 248: 118634.

[3] Goberis S, Antonovich V. Influence of sodium silicate amount on the setting time and EXO temperature of a complex binder consisting of high-aluminate cement, liquid glass and metallurgical slag [J]. Cement and Concrete Research, 2004, 34 (10): 1939-1941.

[4] Guo S, Zhang Y, Wang K, et al. Delaying the hydration of Portland cement by sodium silicate: Setting time and retarding mechanism [J]. Construction and Building Materials, 2019, 205: 543-548.

[5] Lakrat M, Mejdoubi E M, Ozdemir F, et al. Effect of sodium silicate concentration on the physico-chemical properties of dual-setting bone-like apatite cements [J]. Materials Today Communications, 2022, 31: 103421.

[6] Qi Y, Li S, Li Z, et al. Hydration effect of sodium silicate on cement slurry doped with xanthan [J]. Construction and Building Materials, 2019, 223: 976-985.

[7] Ba M, Gao Q, Ma Y, et al. Improved hydration and properties of magnesium oxysulfate (MOS) cement using sodium silicate as an additive [J]. Construction and Building Materials, 2021, 267: 120988.

[8] Witzleben S T. Acceleration of Portland cement with lithium, sodium and potassium silicates and hydroxides [J]. Materials Chemistry and Physics, 2020, 243: 122608.

[9] Wang Y, Fall M, Wu A. Initial temperature-dependence of strength development and self-desiccation in cemented paste backfill that contains sodium silicate [J]. Cement and Concrete Composites, 2016, 67: 101-110.

[10] Sha F, Li S, Liu R, et al. Performance of typical cement suspension-sodium silicate double slurry grout [J]. Construction and Building Materials, 2019, 200: 408-419.

[11] 付相深, 王齐, 杨振北, 等. 机制砂和水玻璃改良弱膨胀土抗压和抗剪强度试验研究 [J]. 土木与环境工程学报 (中英文), 2022, 44 (4): 60-67.

[12] 康靖宇, 王保田, 单熠博, 等. 水玻璃改良膨胀土的室内试验研究 [J]. 科学技术与工程, 2019, 19 (5): 267-271.

[13] 汪迪. 水玻璃与石英砂对膨胀型浆体力学特性影响研究 [D]. 武汉: 武汉科技大学, 2022.

第二篇

膨胀型浆体-岩体力学作用研究

本篇在膨胀型浆体性能研究的基础上，通过开展一系列室内试验、理论分析和数值模拟试验，研究膨胀型浆体与被加固岩体之间的相互作用及其注浆加固机理，为膨胀型浆体在工程上的应用进一步提供理论指导。

7 浆-岩复合岩体强度模型

浆体注入岩体弱面后，岩体与浆体形成复合岩体，其强度和破坏模式受岩体和浆体共同作用[1-4]，尤其是膨胀型浆体产生了膨胀应力，如何考虑膨胀应力的挤压作用，准确预测注浆后复合岩体的强度和破坏模式具有重要意义。

本章基于莫尔–库仑准则，推导膨胀型浆体注浆后复合岩体的强度表达式，判断复合岩体的破坏模式。基于浆体配比和单轴压缩试验结果，选取膨胀性能和力学强度均较好的浆体对含弱面岩体注浆，对注浆后形成的浆-岩复合岩体开展双轴压缩试验，借助 DIC 和数值模拟手段，研究复合岩体的强度和破坏特征。

7.1 基于莫尔–库仑准则的复合岩体强度及破坏模式判别

7.1.1 浆-岩复合岩体强度表达式

对急倾斜层状岩体层理面注入膨胀型浆体后，浆体在层理面产生体积膨胀，产生的膨胀应力对岩体形成约束[3]。对层理面之间的岩体形成一定的挤压作用，产生膨胀应力，在浆液固结后的黏结力和周边围岩约束应力的共同作用下，改善岩体的应力状态。

将层理面单元视为厚度很薄的结构面，如图 7-1 所示。某层状岩体单元内含有一条贯穿结构面，结构面倾角 θ，结构面的黏聚力为 c_θ，内摩擦角为 φ_θ。假设该试件受到最大主应力 σ_1 和最小主应力 σ_3 的约束作用，沿结构面走向方向的应力作用不变，则岩体所受应力状态为平面应力状态。对层状岩体层理弱面注入膨胀型浆体后，浆体产生垂直于层理面方向的膨胀应力 σ_e。

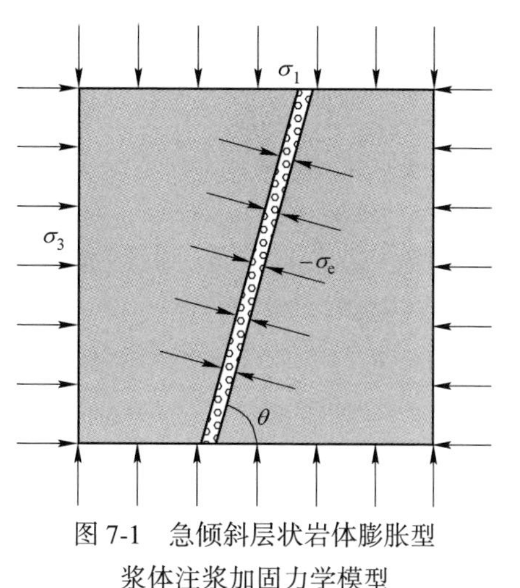

图 7-1 急倾斜层状岩体膨胀型浆体注浆加固力学模型

当膨胀型浆体产生的膨胀应力远小于周边岩体的约束应力和岩体自身强度，且岩体结构面宽度远小于岩体自身尺寸时，膨胀应力仅改变浆体和岩体接触面附近的应力状态，而岩体边界的约束应力状态几乎不变。为方便理论计算，对试件作以下基本假设：除结构面外，两侧岩体为各向同性均质体；岩体强度及结构面强度均服从莫尔-库仑屈服准则；注浆加固只改变结构面的应力状态，不改变结构面及岩体的其他力学性质。

上述模型的强度由结构面和岩体强度的最小值共同决定，在相同最小主应力作用下，当两者达到极限平衡状态时所对应的最大主应力越小，则试件破坏时会率先在该处发生破坏。由力学平衡条件，可得结构面的正应力 σ_θ 和剪应力 τ_θ 分别为[4]：

$$\sigma_\theta = \frac{1}{2}(\sigma_1 + \sigma_3) + \frac{1}{2}(\sigma_1 - \sigma_3)\cos 2\theta \tag{7-1}$$

$$\tau_\theta = \frac{1}{2}(\sigma_1 - \sigma_3)\sin 2\theta \tag{7-2}$$

根据莫尔-库仑准则，结构面剪应力满足[5]：

$$\tau_\theta = c_\theta + \sigma_\theta \tan\varphi_\theta \tag{7-3}$$

式中，c_θ 为结构面的黏聚力；φ_θ 为结构面的内摩擦角。

由式（7-1）、式（7-2）和式（7-3）可得，莫尔-库仑准则下由最大主应力及最小主应力表示的结构面强度表达式：

$$\sigma_1^\theta = \frac{2(c_\theta + \sigma_3 \tan\varphi_\theta \sin 2\theta)}{(1 - \tan\varphi_\theta \cot\theta)\sin 2\theta} \tag{7-4}$$

式中，σ_1^θ 为由最大主应力和最小主应力表示的结构面强度。

在普通型浆体及膨胀型浆体注浆加固后，注浆加固后岩体结构面的应力状态如图 7-2 所示。

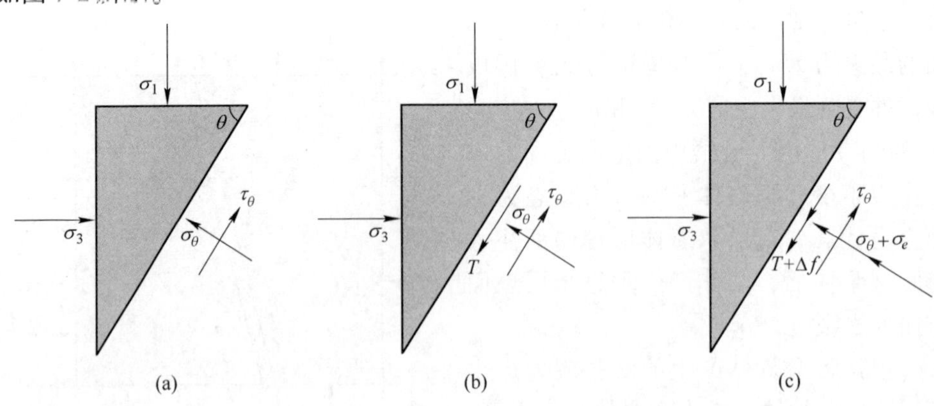

图 7-2 不同加固方式下岩体结构面应力状态

（a）自然状态；（b）普通型浆体；（c）膨胀型浆体

相对于图 7-2（a），采用普通型浆体注浆加固后，结构面上将产生因浆体凝结而产生的黏结力 T，见图 7-2（b），该黏结力是岩体被加固后自身产生的作用力，与因主应力作用下的剪应力 τ_θ 方向相反。采用膨胀型浆体注浆后，除因浆体凝结产生的黏结力 T 外，结构面还受到浆体产生的膨胀应力 σ_e 及因结构面法向作用力增大而增大的摩擦力 Δf，见图 7-2（c）。

其中：

$$\Delta f = \mu\sigma_e \tag{7-5}$$

则普通型浆体注浆加固作用下，结构面的正应力 σ_θ^{rs} 和剪应力 τ_θ^{rs} 的表达式为[6]：

$$\sigma_\theta^{rs} = \sigma_\theta = \frac{1}{2}(\sigma_1 + \sigma_3) + \frac{1}{2}(\sigma_1 - \sigma_3)\cos2\theta \tag{7-6}$$

$$\tau_\theta^{rs} = \frac{1}{2}(\sigma_1 - \sigma_3)\sin2\theta - T \tag{7-7}$$

同样的，基于莫尔-库仑准则，结构面的界面剪应力满足[7]：

$$\tau_\theta^{rs} = c_\theta^{rs} + \sigma_\theta^{rs}\tan\varphi_\theta^{rs} \tag{7-8}$$

由式（7-6）~式（7-8）联立可得，莫尔-库仑准则下由最大主应力及最小主应力表示的普通型浆体注浆加固后结构面强度 σ_1^{rs} 的表达式：

$$\sigma_1^{rs} = \frac{2(c_\theta^{rs} + \sigma_3\tan\varphi_\theta^{rs}\sin2\theta + T)}{(1 - \tan\varphi_\theta^{rs}\cot\theta)\sin2\theta} \tag{7-9}$$

同理，莫尔-库仑准则下膨胀型浆体注浆加固后由最大主应力及最小主应力表示的结构面强度 σ_1^{es} 的表达式为：

$$\sigma_1^{es} = \frac{2[c_\theta^{es} + (\sigma_3\sin2\theta + \sigma_e)\tan\varphi_\theta^{es} + T + \mu\sigma_e]}{(1 - \tan\varphi_\theta^{es}\cot\theta)\sin2\theta} \tag{7-10}$$

由式（7-4）、式（7-9）和式（7-10）可以发现，在岩体和浆体参数确定的情况下，结构面的最大主应力 σ_1 是关于最小主应力 σ_3 的一次函数。显然，在 0°~90°内，若最小主应力不变的条件下，三者的大小关系为 $|\sigma_1^{es}| > |\sigma_1^{rs}| > |\sigma_1^\theta|$。膨胀型浆体注浆加固后，结构面达到极限平衡状态时所对应最大主应力的值将增大，整体的强度增大。

7.1.2 浆-岩复合岩体破坏模式判别

将注浆加固后的岩体视为由岩体和浆体构成的复合岩体试样。当裂隙面两侧岩体岩性相同时，浆体与两侧岩体的两个胶结面力学性质相同，因此只需要考虑浆体及其中一侧即可。

浆体和岩体均符合莫尔-库仑准则，岩体和浆体由最大主应力和最小主应力所表示的强度表达式分别为[8]：

$$\sigma_1^r = \frac{1 + \sin\varphi_r}{1 - \sin\varphi_r}\sigma_3^r + \frac{2c_r\cos\varphi_r}{1 - \sin\varphi_r} \tag{7-11}$$

$$\sigma_1^s = \frac{1 + \sin\varphi_s}{1 - \sin\varphi_s}\sigma_3^s + \frac{2c_s\cos\varphi_s}{1 - \sin\varphi_s} \tag{7-12}$$

式中，c_r、φ_r、c_s、φ_s 分别表示岩体和浆体的黏聚力及内摩擦角；σ_3^r 和 σ_3^s 分别为受压时岩体和浆体所受侧向应力，对于膨胀型浆体，其侧向应力应为初始侧向应力与膨胀应力之和，即 $\sigma_3^{es} = \sigma_3^s = \sigma_3 + \sigma_e$。

根据上述分析，确定复合岩体的理论强度如式（7-13）所示：

$$\sigma_{\mathrm{ESRC}} = \min(\sigma_1^\theta,\ \sigma_1^r,\ \sigma_1^s) \tag{7-13}$$

显然，岩体和浆体的最大主应力也是关于最小主应力的一次函数。当最小主应力 $\sigma_3 = 0$ 时，裂隙面、岩体、浆体的单轴抗压强度分别由式(7-14)～式(7-16)所示。

$$\sigma_c^\theta = \sigma_1^{es} = \frac{2[c_\theta^{es} + (\sigma_3\sin2\theta + \sigma_e)\tan\varphi_\theta^{es} + T + \mu\sigma_e]}{(1 - \tan\varphi_\theta^{es}\cot\theta)\sin2\theta} \tag{7-14}$$

$$\sigma_c^r = \frac{2c_r\cos\varphi_r}{1 - \sin\varphi_r} \tag{7-15}$$

$$\sigma_c^s = \frac{2c_s\cos\varphi_s}{1 - \sin\varphi_s} \tag{7-16}$$

式中，σ_c^θ、σ_c^r、σ_c^s 分别表示裂隙面、岩体及浆体的单轴抗压强度。

根据最大主应力和最小主应力的一次函数关系，对最小主应力求导，得到裂隙面、岩体和浆体最小主应力关于最大主应力的斜率。

$$\mu_\theta = \frac{d\sigma_1^\theta}{d\sigma_3} = \frac{2\tan\varphi_\theta^{\prime s}}{1 - \tan\varphi_\theta^{rs}\cot\theta} \tag{7-17}$$

$$\mu_r = \frac{d\sigma_1^r}{d\sigma_3} = \frac{1 + \sin\varphi_r}{1 - \sin\varphi_r} \tag{7-18}$$

$$\mu_s = \frac{d\sigma_1^s}{d\sigma_3} = \frac{1 + \sin\varphi_s}{1 - \sin\varphi_s} \tag{7-19}$$

式（7-18）和式（7-19）在 φ_r，$\varphi_s \in \left(0,\ \frac{\pi}{2}\right)$ 时，μ_r和μ_s总是大于0的。对于急倾斜层状岩体，岩层倾角 $\theta \in \left(\frac{\pi}{4},\ \frac{\pi}{2}\right)$，则 $\sin2\theta$ 大于 0，$\cot\theta$ 小于 0；在 $\varphi_\theta^{es} \in \left(0,\ \frac{\pi}{2}\right)$ 时，$\tan\varphi_\theta^{es}$ 也大于 0，因此 μ_θ 也总是大于 0。则上述三者对应的最

大主应力是关于最小主应力的一次递增函数。

假设在加载过程中，最小主应力 σ_3 保持不变，两个胶结面之间的力学性质相同。根据上述推导，复合岩体的强度与其组成成分的单轴抗压强度和最小主应力关于最大主应力的斜率有关。

通过式（7-14）~式（7-19）各组分对应单轴抗压强度及最小主应力关于最大主应力系数的关系，将复合岩体的初始破坏模式分以下几种进行讨论：

（1）沿单一组分最先发生破坏，具体为沿裂隙面破坏、沿岩体破坏、沿浆体破坏三种形式；

（2）沿任意两种组分最先发生破坏，具为沿裂隙面与岩体同时破坏、沿裂隙面与浆体同时破坏或者沿岩体与浆体同时破坏三种形式；

（3）沿三种组分同时发生破坏。

图 7-3 对应的破坏模式为沿单一组分最先发生破坏。以复合岩体沿岩石内部破坏为例，见图 7-3（a），此时，岩体的单轴抗压强度应为三者中最小，并且对应的最小主应力关于最大主应力的斜率 μ_r 也最小。

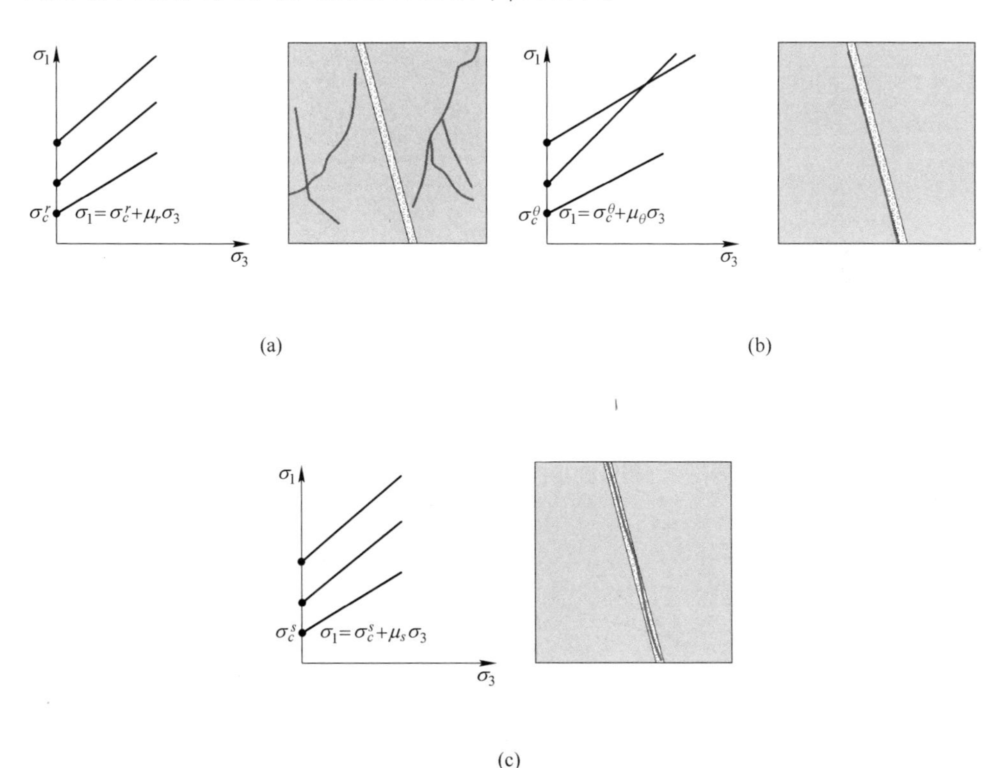

图 7-3 单一组分最先破坏下岩体强度关系

（a）沿岩体的初始破坏；（b）沿裂隙面的初始破坏；（c）沿浆体的初始破坏

图 7-4 表示复合岩体试样沿岩石内、裂隙面或浆体之中的两种组分同时破坏。以如图 7-4（a）为例，裂隙面的单轴抗压强度最大，对应的斜率 μ_θ 也最大。此时两侧应力为 $\boldsymbol{\sigma}_3 = \boldsymbol{\sigma}_3^r$，联立式（7-11）和式（7-12），即可求解对应的侧向应力。当两侧应力小于或者大于 $\boldsymbol{\sigma}_3^r$ 时，岩体将沿着强度最小的组分发生破坏。同理，也可求解复合岩体试样沿岩石内部和裂隙面同时破坏、沿浆体内部和裂隙面同时破坏时对应的侧向应力。

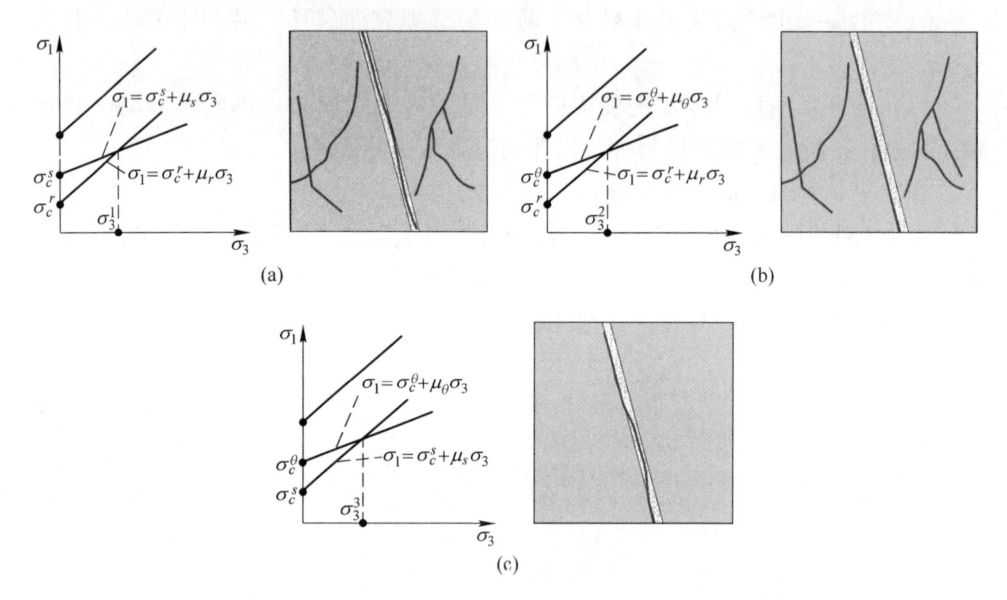

图 7-4 沿两种组分同时发生破坏

（a）初始破坏（岩体和浆体）；（b）初始破坏（岩体和裂隙面）；（c）初始破坏（浆体和裂隙面）

图 7-5 表示复合岩体沿岩体、裂隙面和浆体同时发生破坏，联立式（7-4）、式（7-11）和式（7-12）求解得出对应侧向应力。当两侧应力小于或者大于 $\boldsymbol{\sigma}_3^r$ 时，复合岩体试样将会沿着强度最小的组分发生单一组分破坏模式。

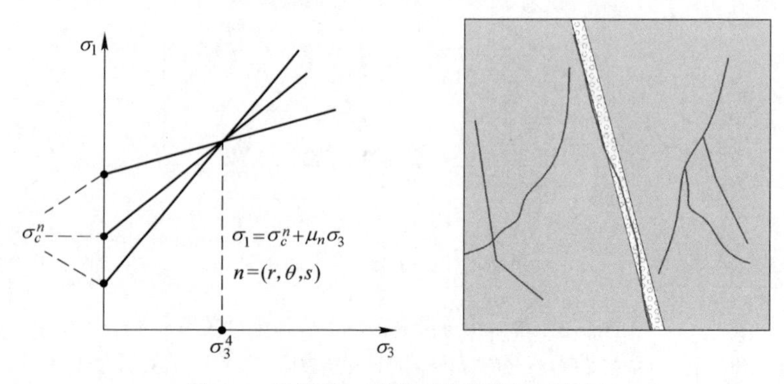

图 7-5 沿岩体、裂隙面和浆体同时破坏

7.2 浆-岩复合岩体试样双轴压缩试验

为验证上节中理论分析的正确性，配制单一裂隙类岩石试样模拟急倾斜层状岩体，以注浆后浆体和岩体构成的复合岩体试样为研究对象，开展复合岩体试样的双轴压缩室内试验和数值模拟试验，分析注浆加固后试样的强度变化规律及破坏特征。

根据第一篇的试验结果，综合考虑浆体的膨胀性能和自身强度，选取膨胀剂含量分别为0%、3%、6%、9%的膨胀型浆体对裂隙岩样进行注浆加固。

7.2.1 试验准备

7.2.1.1 原材料

配制岩体的原材料为水泥、石英砂和石膏；配制膨胀型浆体的材料为水泥、膨胀剂、速凝剂及消泡剂。为减小倾角和厚度对试验结果的影响，本次试验不考虑倾角和裂隙厚度变化，试样裂隙倾角均设置为75°，裂隙宽度为6mm。为了更真实的模拟自然状态下的层理面，裂隙轮廓线采用随机函数生成，粗糙度为1.14。裂隙模具通过3D打印技术制成。每组试验浇筑3个尺寸为100mm×100mm×100mm的方形试样。选取了膨胀剂含量为0%、3%、6%、9%的膨胀型浆体对裂隙岩体进行注浆。

注浆前在模具侧壁提前安置薄膜应力传感器，测试试样在膨胀应力挤压作用下所受的约束力大小。为保证注浆后试样在养护过程中始终处于受约束状态，在试样注浆完成至进行加载前均做不拆模处理，试样养护完成后进行双轴压缩试验。

此外，按照前文中的浆体配比方案，配制了新的试样测试浆体的力学参数。同时以水泥、石英砂、石膏为原材料浇筑相应的岩体试样。养护完成后测得岩体和浆体的力学参数见表7-1。

表7-1 试样力学参数表

类　型	单轴抗压强度/MPa	黏聚力/MPa	内摩擦角/(°)
岩石试样	18.20	4.42	38.21
浆体（膨胀剂0%）	23.64	5.84	37.24
浆体（膨胀剂3%）	21.59	5.46	34.13
浆体（膨胀剂6%）	18.97	5.07	29.91
浆体（膨胀剂9%）	12.14	3.71	24.80

7.2.1.2 试样制备

制样时，首先将铁制模具清理干净并固定好，涂上脱模剂，然后将3D打印的卡槽模具安装在铁模具上形成组合模具，将预制裂隙隔片插入模具的 3D 打印卡槽。根据配比称重并配制原材料，将配制好的材料分别倒入模具内，在小型振动台上振动 30s，保证试样表面平整，待试样到达初凝状态时取出隔片。试样制成 72h 后拆卸模具，记录好试样两侧岩体编号后放入恒温养护箱养护 7 天。试样养护完成后，将编号配对的试样再次置于铁质模具，与裂隙相对的一侧紧贴模具侧壁，之后向裂隙注入膨胀型浆体，注浆前在模具侧壁安装薄膜应力传感器测试试样在模具内所受约束大小。为了区分浆体与岩体试样，制备膨胀型浆体时掺入少许与浆体原材料不发生化学反应的红色颜料。

7.2.2　室内试验及数值模拟

7.2.2.1　双轴压缩室内试验

注浆养护完成后，将养护完成的试样制备成散斑试样，通过 DIC 系统监测试样受载破坏过程的位移变化特征。加载系统为 YZW-30A 微机控制电子式岩石直剪仪，采用位移控制进行加载，加载速率为 0.02mm/s。裂隙厚度很薄时，浆体产生的膨胀应力较小，双轴压缩时侧向应力差距较小，因此对所有试样施加 1MPa 的初始侧向应力，再针对试样各自所受的约束应力施加同等大小的额外侧向应力。待试样侧向应力稳定后，开始轴向加载，同时开启 DIC 系统。试验过程如图 7-6 所示。

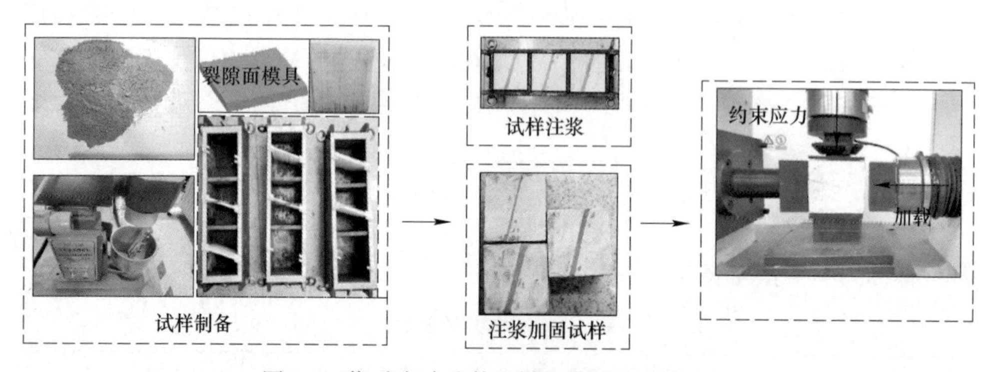

图 7-6　浆-岩复合岩体试样双轴压缩试验过程

7.2.2.2　双轴压缩数值模拟

为了进一步分析浆-岩复合岩体试样双轴压缩过程中的应力转移及损伤发育特征，使用基于有限元方法的 ABAQUS 软件进行数值模拟。ABAQUS 是一款由美国 ABAQUS 有限元软件应用公司开发的数值模拟软件，该软件功能强大，能够对大部分工程实例进行模拟，多应用于土木工程、机械工程、机电工程、水利工程、采矿工程等领域。

岩体的计算模型为 100mm×100mm 的正方形尺寸。选择莫尔-库仑准则和平面应变（CPE4R）单元。在两个接触面中嵌入 cohesive 内聚力单元，以定义接触面的剪切强度，模拟浆体的黏结力[9]。当剪应力达到剪切强度时，材料将断裂并失效。

模型的边界条件与双轴压缩试验一致。限制左边界的水平位移（U_1）和底边界的垂直位移（U_2）。右侧施加与试验一致的约束应力，上部施加线性位移荷载。模型的材料参数参考下文的试验结果给出，浆-岩复合岩体试样双轴压缩计算模型如图 7-7 所示。

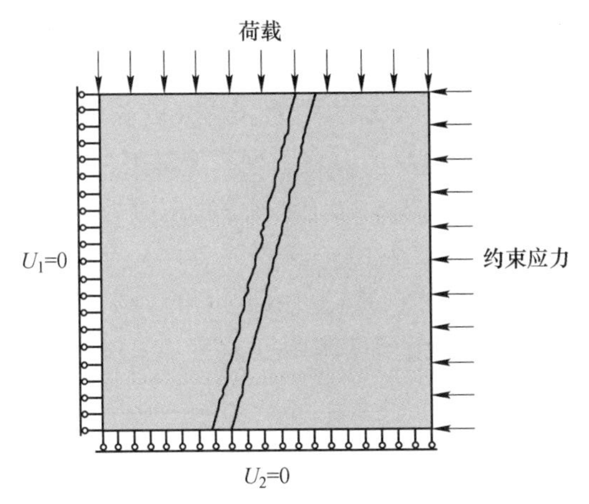

图 7-7 浆-岩复合岩体试样双轴压缩数值计算模型

7.2.3 双轴压缩试验结果

7.2.3.1 复合岩体试样双轴压缩强度特征

用薄膜应力传感器测试试样在膨胀型浆体注浆后所受的约束应力大小。不同膨胀剂含量下试样所受约束应力见表 7-2。

表 7-2 试样所受约束应力

膨胀剂含量/%	试样所受约束应力/MPa
0	0
3	0.38
6	0.56
9	0.80

约束应力测试结束后，分别对裂隙岩样和复合岩体试样进行剪切试验，测试试样的力学参数。剪切过程中对裂隙岩样和普通型浆体注浆的试样施加相同的法向荷载，对膨胀型浆体注浆的试样在初始法向荷载（1.0MPa）的基础上增加与

约束测试相应的约束应力均值。具体测试结果见表 7-3。

表 7-3　裂隙岩样及注浆裂隙面力学参数

试样类型	剪切强度/MPa	黏聚力/MPa	内摩擦角/(°)
裂隙岩样	2.14	—	22.12
浆体-岩体裂隙面（0%）	5.52	4.56	32.61
浆体-岩体裂隙面（3%）	5.61	4.65	37.43
浆体-岩体裂隙面（6%）	5.73	4.83	39.94
浆体-岩体裂隙面（9%）	5.53	3.84	35.75

通过裂隙岩体试样与复合岩体试样的剪切强度差值计算浆体产生的黏聚力（T）为 3.38MPa。假设普通型浆体和膨胀型浆体黏聚力相同，当最小主应力为 0 时，浆体的单轴抗压强度即为最大主应力和最小主应力表示的强度。因此，将实验测得的裂隙面参数代入式（7-10）和式（7-14）求得裂隙面的摩擦系数为 0.34。将表 7-2 和表 7-3 中岩体、浆体及裂隙面的力学参数分别代入式(7-10)~式（7-13）进行计算。理论强度及实测强度见图 7-8。

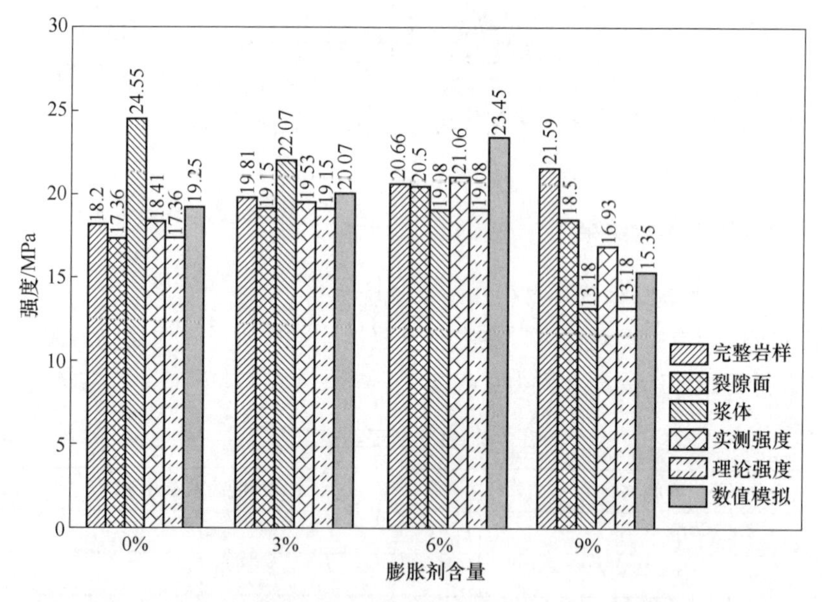

图 7-8　浆-岩复合岩体试样双轴压缩理论强度、试验强度和数值计算强度对比

如图 7-8 所示，岩体、裂隙面、浆体三种成分的最小强度为试样的理论强度。当膨胀剂含量为 0%~6%时，试样的强度随膨胀剂含量的增加而增加。当膨胀剂含量为 9%时，试样的强度明显降低，这是因为膨胀剂含量越高，浆体自身强度较低，导致试样整体强度较低。

当膨胀剂含量分别为0%、3%、6%和9%时，试样的理论强度与实测强度的相对误差分别为5.70%、4.81%、9.40%和17.83%。数值计算强度与实测强度的相对误差分别为4.50%、2.77%、11.34%和9.33%。由于浆体自身的强度较弱，膨胀剂含量为9%时，试样误差相对较大。理论计算、室内试验和数值模拟结果吻合较好，表明了理论模型的正确性和有效性。

图7-9所示为模型失效时的轴向应力分布云图。当膨胀剂含量分别为0%、3%、6%、9%时，模型的最大应力分别出现在裂隙面、浆体和岩体及浆体上。由图7-9可见，当膨胀剂含量为6%时，试样的试验强度大于其他三种组分。这表明适当的膨胀应力可以提高裂隙岩体的强度，这与数值模型中试样破坏时浆体和岩体的最大应力分布结果一致。

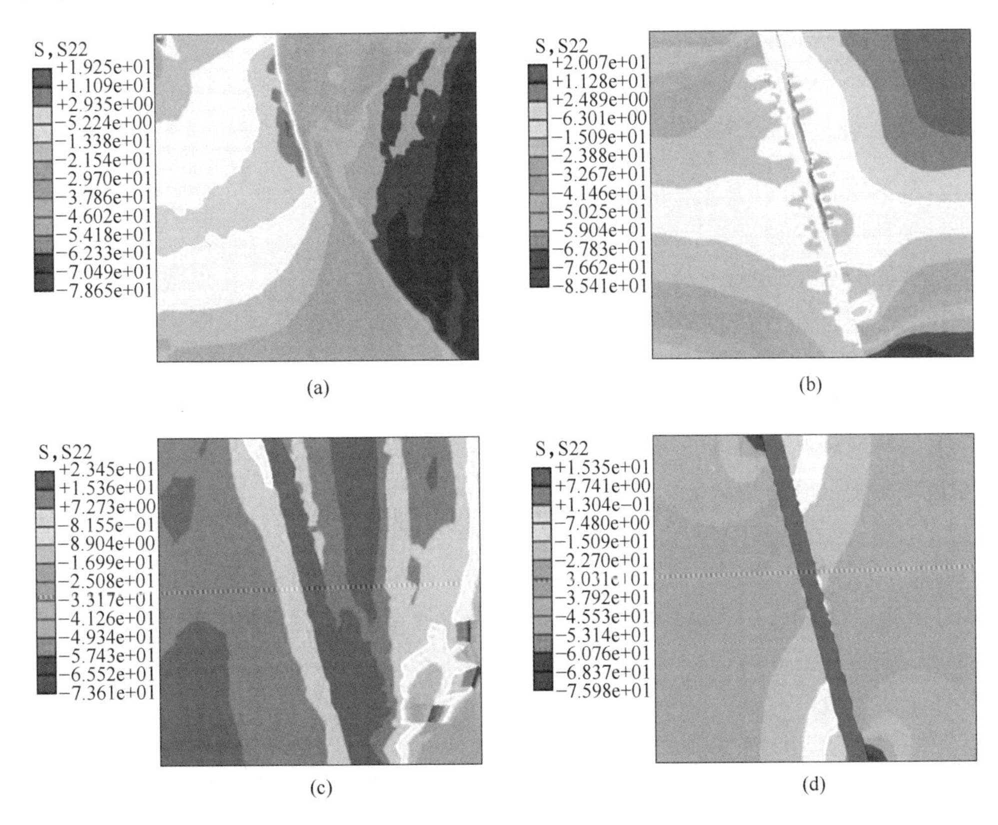

(a) (b) (c) (d)

图7-9 不同膨胀剂含量浆-岩复合岩体试样的轴向应力分布

(a) 0%；(b) 3%；(c) 6%；(d) 9%

7.2.3.2 应力应变特征

膨胀剂含量为0%、3%、6%、9%时，复合岩体试样双轴压缩下的典型应力-应变曲线如图7-10所示。

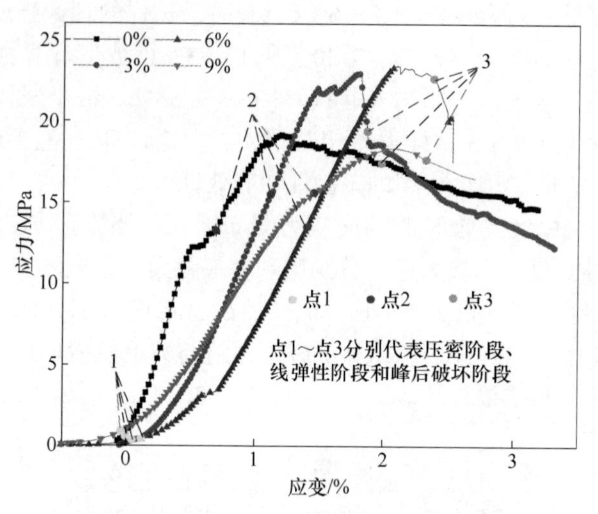

图 7-10 浆-岩复合岩体试样典型应力-应变曲线

从图 7-10 可以看出，因膨胀剂含量差异，试样的孔隙压密阶段、线弹性阶段、塑性屈服阶段及峰后破坏阶段各有不同。

膨胀剂含量较低时，线弹性阶段的线弹性现象并不明显，在加载到一定程度后较为平缓。随着外部载荷继续增加，对于膨胀剂含量较高的试样，表现出明显的线弹性，且持续时间较长。

膨胀剂含量为3%和6%时，试样达到峰值强度后，强度衰减较快，脆性特征明显，峰后承载能力较弱。膨胀剂含量为6%和9%时，试样达到峰值强度后，强度衰减缓慢，峰后承载能力较强。

试样峰后阶段整体受膨胀剂含量的影响具体表现为，无膨胀剂含量时(0%)，试样受载达到峰值强度后，延性特征明显；膨胀剂含量为3%和6%时，由于膨胀应力的作用，试样内部密实程度较普通型浆体注浆时更好，峰值表现出明显的脆性特征。而膨胀剂含量为9%时，因浆体自身承载能力和密实程度相对膨胀剂含量较低时弱，试样达到峰值强度后表现出一定的延性特征。

综上所述，试样的强度为6%>3%>0%>9%。虽然膨胀剂含量为9%的浆体具有最高的膨胀应力，但试样的整体强度较低。结果表明，膨胀剂含量较高的浆体虽然产生较高的膨胀应力，但其自身强度较弱，可能不利于试样强度的提高。

7.2.3.3 破坏特征

A 初始破坏组分判别

试样的破坏特征因膨胀剂含量的不同而存在差异。注浆后试样的破坏模式可分为三种：沿单一组分最先破坏、沿两种组分同时破坏和沿三种组分同时破坏。根据式（7-10）~式（7-13）计算试样各组分强度及最先破坏组分，试样理论强度、实测强度及最先破坏组分判定见表 7-4。

表 7-4 浆-岩复合岩体试样初始破坏组分判定表

膨胀剂含量/%	组分	理论强度/MPa	实测强度/MPa	最先破坏组分
0	岩体	18.20	18.41	裂隙面
	裂隙面	17.36		
	浆体	24.55		
3	岩体	19.81	19.53	裂隙面
	裂隙面	19.15		
	浆体	22.07		
6	岩体	20.66	21.06	浆体
	裂隙面	20.50		
	浆体	19.08		
9	岩体	21.59	16.93	浆体
	裂隙面	18.50		
	浆体	13.18		

为了进一步揭示加载过程中复合岩体的变形演化规律，选取试样在接近屈服时的轴向位移分布云图和等效塑性应变（PEEQ）图。在 ABAQUS 中，等效塑性应变是描述材料塑性变形增加的累积值。当 PEEQ 的值大于 0 时，表示材料失效。结果如图 7-11 所示。

线弹性阶段中后期，试样强度最低的组分处率先发生位移突变，与周边组分相比，位移差异较大。如图 7-11 所示，膨胀剂含量为 0%和 3%时，试样在裂隙面处率先发生位移突变。膨胀剂含量为 6%和 9%时，试样在浆体内部率先产生位移突变。当某一组分处发生位移突变时，表明该处有即将开始破坏的趋势，这与理论计算结果完全一致。

试样实测强度大于理论强度，其原因是在最弱组分破坏后，该处的裂隙被两侧的围压压紧闭合。当其他组分的承载能力较强时，试样仍然具有一定的承载能力。当最弱组分与其他组分之间的强度差较大时，最弱组分破坏程度较为剧烈，试样将沿着该组分直接破坏。

上述研究结果表明，岩体强度和膨胀剂含量是影响膨胀型浆体注浆加固的急倾斜层状岩体试样变形破坏的主要因素。岩体强度和膨胀剂含量决定了岩体两个部分的承载能力，而因膨胀剂含量不同，岩体部分内部的密实程度及裂隙面的抗剪强度也有所不同。膨胀剂含量降低时，试样破坏主要受裂隙面和岩体的影响，随着膨胀剂含量的增加，试样破坏主要受浆体部分的影响。

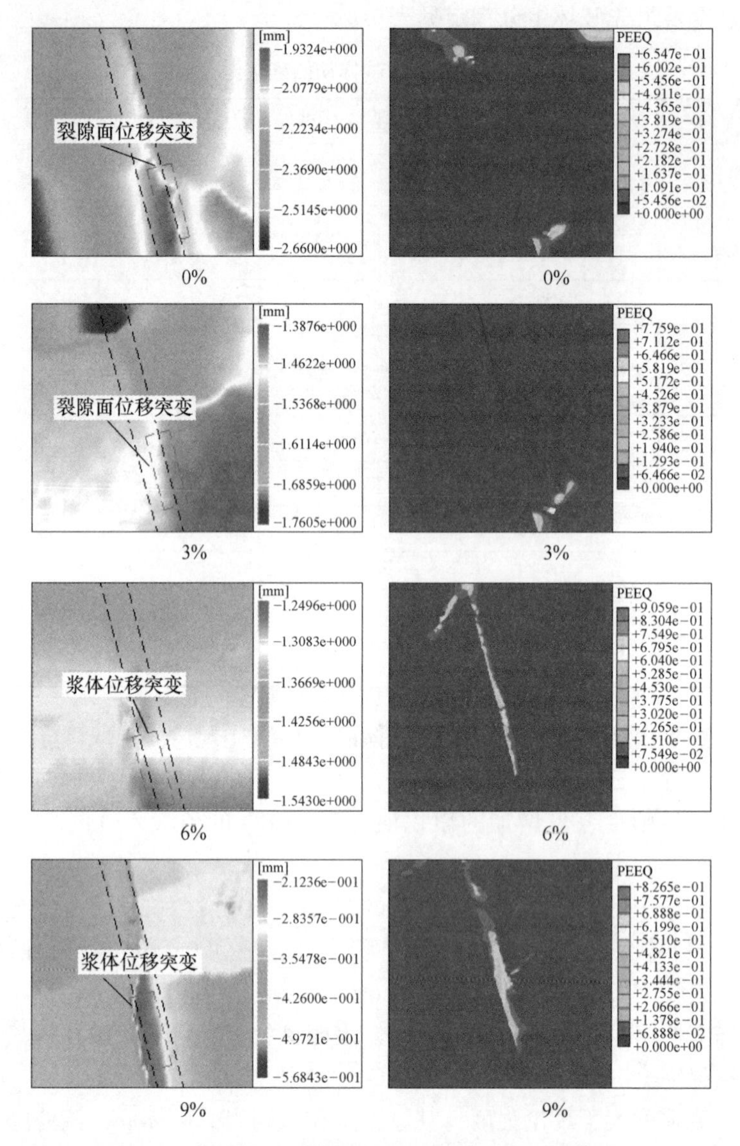

图 7-11　浆-岩复合岩体试样位移云图及等效塑性应变

B　最终破坏模式及变形破坏机制

试样在不同变形状态下的轴向位移云图及试样最终破坏模式如图 7-12 所示。

由图 7-12 可见，0%-1、0%-2 和 0%-3 分别代表膨胀剂含量为 0%时，试样的压密阶段、线弹性阶段和峰后破坏阶段。在应力-应变曲线的状态（见图 7-10）中的点 1～点 3 所示。膨胀剂含量为 3%和 6%的试样在压实阶段边界处出现较大位移，裂隙面受膨胀应力的影响，内部密实度略高于边界处。试样受载过程中，

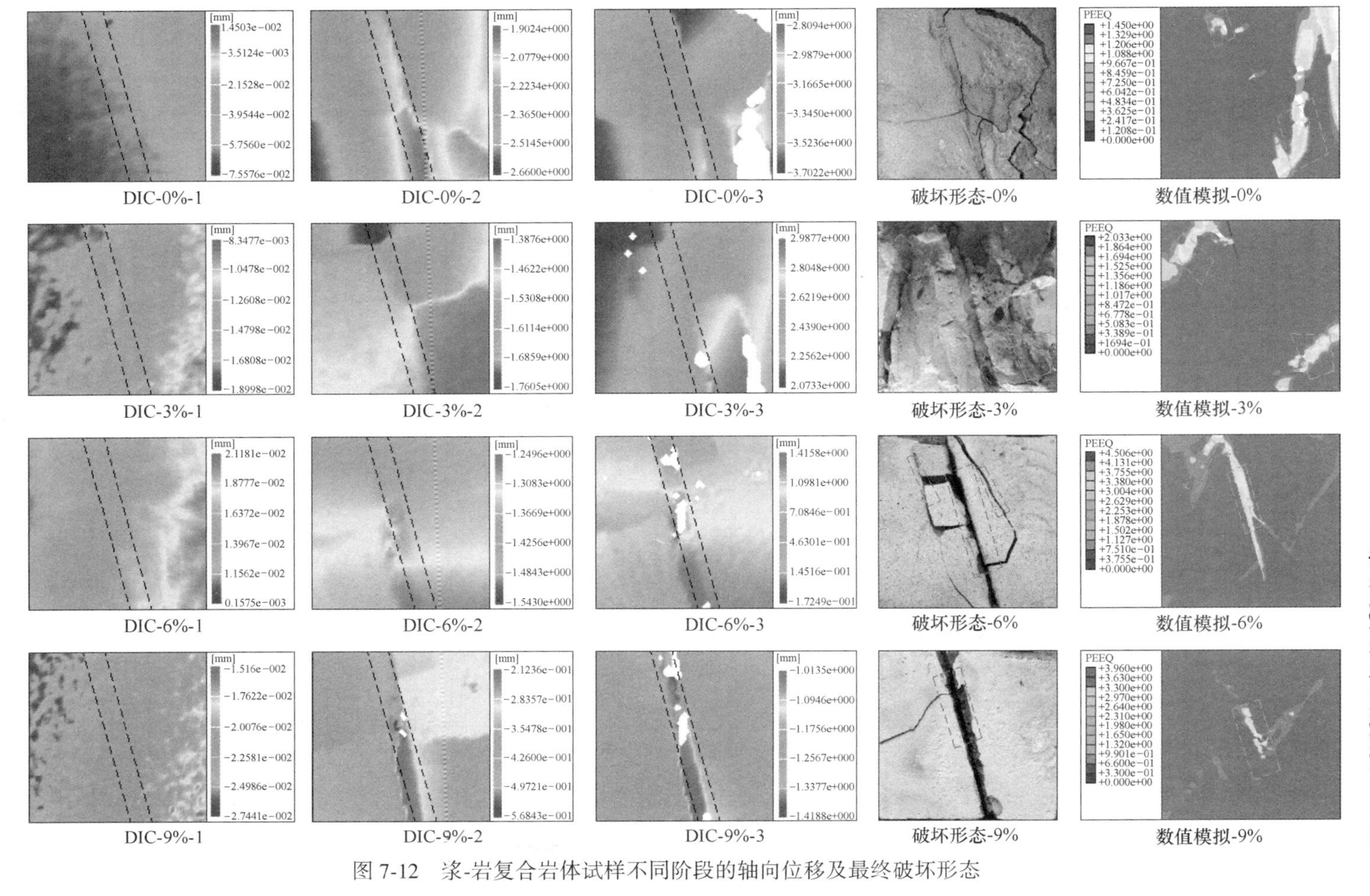

图 7-12 浆-岩复合岩体试样不同阶段的轴向位移及最终破坏形态

当边界发生较大位移后，试样承载能力下降，两侧围压减小，加载装置将其补偿至设定值。试样边界会持续承受围压，发生较大位移。

在线弹性变形阶段中后期，当膨胀剂含量为0%和3%时，试样的最大位移出现在裂隙面。当膨胀剂含量为6%和9%时，最大位移出现在浆体处。这与表7-4中的判断完全一致。

膨胀剂含量为0%和3%时，试样最终沿着裂隙面和岩体发生破坏，并且岩体部分破坏剧烈。这是因为裂隙面发生破坏后，在两侧围压作用下裂隙面与岩体继续闭合形成支撑，强度次弱的岩体发生破坏导致试样整体失稳。膨胀剂含量为6%和9%时，试样最终沿着浆体和岩体发生破坏。因浆体强度较弱，随着加载的进行，浆体部分完全贯穿，破坏程度剧烈，试样整体失去支撑，浆体失稳导致试样直接破坏。

膨胀剂含量分别为0%和3%时，试样的等效塑性应变主要发生在岩体中；膨胀剂含量分别为6%和9%时，等效塑性应变主要发生在浆体中，这与试验结果是一致的。

上述研究表明，双轴压缩条件下浆-岩复合岩体试样破坏机制为：试样到达线弹性阶段中后期，强度最弱的组分处最先产生较大位移，开始发生变形。最弱组分处产生裂纹被两侧围压压密闭合，试样继续承载，随着加载的进行，强度次弱的组分继续变形，产生较大位移。当最弱组分与次弱组分强度差距较小时（0%和3%的裂隙面和岩体），试样最终沿着两种组分发生破坏；当最弱组分与其他组分强度差距较大时，该组分破坏严重，直接导致试样整体失稳破坏。

膨胀型浆体产生的膨胀应力不仅有效提高了裂隙面的强度，还对裂隙两侧完整岩体形成了有效挤压，从而提高了完整岩体的强度，最终具有良好的注浆加固效果。但是，浆-岩复合岩体的强度受岩体、裂隙面和浆体三个组分的共同作用，在实际的注浆加固过程中因充分了解三种组分的实际情况，合理选择膨胀型浆体的配比，从而在复合岩体内部产生合适的挤压并保证自身合理的强度。如在本次试验中，当膨胀剂含量较高时，虽然挤压应力较大，但膨胀型浆体自身的强度较低，从而削弱了浆-岩复合岩体的整体强度。

参考文献

[1] Zhang Q, Zhang L, Liu R, et al. Grouting mechanism of quick setting slurry in rock fissure with consideration of viscosity variation with space [J]. Tunnelling and Underground Space Technology, 2017, 70: 262-273.

[2] Peng H, Tan X, Shunsuke M, et al. Club convergence in energy efficiency of Belt and Road Initiative countries: The role of China's outward foreign direct investment [J]. Energy Policy, 2022, 168: 113139.

[3] 胡少银，刘泉声，李世辉，等．裂隙岩体注浆理论研究进展及展望［J］. 煤炭科学技术，2022，50（1）：112-126.

[4] 刘泉声，魏莱，雷广峰，等．砂岩裂纹起裂损伤强度及脆性参数演化试验研究［J］. 岩土工程学报，2018，40（10）：1782-1789.

[5] 邓兴敏．急倾斜层状岩体巷道顶板膨胀型浆体注浆加固机理研究［D］. 武汉：武汉科技大学，2022.

[6] 夏宏良．浅析岩体及其结构面力学强度参数选取［J］. 水力发电，2004，30（6）：50-52.

[7] 刘峰．动力扰动下岩体结构面力学特性及在露井联采工程中应用研究［D］. 阜新：辽宁工程技术大学，2019.

[8] 崔峰，张帅，来兴平，等．强冲击倾向性顶板岩样孔洞充填力学特性及能量调控演化机制［J］. 岩石力学与工程学报，2020，39（12）：2439-2450.

[9] 周晓松，陈浩然，王岑真，等．富水岩溶隧道下穿充填型溶腔技术措施及力学分析［J］. 科学技术与工程，2022，22（23）：10262-10270.

[10] Yao N, Deng X, Luo B, et al. Strength and failure mode of expansive slurry-inclined layered rock mass composite based on Mohr-Coulomb criterion [J]. Rock Mechanics and Rock Engineering, 2023, 56: 3679-3692.

8　浆-岩复合岩体剪切力学机制

第 7 章研究了浆-岩复合岩体的双轴压缩力学特性，并构建了基于莫尔-库仑准则的浆-岩复合岩体强度模型和破坏模式判据，为膨胀型浆体的进一步应用提供了一定的基础。剪切滑移是岩石工程领域中常见的现象，利用浆体体积膨胀提供侧向挤压，使浆-岩胶结面处黏结更为充分，并增加胶结面处的摩擦力，提高裂隙的抗剪强度，有效增加岩体抵抗剪切滑移的能力。因此，开展膨胀型浆体裂隙注浆加固剪切试验，分析浆-岩复合岩体剪切力学特性具有重要意义。

本章通过对比由膨胀型浆体和普通型浆体注浆胶结而成的浆-岩复合岩体剪切试验结果，分析其强度、变形和破坏等力学特征的变化。结合 DIC 和 $Flac^{3D}$ 数值模拟等方法，分析膨胀型浆体注浆加固后产生的膨胀应力作用下浆-岩复合岩体剪切力学行为，揭示其剪切力学机制。

8.1　试验方案及过程

8.1.1　裂隙岩样制备及力学参数测定

Barton 和 Choubey 为了能够预测节理岩体的剪切强度，提出了节理面摩擦准则。采用 JRC 定量描述岩石节理表面粗糙度[1,2]，并详细地介绍了不同粗糙度等级的裂隙形貌特征，具体见表 8-1。

表 8-1　裂隙粗糙度统计

裂隙编号	裂隙粗糙度范围	特定粗糙度系数	裂隙形貌特征
1	0~2	0.4	
2	2~4	2.8	
3	4~6	5.8	
4	6~8	6.7	
5	8~10	9.5	
6	10~12	10.8	

续表 8-1

裂隙编号	裂隙粗糙度范围	特定粗糙度系数	裂隙形貌特征
7	12~14	12.8	
8	14~16	14.5	
9	16~18	16.7	
10	18~20	18.7	

由于本次试验主要关注不同浆体加固时的浆-岩复合岩体力学性能差异，为了避免不同裂隙粗糙度对其加固效果的影响，在制备红砂岩裂隙试样时，参考了Barton标准节理剖面线，确定了粗糙度相对适中（JRC=9.5）的裂隙作为试样的标准面。采用JD Paint将二维数字剖面线转换成雕刻机可识别的文件，并最终利用雕刻机将红砂岩试样雕制成统一的目标裂隙试样，如图8-1所示。

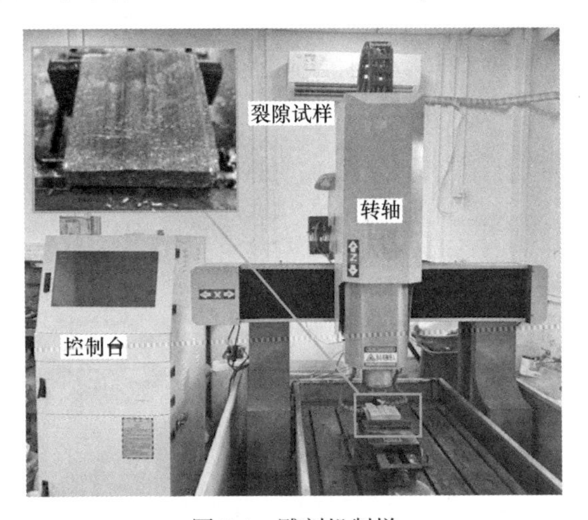

图 8-1　雕刻机制样

为了研究不同类型浆体对裂隙岩体加固效果的影响，分别采用普通硅酸盐水泥、普通硅酸盐水泥与静态破碎剂混合两种配比制备普通型浆体和膨胀型浆体（浆液配比见表8-2）[3-7]。水灰比是影响注浆岩体节理力学性能的重要因素，通过前期试验研究发现，水灰比为0.7的膨胀型浆体具有良好的流动性能、膨胀性能和强度，并能够充分黏结岩体弱面。根据前期研究，为了兼顾膨胀应力和其自身强度，膨胀型浆体的膨胀剂含量选择为10%。

表 8-2　浆液配比

浆体类型	水灰比	膨胀剂含量/%	速凝剂含量/%	消泡剂含量/%
膨胀型/普通型浆体	0.7∶1	10/0	2.5	0.3

通过单轴压缩试验和剪切试验等测得所用红砂岩普通型浆体和膨胀型浆体试样的力学参数，见表 8-3。

表 8-3　试样力学参数

材料	密度 /kg · m^{-3}	单轴抗压强度 /MPa	弹性模量 /MPa	抗剪强度 /MPa	黏聚力 /MPa	内摩擦角 /(°)
岩体	2078.77	47.47	1683.33	6.15	3.59	51.96
膨胀型浆体	1721.80	25.73	1170.09	6.26	4.19	47.59
普通型浆体	1682.73	26.28	1074.75	6.28	4.54	33.34

图 8-2 所示为膨胀型浆体和普通型浆体注浆加固的浆-岩复合岩体试样制备过程。首先，将经过水洗雕刻晾干的裂隙试样固定到高强度三联模具中，为避免不同浆体厚度对试验的影响，保持裂隙宽度为 6mm。利用注射器将按照表 8-2 配比制成的普通型浆体和膨胀型浆体分别注入至红砂岩裂隙试样的裂隙中，并利用振动台将浆液震动均匀，使其充满裂隙岩体的空隙。

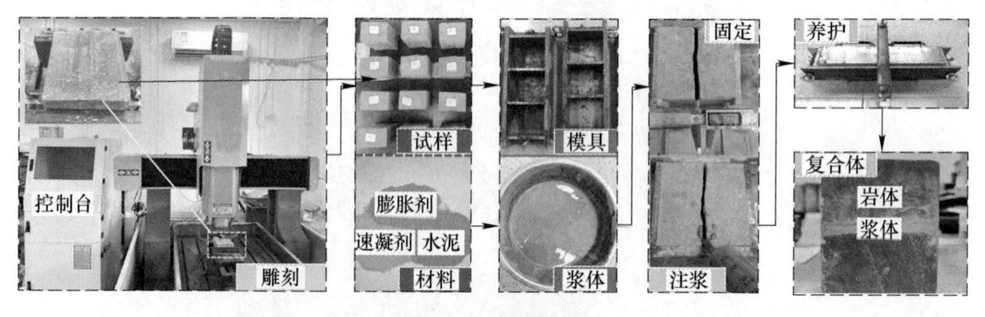

图 8-2　试样制备

由于膨胀型浆体体积在水化过程中会沿顶部无约束边界方向膨胀，从而减弱了对两侧裂隙岩体的挤压黏结效果。为了还原膨胀型浆体在地下约束环境岩体裂隙面内的膨胀效果，待膨胀型浆体初凝时，在其顶部使用钢板盖压，使浆-岩复合岩体周围形成约束边界，从而模拟膨胀型浆体在裂隙的有限空间内水化发育环境。

8.1.2　浆-岩复合岩体直剪试验

图 8-3 所示为不同浆体加固的浆-岩复合岩体试样剪切试验过程。采用 YZW-30A 微机控制电子式岩石直剪仪进行浆-岩复合岩体直剪试验。为了确保试验在

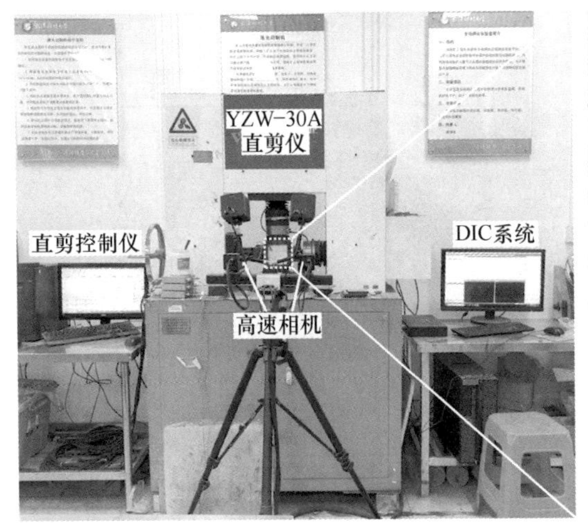

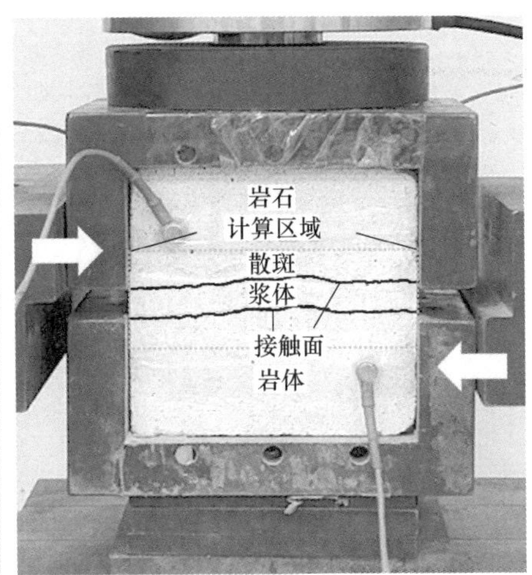

图 8-3 剪切试验过程

同一条件下进行，将直剪速度设置为 0.2mm/min，法向应力设置为 1.5MPa。分别对普通型浆体和膨胀型浆体注浆的浆-岩复合岩体试样进行直剪，当浆-岩复合岩体强度衰减 60%或剪切位移到达 6mm 时停止加载。

在直剪试验过程中，采用三维数字相关技术（DIC）监测不同浆体材料加固的浆-岩复合岩体试样的破坏过程。加载过程中使用两部分辨率为 2448×2048 像素的电荷耦合器件（CCD）相机，以 2s/帧的速度记录散斑图像。根据前期预试验，浆-岩复合岩体试样剪切破坏裂纹主要在浆体附近产生，因此，仅对试件中央 40mm×100mm 区域内的浆-岩复合岩体变形演化进行分析。加载系统和 DIC 系统彼此保持同步。

膨胀型浆体在发育过程中体积增大，对裂隙两侧岩体产生挤压，导致浆体在垂直于裂隙面上对裂隙两侧岩体有一定力的作用。然而，在拆模后，在铁质模具约束环境中养护的浆-岩复合岩体试样从原来的约束状态转变为自由状态，造成复合岩体整体处于卸压状态，导致膨胀应力作用效果无法展现。因此，为了在直剪试验过程中还原膨胀应力对裂隙岩体的挤压效果，忽略裂隙面起伏程度对膨胀应力作用效果的影响，将产生的膨胀应力以法向应力的形式补偿在膨胀型浆体加固下的浆-岩复合岩体试样顶部，其中膨胀应力补偿形式如图 8-4 所示。

不同浆体厚度下的膨胀型浆体的膨胀性能存在显著差别。为了测试不同厚度膨胀型浆体产生的膨胀应力，采用 DMTY 应变式土压力盒分别监测 20mm、40mm、60mm、80mm 和 100mm 的膨胀型浆体产生的膨胀应力，并对其拟合求出目标条件下的膨胀型浆体产生的膨胀应力。根据试验结果，在其剪切过程中施加相应的法向应力（0.125MPa），以还原膨胀应力作用效果。试验过程如图 8-5 所示。

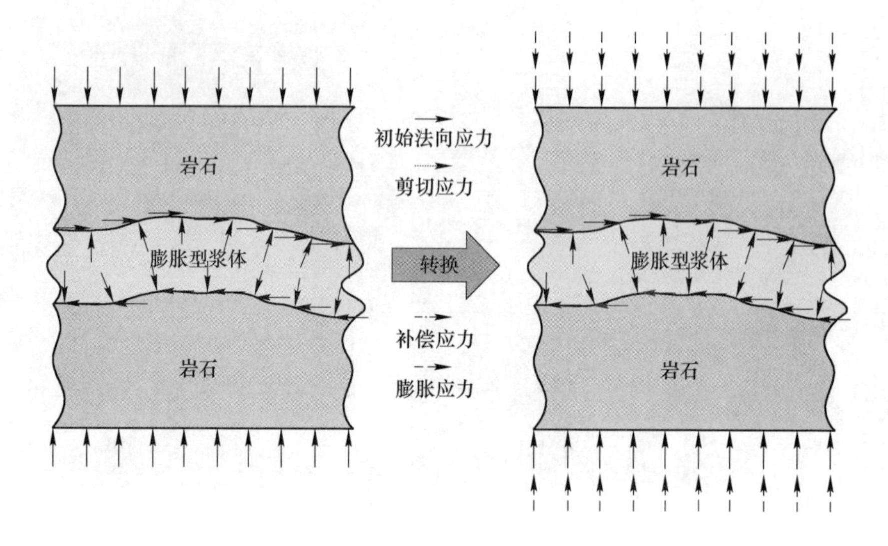

图 8-4 浆-岩复合岩体膨胀应力补偿

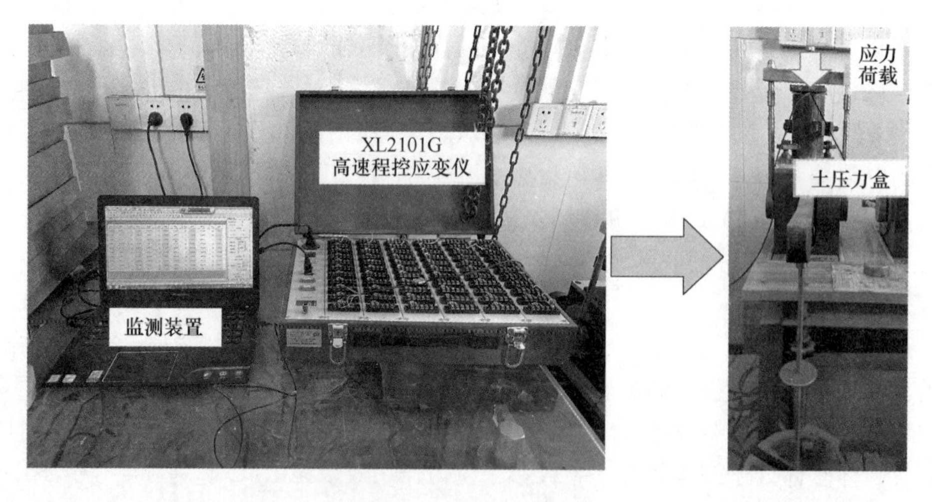

图 8-5 膨胀应力测试

8.2 浆-岩复合岩体剪切试验结果

8.2.1 细观分析

为了观察普通型浆体和膨胀型浆体加固的浆-岩复合岩体试样接触面处的孔隙特征，利用显微扫描仪将不同浆-岩复合岩体试样相应位置分别放大 200 倍，观察其浆-岩接触面。由于同一光照作用下，裂隙表面的高低不同会造成其亮度差异。因此，根据物体亮度提取距离浆岩界面 0mm、1.5mm 和 3mm 处膨胀型浆体和普通型浆体的孔隙，并利用 MATLAB 计算暗颜色比例，从而反映普通型浆体和膨胀型浆体加固的浆-岩复合岩体试样中浆体的孔隙率和密实程度。其结果具体如图 8-6~图 8-8 所示。

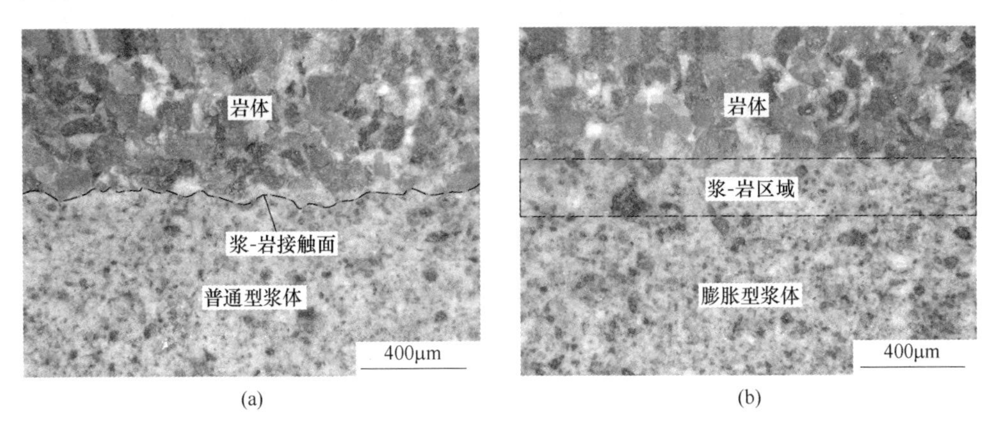

(a) (b)

图 8-6 浆-岩接触面对比

（a）普通型浆体-裂隙岩体复合体；（b）膨胀型浆体-裂隙岩体复合体

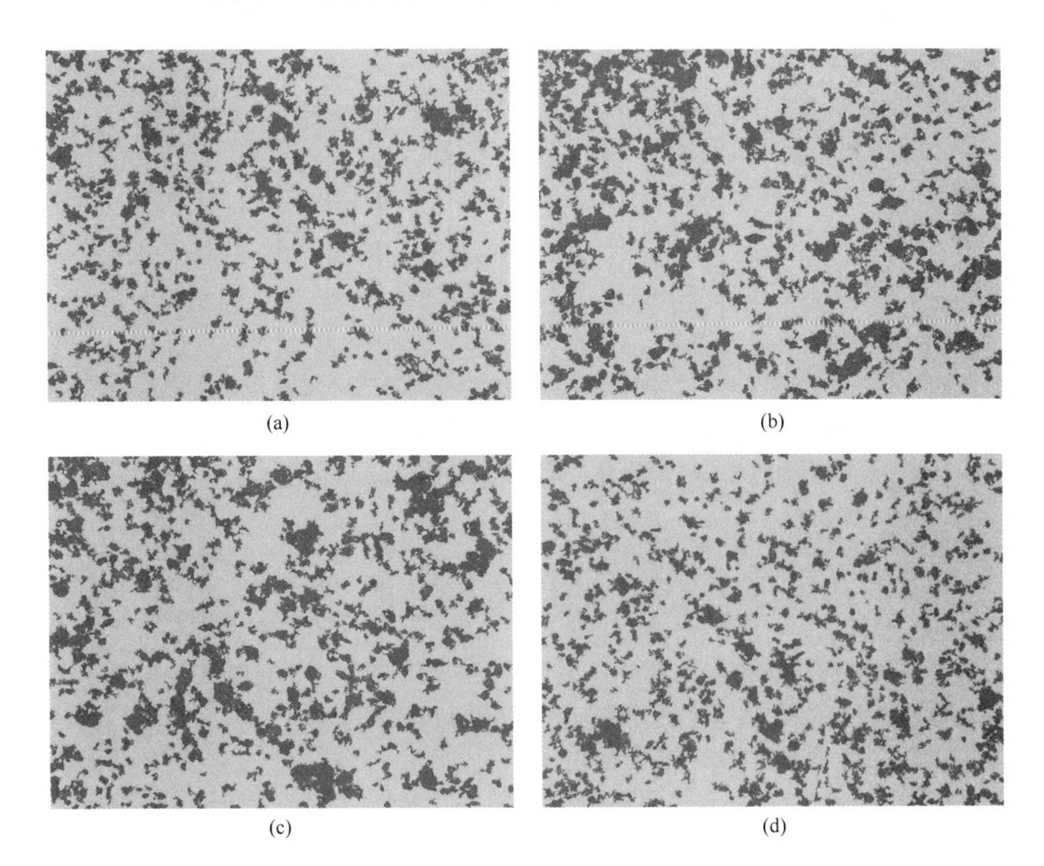

(a) (b)

(c) (d)

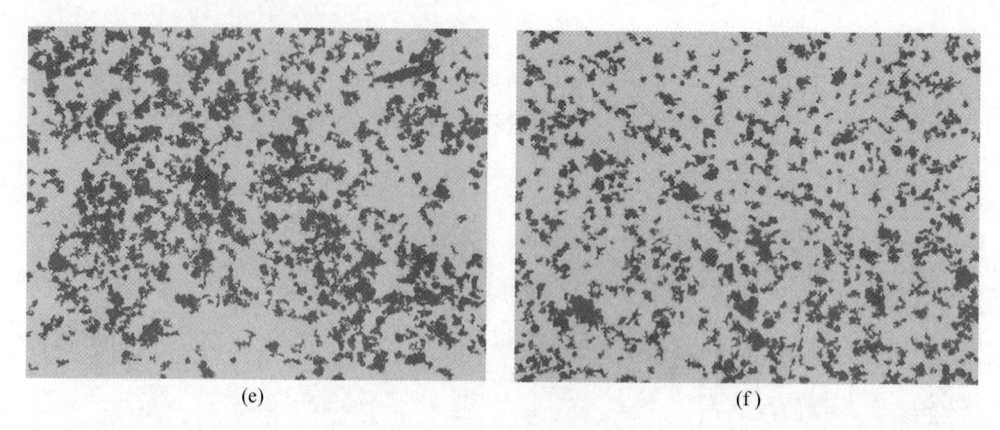

图 8-7　浆体不同位置孔隙分布对比

（a）膨胀型浆体-裂隙岩体复合体-0mm-23.9%；（b）普通型浆体-裂隙岩体复合体-0mm-28.6%；（c）膨胀型浆体-裂隙岩体复合体-1.5mm-31.84%；（d）普通型浆体-裂隙岩体复合体-1.5mm-22.56%；（e）膨胀型浆体-裂隙岩体复合体-3mm-34.44%；（f）普通型浆体-裂隙岩体复合体-3mm-22.18%

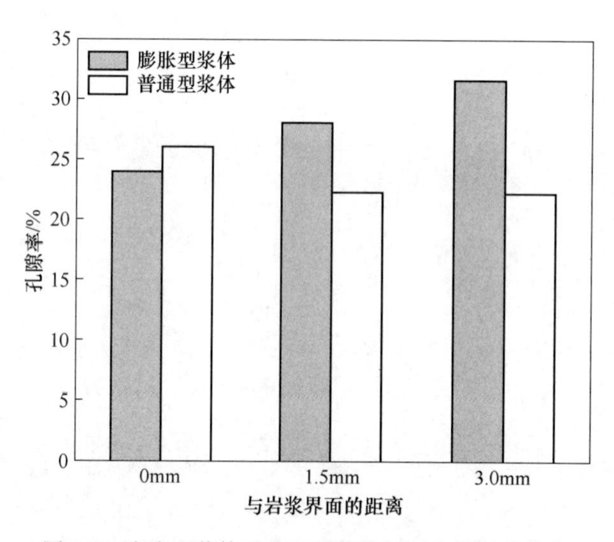

图 8-8　膨胀型浆体和普通型浆体不同位置的孔隙率

8.2.1.1　浆-岩接触面

由图 8-6 可见，普通型浆体加固的浆-岩复合岩体接触面处存在明显的边界。而膨胀型浆体加固下的浆-岩复合岩体由于膨胀应力挤压使其穿过裂隙边界渗透至裂隙岩体内部，导致浆-岩边界模糊。结果表明，膨胀应力能使膨胀型浆体更好地渗透至裂隙岩体内部，提升膨胀型浆体的黏结效果。

8.2.1.2　浆体内部孔隙率

由图 8-7 和图 8-8 可见，膨胀型浆体的孔隙率整体上略高于普通型浆体，这是由于体积膨胀作用提高了膨胀型浆体的孔隙率。膨胀型浆体的孔隙度随着离浆-岩界面距离的增加而增加，而普通型浆体在接触面附近孔隙度略有增加，其他位置不变。结果表明，普通型浆体不产生挤压作用，浆体内部孔隙较为均匀；而膨胀型浆体的膨胀应力对其自身的反作用力提高了膨胀型浆体自身的密实程度。此外，由于膨胀应力直接作用于浆-岩接触面，因此其在接触面附近膨胀型浆体的孔隙率更低。由此可见，膨胀应力能对膨胀型浆体自身产生反向挤压，提高浆体自身的密实性，从而改善膨胀型浆体自身的强度，这与第 3、4 章的结论是一致的。

8.2.2 剪切特性分析

图 8-9 所示为不同浆体加固的浆-岩复合岩体剪切过程中应力-位移曲线。其中，膨胀型浆体和普通型浆体加固的浆-岩复合岩体试样剪切强度分别为 2.95MPa 和 2.26MPa，膨胀型浆体加固使浆-岩复合岩体试样的剪切强度提高了 30.53%，表明膨胀型浆体能有效提高浆-岩复合岩体的剪切强度。

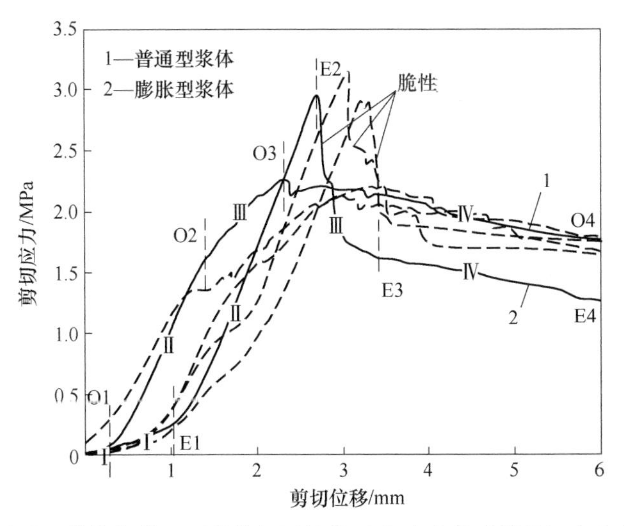

图 8-9 膨胀型浆体与普通型浆体加固的浆-岩复合岩体试样剪切应力应变曲线

根据图 8-9，膨胀型浆体和普通型浆体加固的浆-岩复合岩体试样在剪切作用下的变化趋势大致相同。根据浆-岩复合岩体试样剪切过程中应力-位移曲线的变化趋势，将其分为四个阶段，并对各阶段力学行为进行对比分析。不同浆体加固的浆-岩复合岩体试样在弹性阶段至峰后阶段的应力-位移曲线存在显著的差异。其具体分析如下：

（1）在初始加载阶段（阶段Ⅰ），膨胀型浆体与普通型浆体加固的浆-岩复合岩体试样的应力-位移曲线均显示出明显的压密行为，而膨胀型浆体因膨胀作用导致内部孔隙率较大，故其压密时间远大于普通型浆体加固的浆-岩复合岩体试样。

（2）随着剪切位移继续增加，两种浆体加固的浆-复合岩体先后进入线弹性阶段（阶段Ⅱ）。其中，膨胀型浆体加固的浆-岩复合岩体试样剪切刚度为1.612GPa/m，大于普通型浆体加固时的剪切刚度（1.289GPa/m），表明前者加固的浆-岩复合岩体试样经过膨胀应力挤压后线弹性表现更加明显。

（3）随着剪切位移的进一步增大，两种浆-岩复合岩体试样存在明显差异，普通型浆体加固的浆-岩复合岩体试样开始偏离线性，接近峰值时呈现明显的非线性特征（阶段Ⅲ）。而膨胀型浆体加固的浆-岩复合岩体试样则线性变化持续至峰值。

（4）待峰值过后，普通型浆体加固的浆-岩复合岩体应力随着位移的增大缓慢降低，呈现出明显的应变软化特征（阶段Ⅳ），而膨胀型浆体加固的浆-岩复合岩体试样应力先出现“断崖式”下降后再随着位移的增大缓慢降低，直至试验结束。

剪切刚度反映的是裂隙面在一定的剪切荷载作用下应变情况，剪切刚度越大说明试样抗变形能力越强。由以上分析可知，膨胀型浆体加固的浆-岩复合岩体剪切刚度大于普通型浆体加固时，说明在一定剪切荷载作用下前者产生的应变小于后者。根据岩石力学理论中对脆性的定义可知，当某一岩石在外力的作用下发生破坏时产生的轴向变形越小，则代表该岩石脆性越大。因此，膨胀型浆体发育过程中产生的膨胀应力对两边裂隙岩体持续挤压，对岩体产生了压密作用，一定程度上减小了岩体内部孔隙大小，使浆-岩复合岩体的脆性显著增强，进而提高了膨胀型浆体加固后的浆-岩复合岩体剪切强度。

8.2.3 剪切破坏特征分析

8.2.3.1 宏观破坏特征

图8-10所示为膨胀型浆体和普通型浆体加固的浆-岩复合岩体试样的剪切破坏特征。两者破坏形式基本一致，主要从浆体与裂隙岩体胶结面处开始，贯穿整个浆体并延伸至浆体与裂隙岩体的另一裂隙胶结面，最终形成“阶梯式”破坏。具体分析如下：

（1）图8-10（a）和（b）中①为复合岩体上下盘断裂区域，该位置沿裂隙面倾斜向上。对浆体受力分析发现，法向应力和切向应力沿裂隙面切向方向应力累加最大，加剧了该位置复合体的破坏，使复合岩体上盘破坏呈现左低右高“阶梯状”分布的趋势。

（2）图8-10（a）和（b）中②为裂隙岩体浆-岩胶结面处磨损区域，在剪切过程中磨损区域沿裂隙面倾斜向下，对岩体受力分析发现，切向应力和法向应力沿裂隙面切向方向相互抑制。随着切向应力的不断增加，导致磨损区域应力状态持续改变，从而造成了复合岩体试样不断磨损。

（3）由图8-10（b）中③可见，普通型浆体加固的浆-岩复合岩体试样表面出现了明显剥落，而膨胀型浆体加固的浆-岩复合岩体表面没有。表明由膨胀型浆体产生的膨胀应力与法向应力的耦合作用增强了复合岩体轴向咬合程度，导致在剪切过程中复合岩体试样表面不易剥落，从而减少了岩体表面破坏。

通过对浆-岩复合岩体试样破坏区域和破坏形式的分析可知，裂隙面的起伏程度影响着复合体浆-岩接触区域的应力分布，决定着复合体的断裂位置和磨损区域。与普通型浆体相比，膨胀型浆体的膨胀应力加快了裂隙面倾斜向上处复合体破坏的速度，缓解了裂隙面倾斜向下处复合体拉伸破坏，并减少了岩体表面剥落。

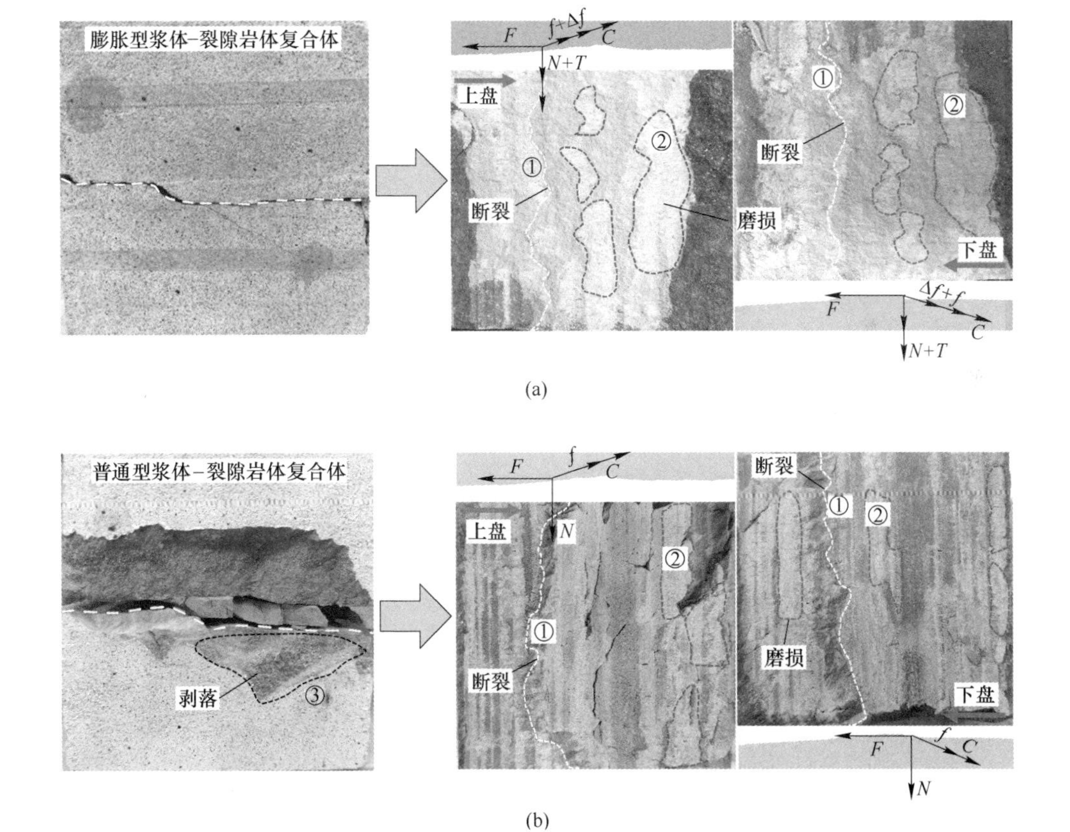

图8-10 浆-岩复合岩体试样剪切破坏特征

（a）膨胀型浆体；（b）普通型浆体

F—剪切应力；*T*—法向应力；*N*—膨胀应力反作用力；*C*—黏聚力；

f—摩擦力；Δ*f*—膨胀应力挤压增加的摩擦力

8.2.3.2 DIC 表面位移云图分析

为了进一步揭示膨胀型浆体和普通型浆体加固的浆-岩复合岩体试样加载过程中位移演化规律，通过 DIC 技术分别监测了不同浆-岩复合岩体试样在不同剪切阶段时的切向位移云图（见图 8-11）。其阶段划分与 8.2.2 小节一致，且 A、B 分别表示膨胀型浆体和普通型浆体加固的浆-岩复合岩体试样剪切 DIC 表面位移云图。由于应变-软化阶段（阶段Ⅳ）普通型浆体加固的浆-岩复合岩体试样表面剥落严重，无法准确描述位移变化过程，故不在分析。其他阶段分析如下所示。

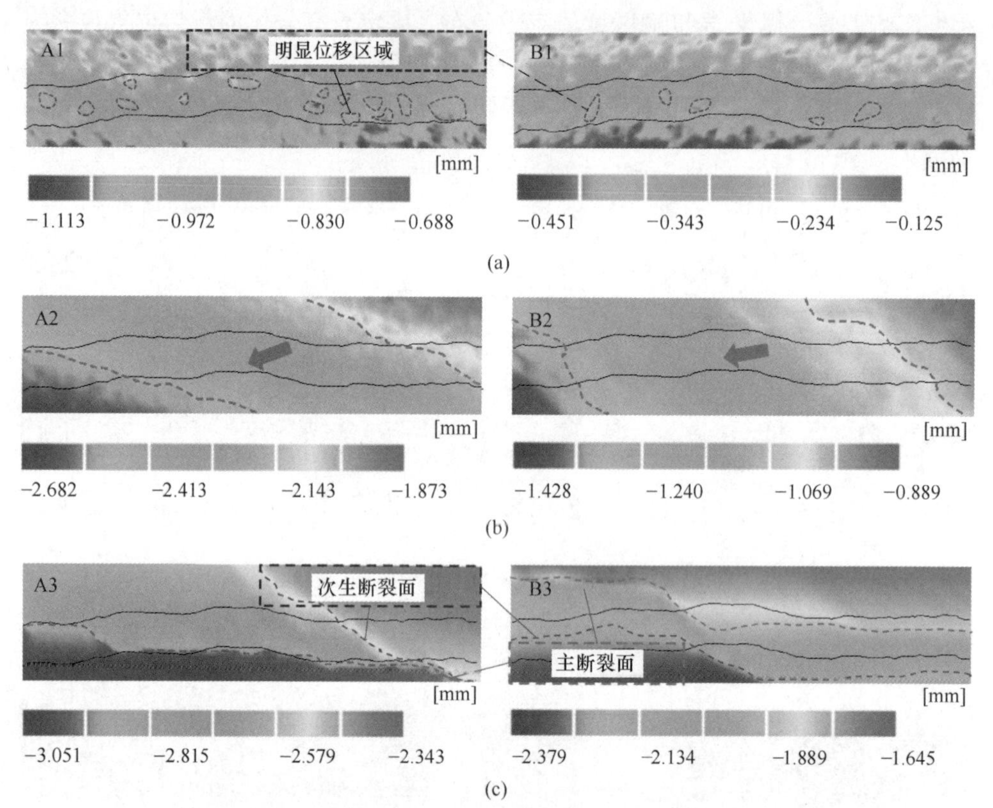

图 8-11 不同注浆材料加固的浆-岩复合岩体试样在不同剪切阶段的 DIC 表面位移云图
(a) 阶段Ⅰ；(b) 阶段Ⅱ；(c) 阶段Ⅲ

（1）由图 8-11（a）中 A1、B1 可知，当浆-岩复合岩体试样处于阶段Ⅰ时，相较于普通型浆体加固时，膨胀型浆体受法向应力和切向应力共同挤压，导致浆体表面发生不规则移动的区域显著增加，表明膨胀型浆体的膨胀作用使浆体自身体积增大，内部孔隙增多，与 8.2.1 小节中显微扫描仪的观察结果一致。

（2）由图 8-11（b）中 A2、B2 可知，当膨胀型浆体和普通型浆体加固的浆-岩复合岩体试样处于阶段Ⅱ时，两者位移趋势基本一致。随着切向应力的持续增加，两者加固的浆-岩复合岩体试样表面位移差值逐渐拉大，上下盘产生了明显的相对运动。表明相较于普通型浆体注浆加固时，膨胀型浆体注浆加固的浆-岩复合岩体试样在该阶段内持续时间更长，即线弹性表现更加明显。

（3）由图 8-11（c）中 A3、B3 可知，膨胀型浆体和普通型浆体加固的浆-岩复合岩体试样断裂处两侧位移差分别为 0. 245mm 和 0. 236mm，两者的断裂痕迹显现明显，均呈“阶梯状”分布。由于阶梯左侧岩体相较于右侧岩体往左移动，证实了两种浆体加固的浆-岩复合岩体试样的破坏形式均为弱面拉伸破坏。

8. 3　浆-岩复合岩体剪切试验数值模拟

为分析膨胀型浆体和普通型浆体加固的浆-岩复合岩体试样在剪切试验过程中内部应力和塑性区的演变过程，采用 FLAC^{3D} 中应变-软化本构模型对其进行数值模拟，通过 fish 语言调取剪切过程中应力和塑性区的云图，对比不同注浆材料加固的浆-岩复合岩体试样剪切力学行为，其中，模型边界条件如图 8-12 所示。

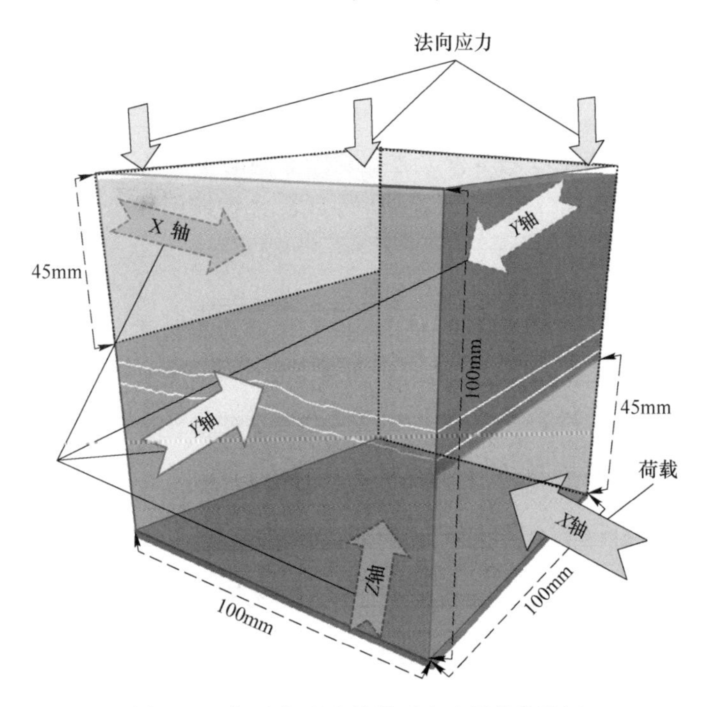

图 8-12　浆-岩复合岩体模型和边界条件设置

图 8-13 为两种浆体加固下的浆-岩复合岩体试样的数值模拟剪切试验与室内试验应力-位移曲线。由图可见，数值模拟与室内直剪试验的应力-位移曲线匹配良好，可以进一步对其应力场和塑性区分析。

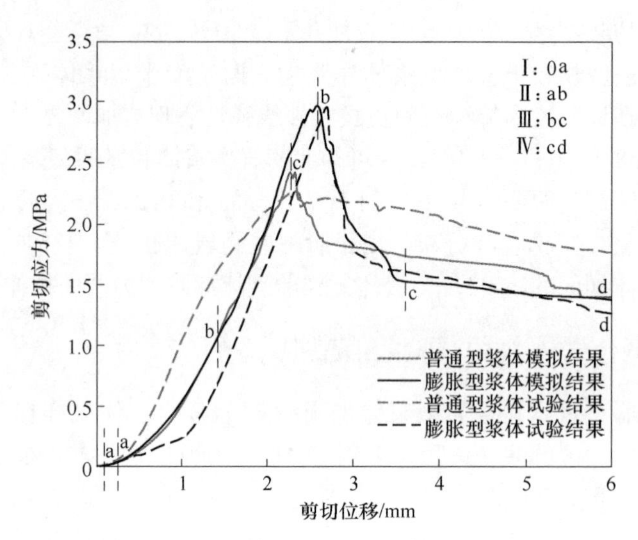

图 8-13 室内试验与数值模拟剪切试验应力-位移曲线对比图

8.3.1 应力场分析

图 8-14 所示为膨胀型浆体和普通型浆体加固的浆-岩复合岩体试样剪切数值模拟试验应力分布图，由图可知，两种浆-岩复合岩体试样在剪切过程中应力变化差别明显，具体分析如下：

（1）当剪切过程处于阶段Ⅰ时（见图 8-14（a）中 A1 和 B1），膨胀型浆体和普通型浆体加固的浆-岩复合岩体试样内部整体分别处于受压和拉伸状态，表明膨胀应力的挤压行为，缓解了切向应力对下盘岩体的拉伸作用。此外，两种浆体加固的浆-岩复合岩体试样内部拉应力最大值分别为 3.89MPa 和 4.16MPa，且膨胀型浆体加固时拉应力集中区域明显减小。

（2）当剪切过程处于阶段Ⅱ时（图 8-14（b）中 A2 和 B2），两种浆体加固的浆-岩复合岩体试样下盘岩体应力分布规律基本一致，均沿剪切位移方向（从右往左）从压应力逐渐转为拉应力。但膨胀型浆体加固的浆-岩复合岩体试样随着剪切试验的进行，切向应力逐渐增大与法向应力的耦合作用使裂隙面切向应力过多累积，造成膨胀型浆体在裂隙面倾斜向上位置出现拉应力集中。

（3）当剪切过程处于阶段Ⅲ时（见图 8-14（c）中 A3 和 B3），切向应力进一步增大，膨胀型浆体加固的浆-岩复合岩体试样所受拉应力达到峰值（约为 5.7MPa），拉应力集中区域基本位于浆体部位（与图 8-10 膨胀型浆体加固的浆-岩复合岩体试样破坏位置基本一致）；普通型浆体加固的浆-岩复合岩体试样进入塑性阶段，浆体内部和下盘岩体受拉应力影响严重，出现较大面积的应力集中现象。

（4）当剪切过程处于阶段Ⅳ时（见图 8-14（d）中 A4 和 B4），两者均进入应变软化阶段。由于膨胀型浆体加固的浆-岩复合岩体试样已经断裂，因此在该过程中上下盘发生滑移。而普通型浆体加固的浆-岩复合岩体试样塑性较强，破坏相对缓慢，直至模拟试验结束，在裂隙面倾斜向下位置发生断裂，且浆体内部相应区域出现拉应力集中现象。

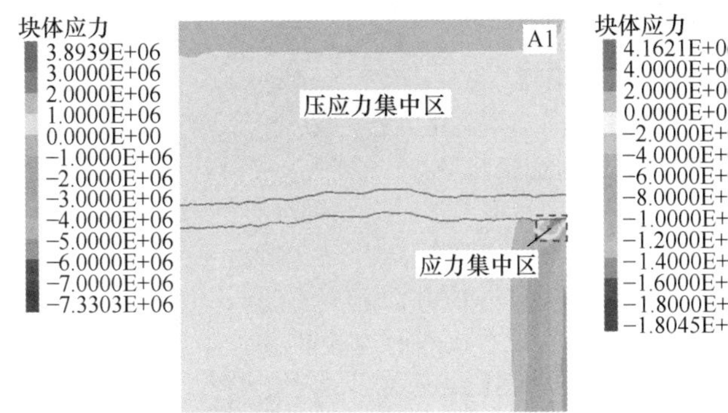

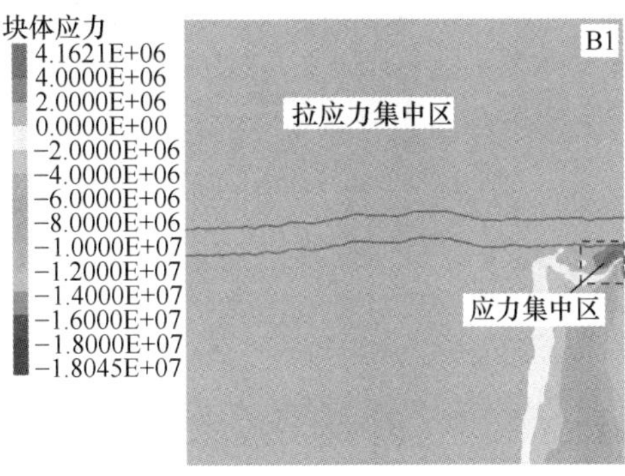

(a)

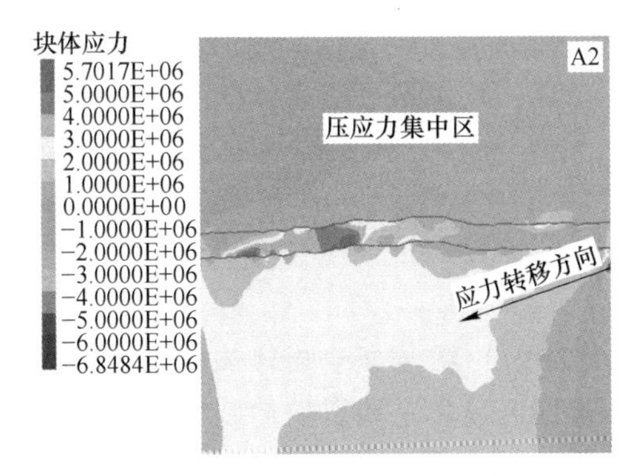

(b)

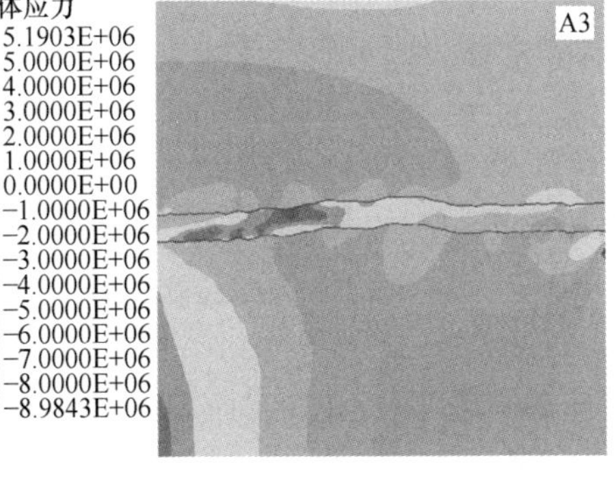

(c)

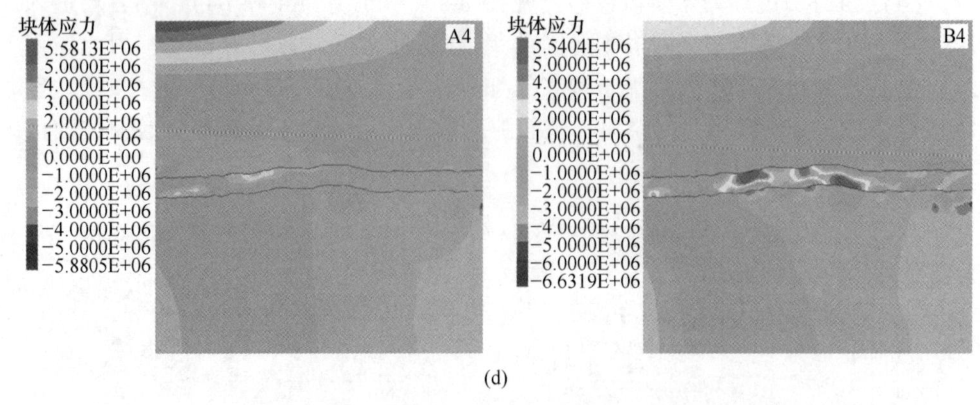

(d)

图 8-14 膨胀型浆体和普通型浆体加固的浆-岩复合岩体试样应力变化图（拉应力为正，压应力为负）

(a) 阶段Ⅰ；(b) 阶段Ⅱ；(c) 阶段Ⅲ；(d) 阶段Ⅳ

由此可见，对数值模拟试验中的应力场分析，发现膨胀型浆体产生的膨胀应力改变了浆-岩复合岩体试样内部应力分布，加速了剪切过程中应力状态的转变，使其由拉伸状态直接过渡至压缩状态；其次，膨胀应力与法向应力的耦合作用抑制了切向应力对浆-岩复合岩体试样的拉伸破坏，减少了下盘岩体的拉伸破坏区域的形成，从而揭示了普通型浆体加固的浆-岩复合岩体试样表面剥落的直接原因。

8.3.2 剪切破坏过程分析

图 8-15 所示为膨胀型浆体和普通型浆体加固的浆-岩复合岩体试样塑性区变化图。由图可知，两种浆-岩复合岩体试样塑性区破坏主要以拉伸破坏为主，两者浆体内部破坏位置大致相同，均处于裂隙面倾斜向上的地方，呈“阶梯式”拉伸断裂，与室内直剪试验所得的浆-岩复合岩体试样破坏形式（见图 8-10）基本吻合。

通过不同浆-岩复合岩体试样表面塑性区发育对比可见，在剪切试验后期，切向应力占据主导地位，导致普通型浆体加固的浆-岩复合岩体试样下盘岩体局部地区发生拉伸破坏，而膨胀型浆体加固的浆-岩复合岩体试样没有，表明膨胀应力对裂隙周边岩体产生挤压，改变了浆体周边裂隙岩体的应力分布，增大了浆-岩接触面的摩擦力，一定程度上缓解切向应力对复合体的拉伸破坏的影响，有效提升裂隙注浆加固效果。

图 8-16 所示为膨胀型浆体和普通型浆体加固的浆-岩复合岩体试样中浆体上下表面各阶段塑性区域对比。由图可知，膨胀型浆体加固的浆-岩复合岩体试样

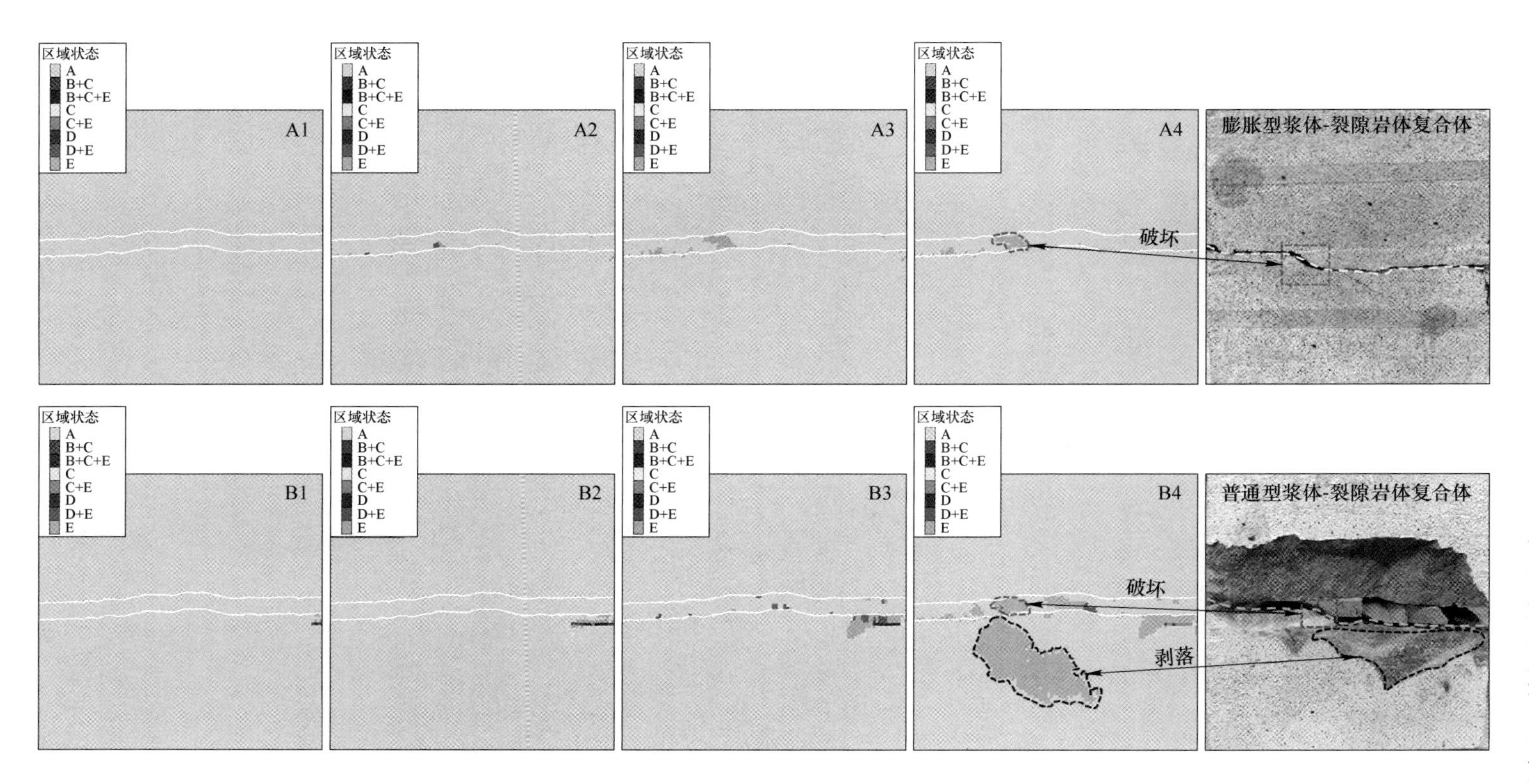

图 8-15 膨胀型浆体和普通型浆体加固的浆-岩复合岩体试样表面塑性区发育

A—无；B—正在发生的剪切破坏；C—已经发生的剪切破坏；D—正在发生的拉伸破坏；E—已经发生的拉伸破坏

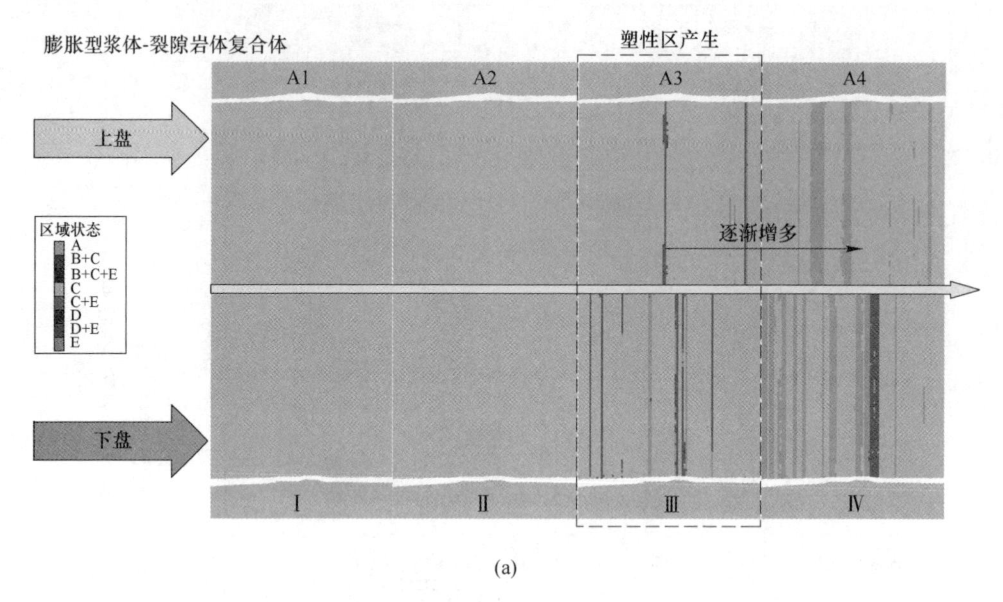

(a)

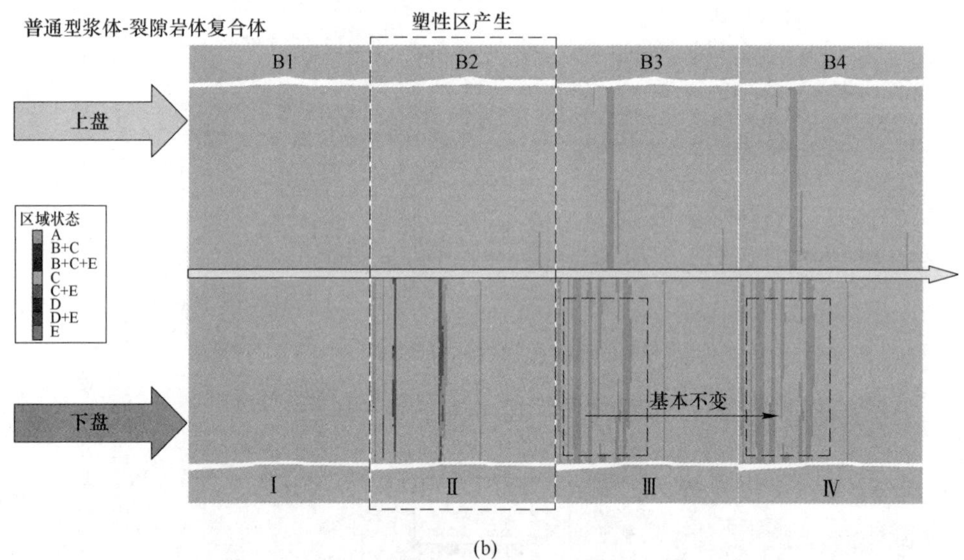

(b)

图 8-16 膨胀型浆体和普通型浆体加固的浆-岩复合岩体试样接触面塑性区变化

(a) 膨胀型浆体；(b) 普通型浆体

A—无；B—正在发生的剪切破坏；C—已经发生的剪切破坏；

D—正在发生的拉伸破坏；E—已经发生的拉伸破坏

在阶段Ⅱ开始产生，阶段Ⅲ显著增加并逐渐趋于稳定；而普通型浆体加固的浆-岩复合岩体试样在阶段Ⅲ开始出现，阶段Ⅳ塑性区域逐步增加，直至试验结束。由此可见，膨胀型浆体加固的浆-岩复合岩体试样与普通型浆体加固时发生破坏阶段不同，但通过数值模拟时步运算可知，两者的破坏时间基本一致，说明由于膨胀应力的作用，延长了膨胀型浆体加固的浆-岩复合岩体试样线弹性阶段，其线弹性表现更加明显。

8.4　膨胀型浆体注浆加固的浆-岩复合岩体剪切强度强化机制

8.4.1　浆-岩复合岩体剪切强度参数分析

岩石的黏聚力和内摩擦角被广泛用于定义岩石的抗剪强度[8-11]。根据不同法向应力的浆-岩复合岩体试样剪切试验，结合莫尔-库仑准则[12-14]，采用最小二乘法拟合曲线得到膨胀型浆体和普通型浆体加固的浆-岩复合岩体的黏聚力和内摩擦角，如图 8-17 所示。

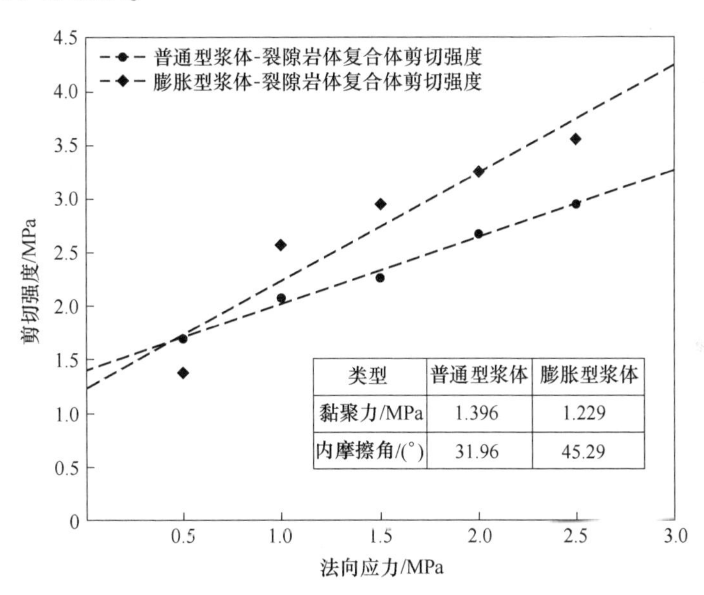

类型	普通型浆体	膨胀型浆体
黏聚力/MPa	1.396	1.229
内摩擦角/(°)	31.96	45.29

图 8-17　膨胀型浆体和普通型浆体的浆-岩复合岩体剪切强度-法向应力关系

由岩石力学理论可知，当岩体沿胶结面破坏时，岩体的强度等于胶结面处的强度。根据图 8-10 和表 8-3 可知，复合岩体主要沿浆-岩胶结面发生破坏，裂隙岩体、普通型浆体和膨胀型浆体自身剪切强度远远大于复合体的剪切强度。因此，无论是膨胀型浆体还是普通型浆体加固的浆-岩复合岩体，其剪切强度均由浆-岩胶结面控制，黏聚力和内摩擦角的大小等于胶结面处的黏聚力和内摩擦角。

根据莫尔-库仑准则，膨胀型浆体和普通型浆体加固的浆-岩复合岩体剪切强度可表示为

$$\tau = C + \sigma_{n} \tan\varphi \tag{8-1}$$

式中，C 为黏聚力；σ_n 为法向应力；τ 为剪切强度；φ 为内摩擦角。

内摩擦角反映了岩石内部各颗粒之间内摩擦力的大小，决定着不同法向应力条件下复合岩体剪切强度的变化速率[15-18]，在较高的法向应力环境下对复合体剪切强度影响大于黏聚力。由图 8-17 可知，膨胀型浆体加固的浆-岩复合岩体的内摩擦角较普通型浆体加固时提升了 41.71%，因此，膨胀型浆体加固的浆-岩复合岩体剪切强度更大。

虽然膨胀型浆体产生的膨胀应力以法向应力的形式补偿于复合岩体上，使复合岩体剪切强度提高。但根据莫尔-库仑准则，按照膨胀型浆体加固的浆-岩复合岩体黏聚力和内摩擦角计算可得，试验中补偿的 0.125MPa 法向应力使复合体剪切强度增加不超过 0.13MPa，远远低于两种复合体剪切强度差 0.69MPa。由此证实，膨胀型浆体产生的膨胀应力主要作用于浆-岩胶结面处，通过增加其内摩擦角，提升复合体的剪切强度，是导致膨胀型浆体注浆加固效果优于普通型浆体的主要原因。

8.4.2 膨胀型浆体注浆加固机制

图 8-18 所示为膨胀型浆体和普通型浆体加固下的浆-岩复合岩体各部分受力状态。采用膨胀型浆体对裂隙岩体进行注浆加固后，浆体在其水化过程中体积膨胀对裂隙周边岩体形成一定的挤压作用。当其发育周期结束后（7d）后，浆体黏聚力、膨胀应力和周边围岩约束应力的共同作用，使其浆-岩复合岩体接触位置的应力重新分布[16]。忽略裂隙面起伏程度的影响，对不同注浆材料加固的复合岩体剪切过程中受力状态进行分析。

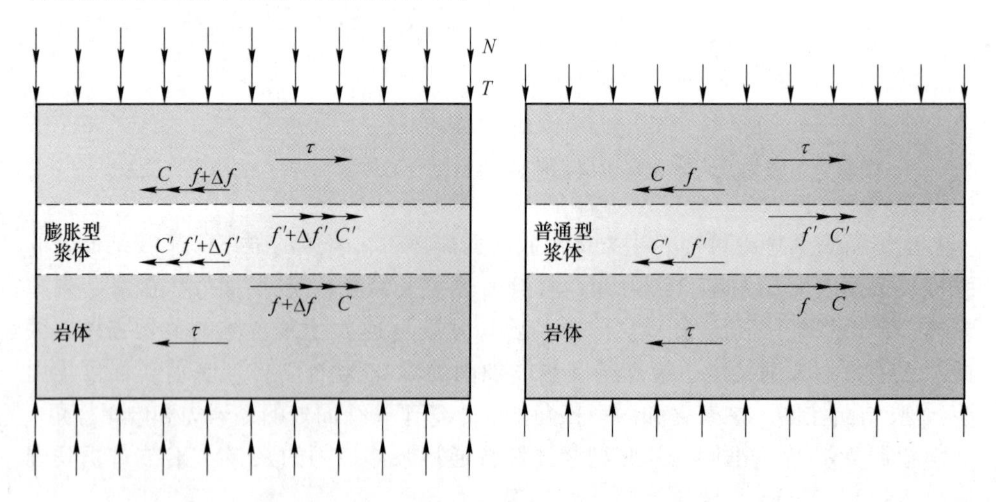

图 8-18 膨胀型浆体和普通型浆体加固的浆-岩复合岩体受力分析图

τ—剪切应力；T—法向应力；N—膨胀应力反作用力；C—黏聚力；

f—摩擦力；Δf—膨胀应力作用的额外摩擦力

由图 8-18 可知，与普通型浆体加固的浆-岩复合岩体胶结面相比，膨胀型浆体由于自身体积膨胀，在浆-岩接触面处对裂隙岩体产生挤压导致裂隙岩体对浆体形成大小相等的反作用力（N）。该反作用力增强了裂隙面处浆-岩咬合程度，提高了附近浆体、岩体的密实程度，增加了裂隙面抵抗复合体破坏的摩擦力（Δf），最终提高膨胀型浆体加固的浆-岩复合岩体的剪切强度，从而使其具有更好的注浆加固效果。

参考文献

[1] Barton N. Review of a new shear-strength criterion for rock joints [J]. Engineering Geology, 1973, 7 (4): 287-332.

[2] Barton N R, Choubey V. The shear strength of rock joints in theory and practice [J]. Rock Mechanics, 1977, 10 (1): 1-54.

[3] Yao N, Chen J, Hu N, et al. Experimental study on expansion mechanism and characteristics of expansive grout [J]. Construction and Building Materials, 2021, 268: 121574.

[4] Yao N, Deng X, Wang Q, et al. Experimental investigation of expansion behavior and uniaxial compression mechanical properties of expansive grout under different constraint conditions [J]. Bulletin of Engineering Geology and the Environment, 2021, 80 (7): 5609-5621.

[5] Yao N, Zhang W, Luo B, et al. Exploring on grouting reinforcement mechanism of expansive slurry [J]. Rock Mechanics and Rock Engineering, 2023, 56: 4613-4627.

[6] Wang D, Ye Y, Yao N, et al. Experimental study on strength enhancement of expansive grout [J]. Materials, 2022, 15 (3): 885.

[7] Yao N, Deng X, Luo B, et al. Strength and failure mode of expansive slurry-inclined layered rock mass composite based on Mohr-Coulomb Criterion [J]. Rock Mechanics and Rock Engineering, 2023, 56: 3679-3692.

[8] Cabezas R, Vallejos J. Nonlinear criterion for strength mobilization in brittle failure of rock and its extension to the tunnel scale [J]. International Journal of Mining Science and Technology, 2022, 32 (4): 685-705.

[9] Shen J, Shu Z, Cai M, et al. A shear strength model for anisotropic blocky rock masses with persistent joints [J]. International Journal of Rock Mechanics and Mining Sciences, 2020, 134: 104430.

[10] Peng J, Cai M. A cohesion loss model for determining residual strength of intact rocks [J]. International Journal of Rock Mechanics and Mining Sciences, 2019, 119: 131-139.

[11] Barton N. Shear strength criteria for rock, rock joints, rockfill and rock masses: Problems and some solutions [J]. Journal of Rock Mechanics and Geotechnical Engineering, 2013, 5 (4): 249-261.

[12] Shen B, Shi J, Barton N. An approximate nonlinear modified Mohr-Coulomb shear strength criterion with critical state for intact rocks [J]. Journal of Rock Mechanics and Geotechnical Engineering, 2018, 10 (4): 645-652.

[13] Li T, Gong W, Yang X. Stability analysis of a non-circular tunnel face in soils characterized by modified Mohr-Coulomb yield criterion [J]. Tunnelling and Underground Space Technology, 2021, 109: 103785.

[14] Singh M, Raj A, Singh B. Modified Mohr-Coulomb criterion for non-linear triaxial and polyaxial strength of intact rocks [J]. International Journal of Rock Mechanics and Mining Sciences, 2011, 48 (4): 546-555.

[15] 张宇, 王晅, 张家生, 等. 颗粒形状对砂土力学特性的影响研究 [J]. 铁道科学与工程学报, 2022, 19 (11): 3256-3265.

[16] 焦峰, 许江, 郭保华, 等. 充填厚度对岩石节理剪切强度影响的剪切试验研究 [J]. 采矿与安全工程学报, 2022, 39 (2): 405-412.

[17] Khalifeh-Soltani A, Alavi S A, Ghassemi M R, et al. Geomechanical modelling of fault-propagation folds: Estimating the influence of the internal friction angle and friction coefficient [J]. Tectonophysics, 2021, 815: 228992.

[18] 苏畅, 李飒, 刘鑫, 等. 基于动力触探确定钙质粗粒料抗剪强度指标方法研究 [J]. 岩石力学与工程学报, 2022, 41 (3): 640-647.

9 浆-岩复合岩体剪切强度影响因素

膨胀型浆体不仅能提高浆-岩复合岩体的抗压强度，还能提高其抗剪强度。当膨胀型浆体注入岩石弱面后，其产生的膨胀应力可对岩体产生挤压，通过挤压和黏结双重作用提高弱面的强度，从而提高浆-岩复合岩体的整体强度。然而，在地下岩体工程中，被支护的裂隙岩体可能具有不同的特性，如不同的岩体埋藏深度、裂隙发育开度及其粗糙度等。埋藏深度决定了作用在结构面的法向应力大小不同；裂隙发育开度决定了注入膨胀型浆体在裂隙面法向的厚度，从而产生不同大小的膨胀应力；裂隙粗糙度决定了浆-岩接触面的咬合程度。以上因素均会影响膨胀型浆体提高浆-岩复合岩体剪切强度的实际效果。

为研究裂隙开度、法向应力以及裂隙面粗糙度等对注浆加固后复合岩体力学性质的影响，以膨胀型浆体为注浆加固材料，设计了不同浆体厚度（δ）、法向应力（σ_n）及粗糙度（JRC）条件下的浆-岩复合岩体室内直剪试验。借助声发射和数字图像相关法（DIC）等表征手段，分析其剪切强度变化规律以及复合体内部损伤演化趋势。揭示裂隙开度、初始法向应力，以及裂隙面粗糙度对浆-岩复合岩体剪切力学行为的影响规律，为膨胀型浆体注浆加固实际应用提供基础。

9.1 试验方案及过程

9.1.1 试验方案

为了研究在不同裂隙开度、埋藏深度及裂隙粗糙度条件下膨胀型浆体的注浆加固效果，开展了不同浆体厚度、初始法向应力和裂隙粗糙度下的浆-岩复合岩体试样剪切试验。分别设置浆体厚度（δ）、初始法向应力（σ_0）及裂隙粗糙度（JRC）3 个变量，每个变量设置 5 个梯度。在保持两个因素不变的前提下，通过剪切试验分析另一个因素变化条件下的力学性质演化。不同影响因素条件下的浆-岩复合岩体试样室内直剪试验方案如图 9-1 所示。

9.1.2 试样制备

膨胀型浆体加固的浆-岩复合岩体试样制备和养护方法与第 8 章一致，具体可参考 8.1.1 小节。但不同影响因素对裂隙岩体制样有不同的要求。在制备浆体

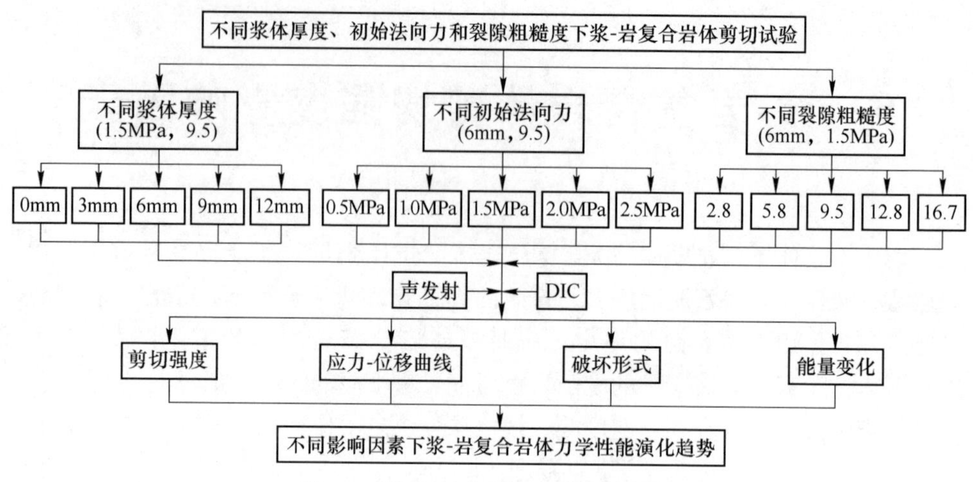

图 9-1 浆-岩复合岩体直剪试验方案

厚度为 0mm、3mm、6mm、9mm 和 12mm 试样时，需要根据试验要求对雕制好的试样底部进行切割打磨，从而保证试样满足试验要求。其次，为了能够更加鲜明地对比裂隙面不同粗糙度对浆-岩复合岩体力学特性的影响，参考表 8-1 中所提到的 Barton 标准节理剖面线[6]，从中选择粗糙度为 2. 8、5. 8、9. 5、12. 8 及 16. 7 的裂隙，并对其进行相应的处理，从而用于不同裂隙岩体试样制备。

此外，膨胀型浆体自身具有膨胀性，在浆体发育过程中，浆体的体积膨胀产生了膨胀应力，在垂直于裂隙面上对裂隙岩体形成挤压[1-5]。当裂隙开度不同时，由于膨胀型浆体的厚度不一，产生的膨胀应力也存在区别。因此，首先需要测得不同条件下膨胀型浆体产生的膨胀应力数值，具体见表 9-1。

表 9-1 膨胀应力补偿数值

参　数	浆体厚度 δ/mm	膨胀应力 σ_e/MPa
数　值	0、3、6、9、12	0、0. 063、0. 125 0. 168、0. 196

注：不同初始法向应力和裂隙粗糙度条件下的膨胀应力均为 0. 125MPa。

9. 1. 3 试验过程

图 9-2 所示为不同浆体厚度、初始法向应力以及裂隙粗糙度的浆-岩复合岩体试样剪切试验流程图。采用 YZW-30A 微机控制电子式岩石直剪仪进行浆-岩复合岩体试样直剪试验。并借助 DIC 和声发射等设备，测试浆-岩复合岩体试样在剪切过程中的表面位移以及内部弹性能的变化。

其中 YZW-30A 微机控制电子式岩石直剪仪与 DIC 设备的使用方法与第 8 章节保持一致。声发射设备的参数设置和使用方法如下[7-11]：首先采用 4 个 AE 宽带传感器（WD，PAC）分别交错布置在试样前后两侧，并使用透明胶带固定。其次，在试样和传感器之间涂有一层薄凡士林，以提供良好的声学耦合。最后，在监测过程中选择 40dB 的增益，设置 AE 触发阈值为 40dB。

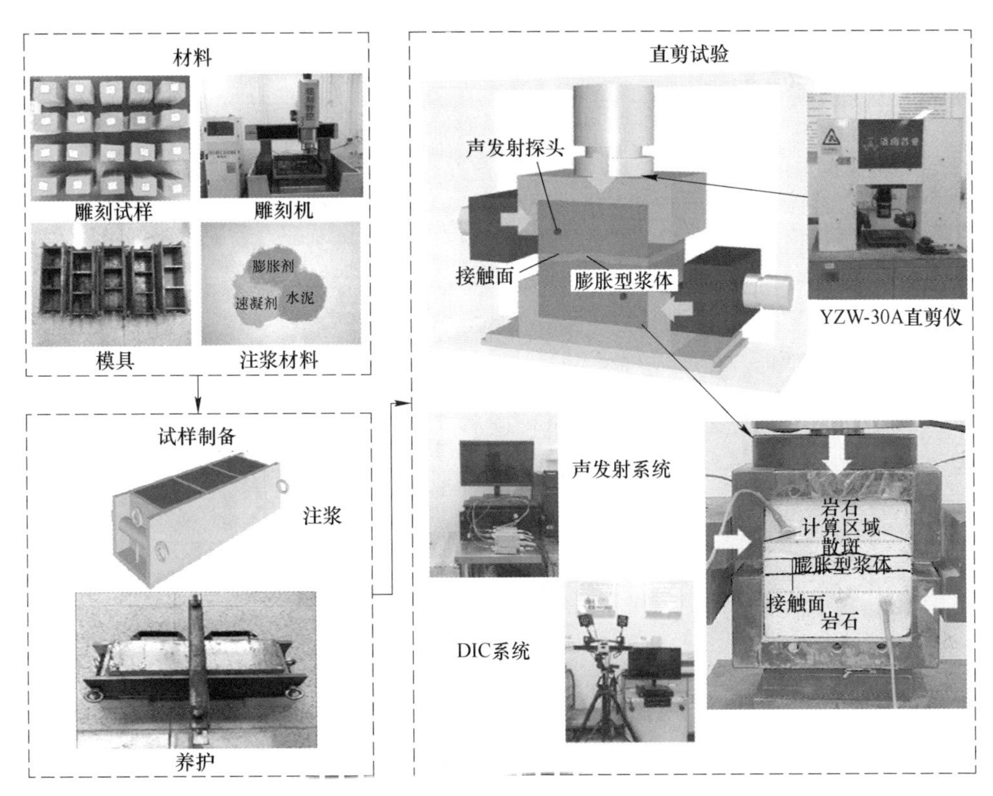

图 9-2　试验步骤图

由于膨胀应力以法向应力的形式补偿于浆-岩复合岩体，不同浆体厚度、初始法向应力和裂隙粗糙度的浆-岩复合岩体试样的膨胀应力大小不一，其法向应力参数设置根据试验要求进行相应调整，具体见表 9-2。

表 9-2　参数设置

影响因素	变量梯度	法向应力（$\sigma_n = \sigma_0 + \sigma_e$）/MPa
浆体厚度 δ	0、3、6、9、12（mm）	1.5、1.563、1.625、1.668、1.696
初始法向应力 σ_0	0.5、1.0、1.5、2.0、2.5（MPa）	0.625、1.125、1.625、2.125、2.625
裂隙粗糙度 JRC	2.8、5.8、9.5、12.8、16.7	1.625

9.2　不同条件下的复合岩体剪切试验结果

9.2.1　剪切强度

图 9-3 所示为不同浆体厚度、初始法向应力及裂隙粗糙度条件下膨胀型浆体加固的浆-岩复合岩体试样剪切强度。由图可知，随着膨胀型浆体厚度、初始法向应力以及裂隙粗糙度的增加，浆-岩复合岩体试样的剪切强度出现不同幅度的增加，其具体分析如下。

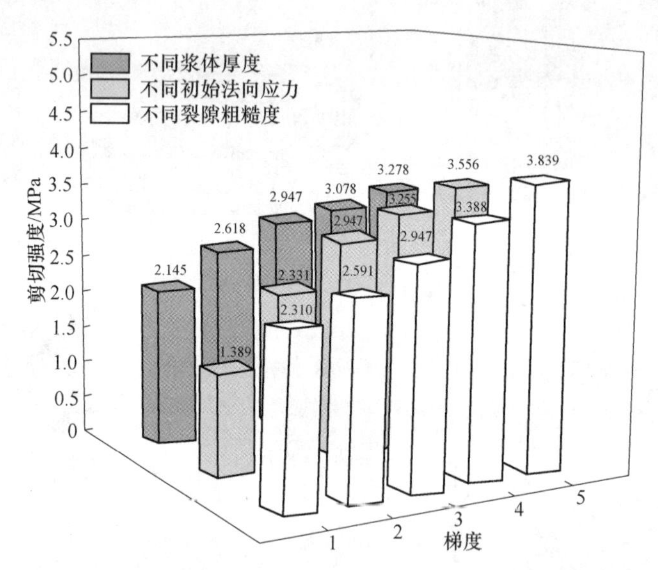

图 9-3　不同条件下的浆-岩复合岩体试样的抗剪强度

（1）浆体厚度为 3mm、6mm、9mm 和 12mm 的浆-岩复合岩体试样剪切强度较未注浆裂隙岩体试样分别增长 22. 05%、37. 39%、43. 50%和 52. 82%。剪切强度增幅随浆体厚度增加而逐渐变小，增幅从 22. 05%降至 6. 5%，呈“类对数型”增长。由表 9-1 可知，膨胀应力以补偿法向应力的形式作用于复合体，其增长趋势与不同浆体厚度的浆-岩复合岩体试样的剪切强度增长趋势相同，表明复合岩体的剪切强度与膨胀型浆体产生的膨胀应力密切相关。膨胀应力以补偿法向应力形式作用于复合岩体，提升了浆-岩接触面处浆体、岩体的挤压效果，使复合岩体沿断裂面摩擦力提升，抵抗剪切破坏的能力提高。故随着浆体厚度的增加，复合岩体试样剪切强度受膨胀应力影响，也呈“类对数型”增长。此外，浆体厚度 0mm 试样由于没有浆体的黏结作用，裂隙接触面只受摩擦力的作用，导致剪切强度较小。

（2）初始法向应力为 1MPa、1. 5MPa、2MPa 和 2. 5MPa 的浆-岩复合岩体试样剪切强度较受最小法向应力（0.5MPa）的复合岩体试样分别增长 68.9%、113.55%、135.87%和 157.68%，表明初始法向应力增大加剧，使其内部的膨胀型浆体与裂隙岩体咬合程度提升，抵抗剪切滑移的摩擦力增大，从而导致整体强度提升。其剪切强度拟合的 $R^2=93.4\%>80\%$，表明浆-岩复合岩体剪切强度变化符合莫尔-库仑准则，即 $\tau=c+\sigma\tan\varphi$。故随着法向应力的增加，复合体剪切强度呈“类线性”增长。

（3）裂隙粗糙度 JRC=5.8、JRC=9.5、JRC=12.8 和 JRC=16.7 的浆-岩复合岩体试样剪切强度较裂隙面粗糙度最小（JRC=2.8）时分别增长 12.16%、27.58%、46.67%和 66.19%，其强度增幅从 12.16%升至 66.19%，呈“类指数型”增加。随着裂隙粗糙度的增加，浆-岩复合岩体试样接触面处的岩体边界起伏程度和起伏频率增大，导致其摩擦系数增加。同时，浆-岩复合岩体试样内部膨胀型浆体沿裂隙面对裂隙岩体挤压作用面积也随之增大，浆-岩相互作用更强，因此，浆-岩复合岩体剪切强度增加速度明显，呈“类指数型”增长。

9.2.2　剪切应力-位移曲线

图 9-4 所示为膨胀型浆体加固的浆-岩复合岩体试样的应力-位移曲线。随着不同膨胀型浆体厚度、初始法向应力以及裂隙粗糙度的变化，试样应力-位移曲线特征产生明显的区别，其具体分析如下。

（1）在初始法向应力和裂隙粗糙度一定的前提下，随着膨胀型浆体厚度的逐渐增加，浆-岩复合岩体试样的剪切刚度逐渐增大，峰值位移逐渐减小（见图 9-4（a））。由于注入裂隙岩体后的膨胀型浆体四周处于约束状态，在浆-岩相互作用的过程中，膨胀应力的反作用力使浆体自身在有限的空间内挤压，导致其密实程度增加，进而引起复合岩体试样脆性增强。此外，根据岩石力学理论中对脆性的定义可知，当某一岩石在外力的作用下发生破坏时产生的轴向变形越小，则代表该岩石脆性越大。故膨胀型浆体的厚度增加对浆-岩复合岩体试样的脆性影响较大，且脆性随着浆体厚度的增大而增强。

（2）在膨胀型浆体厚度和裂隙粗糙度一定的前提下，随着法向应力的增加，浆-岩复合岩体试样残余强度随之增加（见图 9-4（b））。法向应力的轴向挤压作用使复合体上下盘沿断裂面咬合相对紧密。当剪切位移足够大复合岩体试样出现滑移时，抑制断裂面相对移动的摩擦力也随之增大，不同法向应力作用下的浆-岩复合岩体试样最终残余应力接近复合体的动摩擦强度，从而造成其残余强度有所提升[12]。

（3）在膨胀型浆体厚度和初始法向应力一定的前提下，随着粗糙度的增加，浆-岩复合岩体试样的峰值位移逐渐增大，剪切应力也在峰值跌落后应变软化现象更加明显（见图 9-4（c））。浆-岩接触面处的起伏程度或起伏频率的增加，使

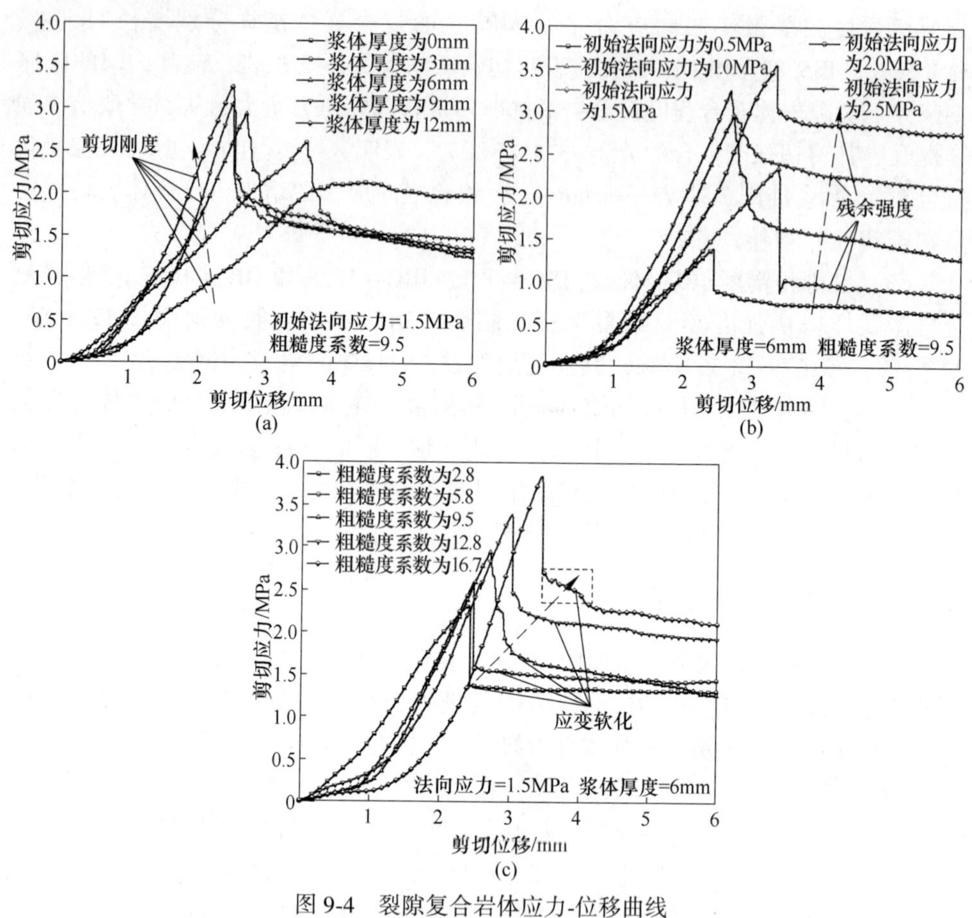

图 9-4 裂隙复合岩体应力-位移曲线

(a) 浆体厚度；(b) 初始法向应力；(c) 裂隙粗糙度

浆-岩接触面间的胶结强度与摩擦强度均提高，导致浆-岩复合岩体试样失稳破坏的时间相对延后，因此峰值位移逐渐增大。此外，裂隙粗糙度的增加导致膨胀型浆体挤压面积的增大，提升了复合岩体试样浆-岩相互作用能力。当复合岩体试样发生断裂上下盘产生相对移动时，断裂面会发生磨损、错动，导致复合岩体试样浆-岩相互作用和摩擦力降低，进而复合岩体试样所受剪应力也逐渐降低。因此，浆-岩复合岩体试样在剪切破坏后表现出较为明显的试样应变软化现象。

由此可见，不同浆体厚度、初始法向应力和裂隙面粗糙度影响下浆-岩复合岩体试样的剪切强度改变均由浆-岩接触面的摩擦力的变化造成的，但不同的影响因素造成复合岩体剪切力学形为变化的作用机理不同。

浆体厚度增加使得膨胀型浆体在有限的空间内产生更大的膨胀应力，因而其反作用力对浆体自身产生反向挤压导致其密实程度提高、强度和脆性增强；初始法向应力的增大则提升了膨胀型浆体和裂隙岩体的咬合程度，使复合岩体断裂后发生相对滑动时最终残余应力提升，导致残余强度梯度明显；裂隙粗糙度的增加则提升了膨胀应力沿浆-岩接触面的实际接触面积，增大了复合岩体的胶结强度，减缓了复合体的破碎速度，使复合岩体表现出明显的应变软化。

9.2.3　剪切破坏特征

9.2.3.1　剪切破坏机理

浆-岩复合岩体试样破坏形式如图 9-5 所示。由于红砂岩试样的剪切强度（6.15MPa）和纯膨胀型浆体试样的剪切强度（6.26MPa）都大于浆-岩复合岩体试样的剪切强度（≤3.83MPa），因此剪切试验中浆-岩复合岩体试样并没有出现沿浆体或岩体较大规模的破坏，且不同复合岩体试样的破坏形式大致相同。

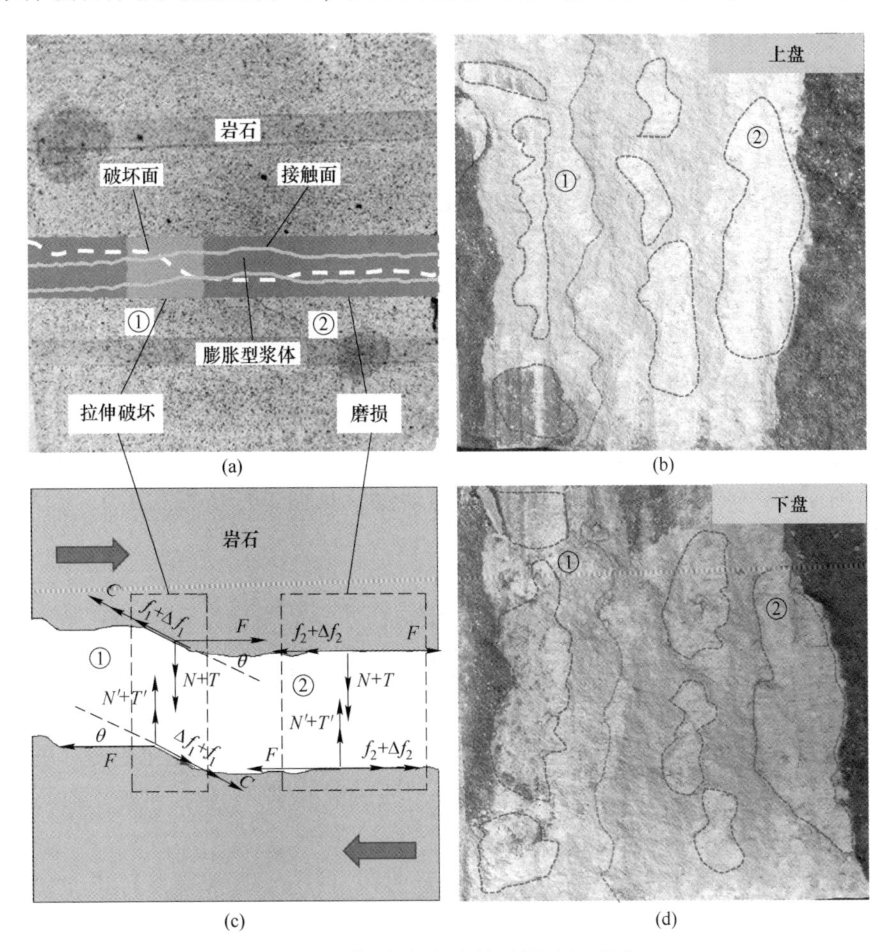

图 9-5　浆-岩复合岩体试样破坏形式

N，N'—初始法向应力及其反作用力；T，T'—膨胀应力及其反作用力；θ—剪切应力与断裂面之间的角度；f_1，f_2—断裂区和磨损区域的摩擦力；Δf_1，Δf_2—其断裂区和磨损区域中由膨胀应力引起的额外摩擦力；C—黏聚力；F—剪切应力试样的剪切破坏主要从浆体与裂隙岩体胶结面处开始，穿过浆体部分区域并延伸至浆体与裂隙岩体的另一侧裂隙胶结面，呈“阶梯式”分布。浆-岩复合岩体试样的“阶梯式”断裂分布和磨损区域形成的应力分析由式（9-1）~式（9-4）可以看出。

$$F\cos\theta + \mu_1(N + T)\sin\theta = f_1 + \Delta f_1 + C \tag{9-1}$$

$$\mu_2(N + T) = f_1 + \Delta f_1 \tag{9-2}$$

$$F\cos\theta + \mu_1(N' + T')\sin\theta = f_2 + \Delta f_2 + C \tag{9-3}$$

$$\mu_2(N' + T') = f_2 + \Delta f_2 \tag{9-4}$$

式中，N、N'分别为初始法向应力及其反作用力；T、T'分别为膨胀应力及其反作用力；θ 为剪切应力与断裂面之间的角度；f_1、f_2分别为断裂区和磨损区域的摩擦力；Δf_1、Δf_2分别为其断裂区和磨损区域中由膨胀应力引起的额外摩擦力；C 为黏聚力；F 为剪切应力；μ_1、μ_2分别为摩擦系数。

由图 9-5（a）和式（9-1）及式（9-2）可知，浆-岩复合岩体的外部约束、剪切应力和裂隙起伏程度的影响造成复合岩体局部应力集中，导致其上下盘产生相对移动的趋势。剪切过程中，膨胀型浆体凝固产生的膨胀应力和黏聚力都增加了断裂面的摩擦力，从而制约了浆-岩复合岩体的断裂。同时，复合岩体的破坏主要由外部剪切应力控制。随着剪切应力的不断增加，膨胀型浆体最终分离，从而最终形成整体的梯形分布。

从图 9-5（a）和（c）可以看出，当复合岩体沿浆-岩接触面断裂时，断裂的复合岩体上下盘表面会产生较多的微凸体。当上下盘进一步相对移动时，微凸体也会因此产生磨损。根据式（9-3）和式（9-4）可知，在初始法向应力和补偿膨胀应力的作用下，浆-岩接触面上的摩擦力增加，从而进一步提高了浆-岩复合岩体断裂表面的磨损程度。

9.2.3.2 剪切破坏过程分析

为了进一步分析浆-岩复合岩体的破坏特征，截取试样在不同剪切阶段时的切向位移云图（DIC），结合应力-位移曲线、剪胀曲线对其破坏形式进行分析，具体如图 9-6 所示。其中，所选试样为 $\sigma_0 = 1.5\text{MPa}$、$\delta = 6\text{mm}$ 和 JRC = 9.5 的浆-岩复合岩体试样。根据其剪切过程中不同状态以及声发射能量变化趋势，将其应力-位移曲线依次划分为压密阶段（Ⅰ）、线弹性阶段（Ⅱ）、应力跌落阶段（Ⅲ）及应变软化阶段（Ⅳ）。

由图 9-6 所示的 DIC 云图可见，在压密阶段（Ⅰ），膨胀型浆体由于体积膨胀，浆体内部孔隙增多。浆-岩复合岩体试样在受法向应力和剪切应力共同作用下，内部不规则移动的区域显著增加，导致其压密时间的延长。随着剪切应力的增加，浆-岩复合岩体试样进入线弹性阶段（Ⅱ），该阶段线弹性表现明显，上下盘出现相对运动的趋势。当其进入应力跌落阶段（Ⅲ）发生断裂时，断裂面两

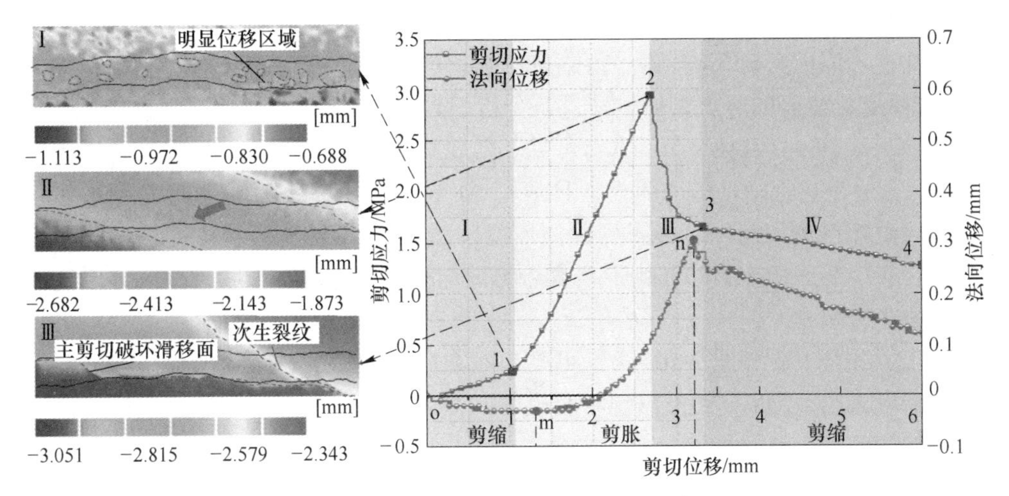

图 9-6 浆-岩复合岩体试样破坏形式

侧最大位移差达到 0. 236mm。根据浆-岩复合岩体试样直剪试验破坏和裂纹扩展特征，将其断裂裂纹分为主剪切滑移破裂面和次生裂纹，其中主破裂面呈“阶梯状”分布，阶梯左侧岩体相较于右侧岩体往左移动，表明浆-岩复合岩体试样的破坏形式以拉伸破坏为主。

由图 9-6 剪胀曲线可见，浆-岩复合岩体试样的剪胀曲线先降后升再降（轴向向上为正)，表明其在剪切过程中先后经历剪缩、剪胀再剪缩阶段。其中，om 段为复合岩体试样初期剪缩阶段，由于膨胀型浆体体积膨胀产生较多孔隙，在法向应力的压密过程中造成复合体体积轴向微缩，从而形成剪切阶段初期的剪缩现象。mn 段为剪胀阶段，该阶段的形成前期是由较大的剪切应力挤压浆-岩复合岩体试样使其沿轴向变形导致的；而后期随着剪切应力的继续增大，浆-岩复合岩体试样发生断裂，导致在下盘岩体继续受力运动时存在沿断裂面微凸体爬坡现象，进一步影响剪胀的形成。n-最后为再剪缩阶段，该过程在法向应力的作用下使复合岩体试样沿断裂面破坏区域持续磨损。

由此可见，浆-岩复合岩体试样受剪应力作用发生明显的“阶梯式”破坏，并在破坏过程中存在明显的剪胀现象。结合 DIC 轴向位移云图主剪切滑移破裂面两侧的位移差，同样揭示了浆-岩复合岩体试样的破坏形式是以沿浆体拉伸断裂和浆-岩接触面磨损为主的阶梯式破坏过程。因此，浆-岩复合岩体主要沿浆体和浆-岩接触面发生破坏，也是其剪切强度小于红砂岩和浆体剪切强度的原因。

9.2.4 声发射特征

图 9-7~图 9-9 所示分别为不同浆体厚度、初始法向应力和裂隙粗糙度条件下浆-岩复合岩体试样的 AE 能量和累计能量演化特征。试样的累积 AE 能量曲线变

化趋势大致相同，呈平静-缓慢上升-快速上升-平静的 S 型趋势上升。为了更加明显地对比不同因素对浆-岩复合岩体剪切强度的影响，分别选取不同变量条件下 AE 能量变化显著的复合岩体试样进行分析，具体分析如下。

（1）由图 9-7 和图 9-10（a）可见，随着浆体厚度的增加，浆-岩复合岩体试样的 AE 能量在阶段Ⅲ增加明显，且累积 AE 能量增幅提高，表明膨胀型浆体在该阶段破坏严重。此外，膨胀型浆体厚度的增加使浆-岩复合岩体脆性增强，导致其在较小的剪切应力的作用下复合岩体试样不易发生裂纹扩展，故浆体厚度对其阶段Ⅰ影响较大。

（2）由图 9-8 和图 9-10（b）可见，随着浆-岩复合岩体试样所受初始法向应力逐步增大，大量 AE 能量出现时间提前，并持续贯穿整个试验过程。初始法向应力的增大造成在剪切试验初期复合岩体试样内部已经发生剧烈能量交换，且表

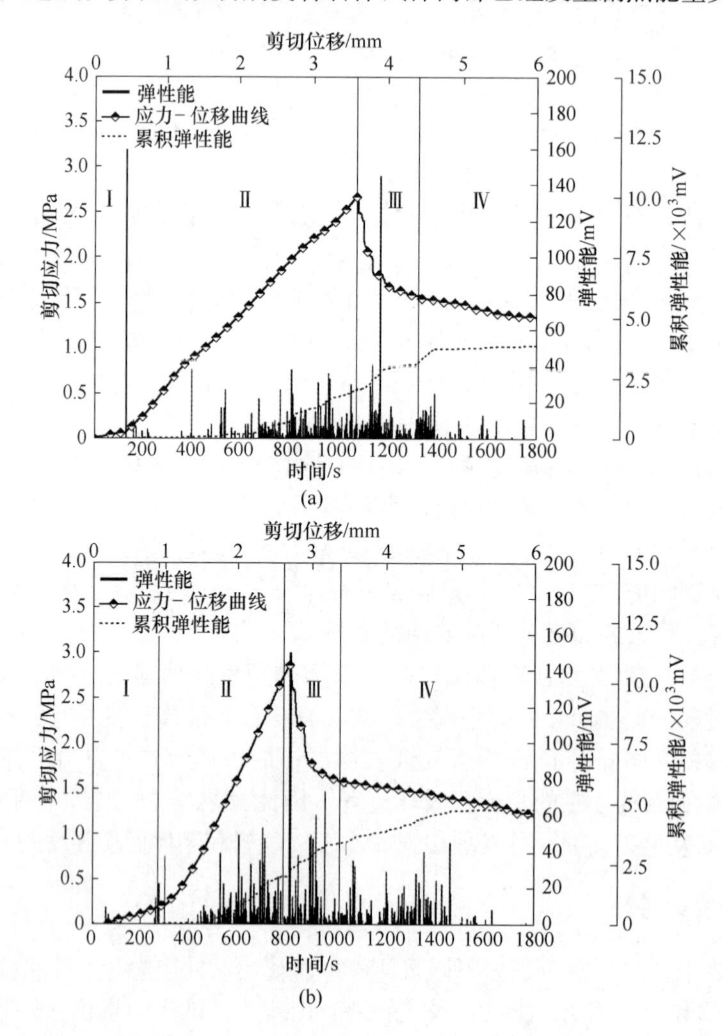

(a)

(b)

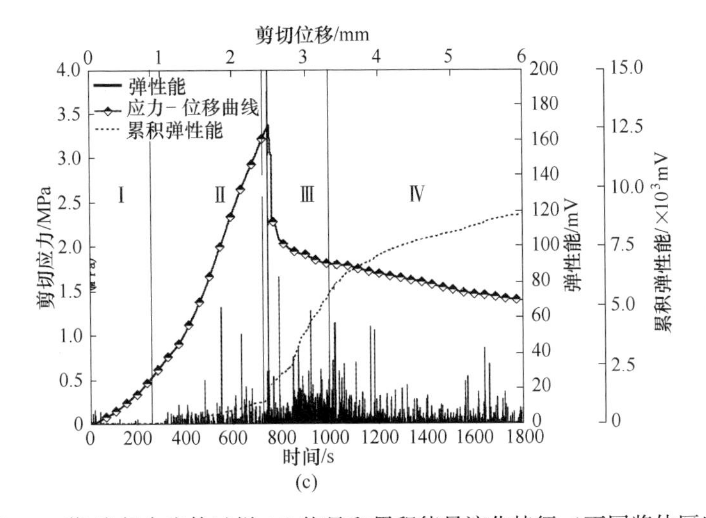

(c)

图 9-7　浆-岩复合岩体试样 AE 能量和累积能量演化特征（不同浆体厚度）

(a) $\delta=3$mm (1.5MPa JRC=9.5); (b) $\delta=6$mm (1.5MPa JRC=9.5); (c) $\delta=12$mm (1.5MPa JRC=9.5)

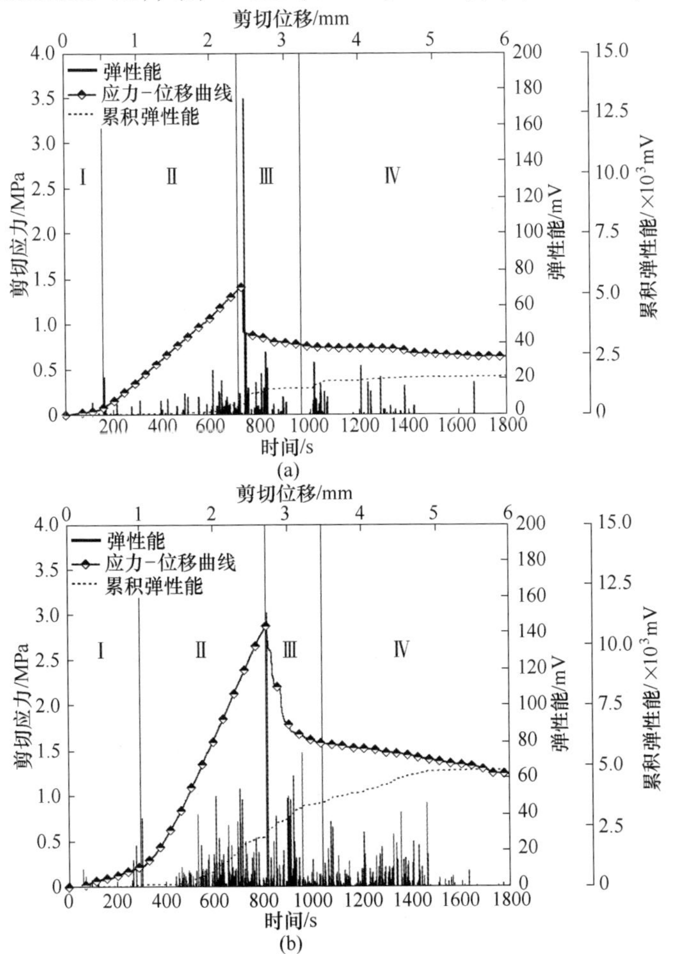

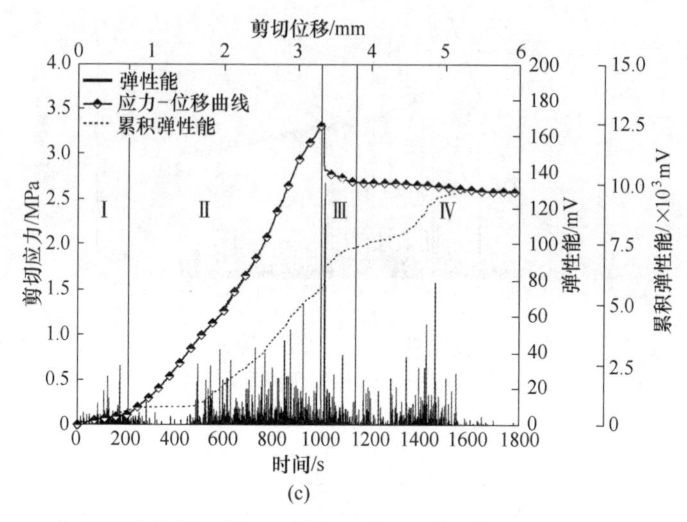

(c)

图 9-8 浆-岩复合岩体试样 AE 能量和累积能量演化特征（不同法向应力）

（a）σ_0=0.5MPa（6mm JRC=9.5）；

（b）σ_0=1.5MPa（6mm JRC=9.5）；

（c）σ_0=2.5MPa（6mm JRC=9.5）

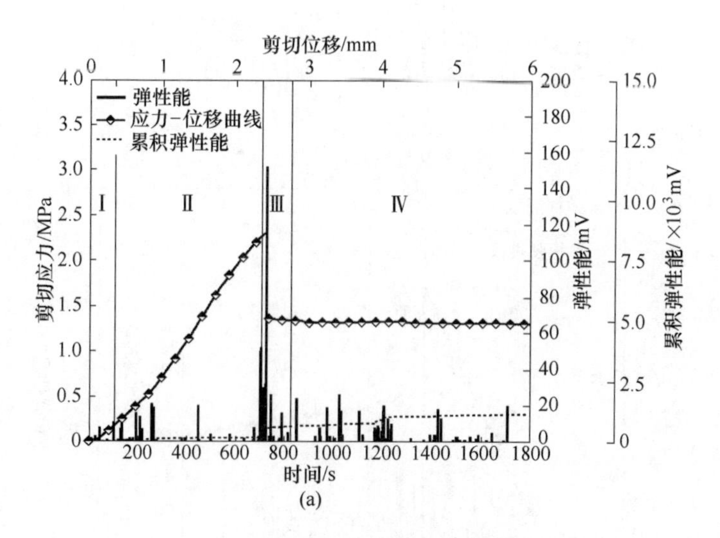

(a)

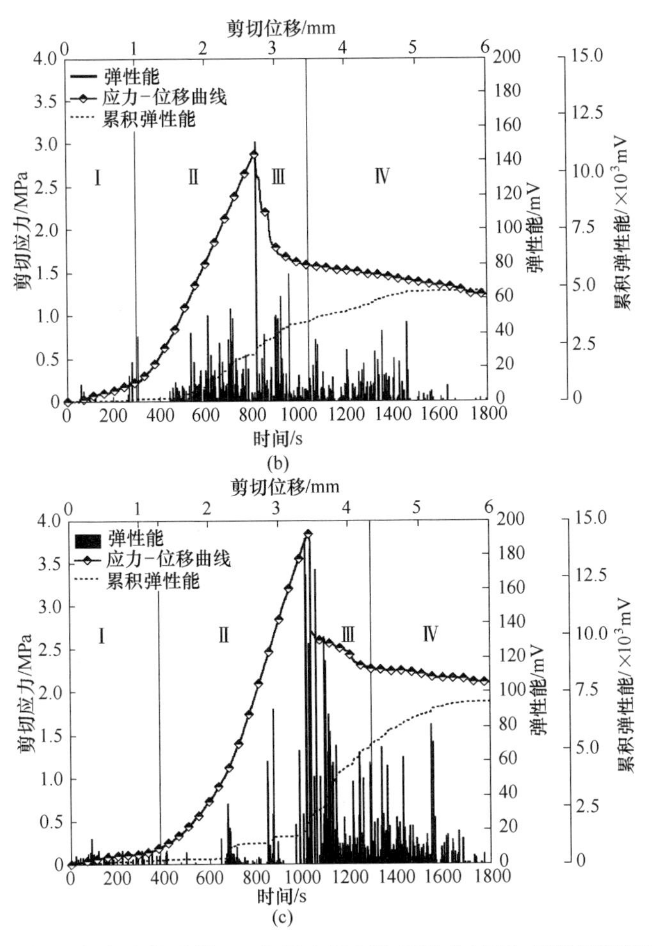

图 9-9 浆-岩复合岩体试样 AE 能量和累积能量演化特征（不同裂隙粗糙度）

(a) JRC=2.8（6mm 1.5MPa）；(b) JRC=9.5（6mm 1.5MPa）；(c) JRC=16.7（6mm 1.5MPa）

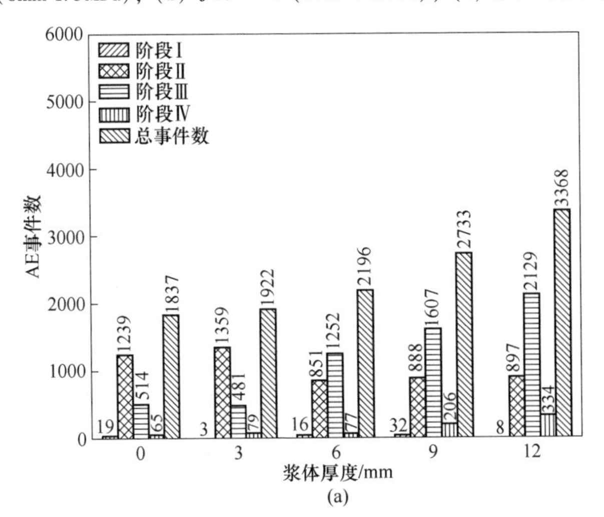

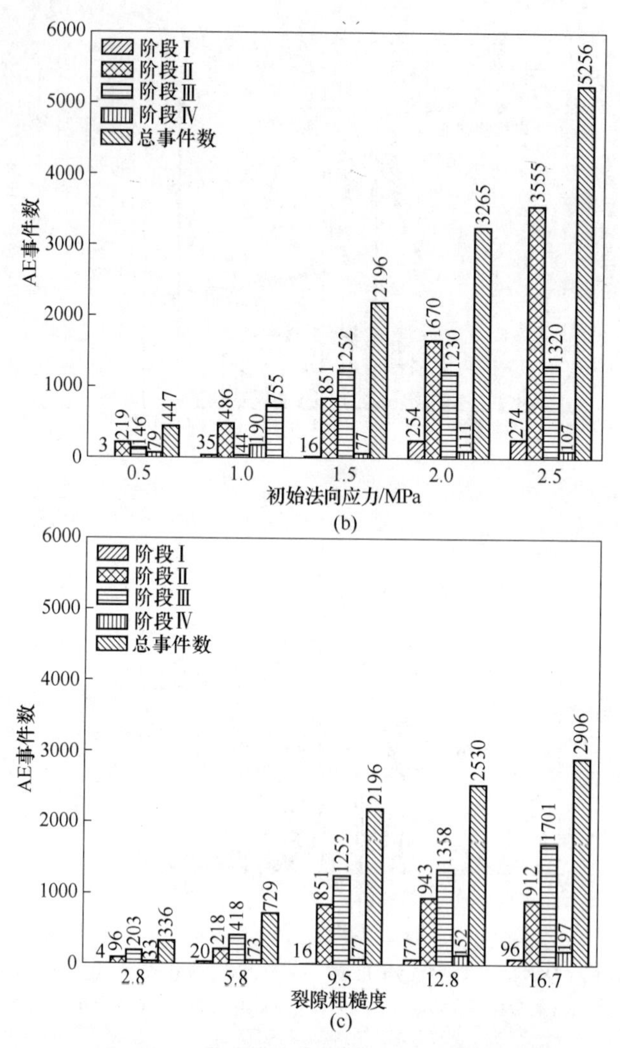

图 9-10 浆-岩复合岩体试样 AE 事件数

(a) 浆体厚度；(b) 初始法向应力；(c) 裂隙粗糙度

现出明显的裂纹扩展趋势。伴随剪切应力的增加，裂纹发育持续时间延长，导致浆-岩复合岩体试样破坏时间相对分散。

(3) 由图 9-9 和图 9-10 (c) 可见，随着浆-岩复合岩体试样浆-岩接触面粗糙度的增加，大量 AE 能量出现时间相对滞后，表现为裂隙粗糙度较大时，峰后阶段（阶段Ⅲ、Ⅳ）的能量明显增加。剪切破坏后期试样浆-岩接触面附近仍保持相对较强的抵抗变形能力，内部裂纹出现明显的继续扩展趋势，裂隙粗糙度的增加导致浆-岩复合岩体试样破坏后应变软化现象更加明显。

由此可见，浆-岩复合岩体试样直剪试验过程中声发射特征规律明显。由于浆体厚度的增加，其脆性增强，抑制了剪切初期的 AE 能量的释放和裂纹拓展；由于初始法向应力的增大，加剧了浆-岩复合岩体能量的转换速度，其裂纹拓展提前且破坏时间相对分散；由于裂隙粗糙度的增加，浆-岩复合岩体抵抗变形的能力增强，其破坏后期 AE 能量增加，应变软化现象更加明显。

9.3　浆-岩复合岩体剪切强度影响规律

在不同影响因素作用下，浆-岩复合岩体剪切强度发生改变，导致其力学形为也产生较大差异。图 9-11 所示为不同浆体厚度、初始法向应力和裂隙粗糙度的浆-岩复合岩体剪切力学形为影响机理。

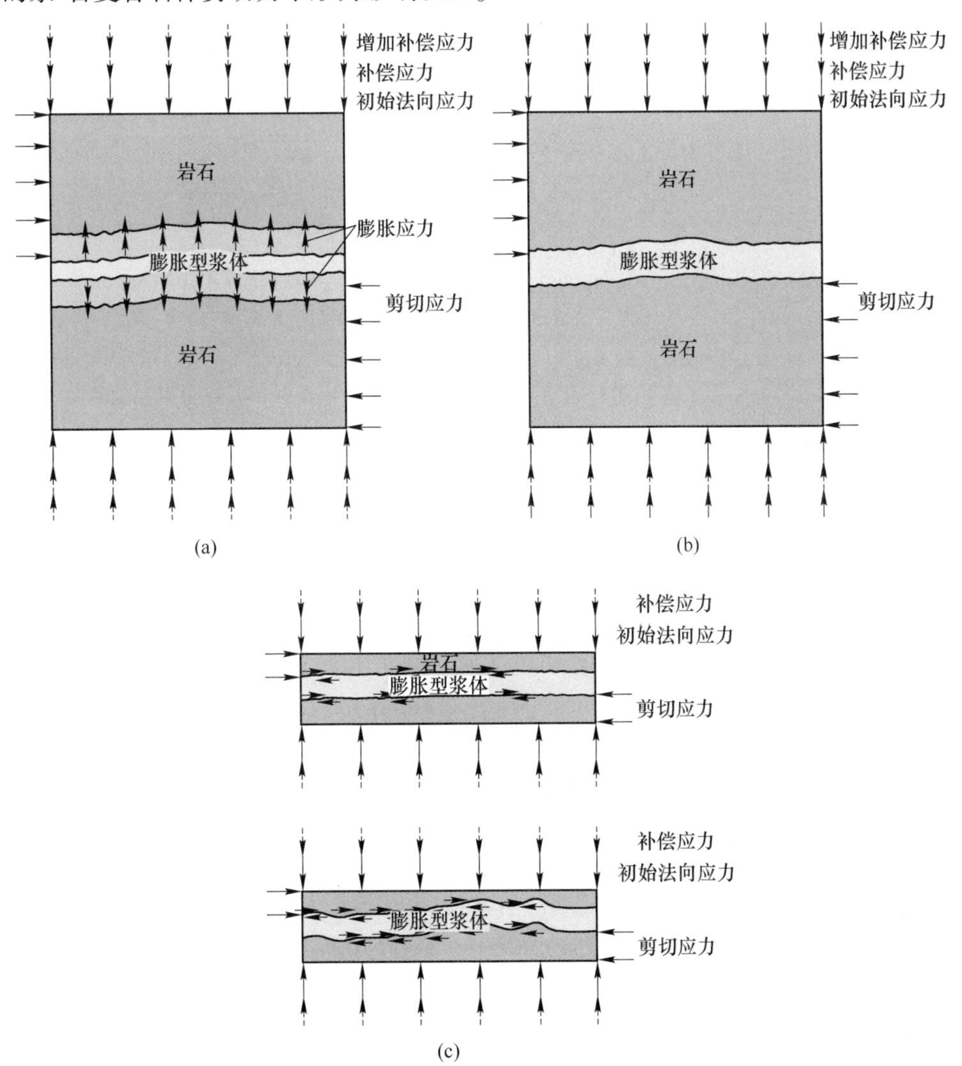

图 9-11　不同因素作用下浆-岩复合岩体强度影响机理

（a）浆体厚度增加；（b）初始法向应力增加；（c）裂隙粗糙度增加

（1）如图 9-11（a）所示，随着膨胀型浆体厚度的增加，产生的膨胀应力也随之增大。在裂隙岩体的约束空间内，利用增大的膨胀应力可以进一步挤压裂隙两侧岩体，提升接触面处的密实程度和摩擦强度，从而增强浆-岩复合岩体抵抗变形的能力，使其剪切强度增加。

（2）如图 9-11（b）所示，随着初始法向应力的增大，导致浆-岩接触面间有效接触应力增大。从而改变了浆-岩接触面相互作用的摩擦力，使膨胀型浆体和裂隙岩体之间的相对滑动能力减弱。因此，随着初始法向应力的增大，浆-岩复合岩体的剪切强度增加且发生破坏后残余强度衰减减弱。

（3）如图 9-11（c）所示，随着裂隙面粗糙度的增加，裂隙的起伏程度和起伏频率增大，浆-岩接触面间的胶结强度与摩擦强度均提高，导致复合体抵抗变形能力增强，剪切强度提升。当浆-岩复合岩体发生破坏后产生相对移动时，仍受其影响表现出一定的应变软化趋势。

参 考 文 献

[1] Yao N, Chen J, Hu N, et al. Experimental study on expansion mechanism and characteristics of expansive grout [J]. Construction and Building Materials, 2021, 268: 121574.

[2] Yao N, Deng X, Wang Q, et al. Experimental investigation of expansion behavior and uniaxial compression mechanical properties of expansive grout under different constraint conditions [J]. Bulletin of Engineering Geology and the Environment, 2021, 80 (7): 5609-5621.

[3] 李鹏程，叶义成，姚囝，等．膨胀型浆体膨胀性能及力学破坏特征试验研究 [J]. 矿冶工程，2020，40（6）：8-12.

[4] 叶义成，陈常钊，姚囝，等．膨胀型浆体的膨胀材料若干问题研究进展 [J]. 金属矿山，2021，50（1）：71-93.

[5] 叶义成，刘一鸣，姚囝，等．急倾斜层状岩体巷道顶板膨胀型浆体注浆支护效果研究 [J]. 金属矿山，2022（3）：57-64.

[6] Barton N. Review of a new shear-strength criterion for rock joints [J]. Engineering Geology, 1973, 7 (4): 287-332.

[7] 杨道学．基于深度学习的岩石微破裂演化声发射行为特征 [J]. 岩石力学与工程学报，2022，41（8）：1728.

[8] 赵云阁，黄麟淇，李夕兵．岩石损伤强度及峰值强度前后阶段的声发射识别 [J]. 岩土工程学报，2022，44（10）：1908-1916.

[9] 刘杰，王恩元，宋大钊，等．岩石强度对于组合试样力学行为及声发射特性的影响 [J]. 煤炭学报，2014，39（4）：685-691.

[10] 齐飞飞，张科，谢建斌．基于 DIC 技术的含不同节理密度类岩石试件破裂机制研究[J]. 岩土力学，2021，42（6）：1669-1680.

[11] Qin X, Su H, Feng Y, et al. Fracture and deformation behaviors of saturated and dried single-

edge notched beam sandstones under three-point bending based on DIC [J]. Theoretical and Applied Fracture Mechanics, 2022, 117: 103204.

[12] Xu C, Wang X, Lu X, et al. Experimental study of residual strength and the index of shear strength characteristics of clay soil [J]. Engineering Geology, 2018, 233: 183-190.

10 膨胀型浆体注浆加固裂隙试样双轴压缩力学特性

通过对裂隙岩体进行注浆，可提高裂隙面的黏结力和摩擦力，使裂隙岩体黏结成整体，从而提高裂隙岩体强度以维护其稳定[1-4]。

为研究膨胀型浆体注浆至裂隙后复合岩体试样的力学特性，对非贯通裂隙试样进行注浆加固，通过双轴压缩试验研究膨胀型浆体对裂隙岩体注浆加固后的双轴压缩力学特性，结合声发射和DIC监测手段，分析普通型浆体和膨胀型浆体注浆时，被注浆裂隙岩体受载时的应力及位移变化特征。

10.1 试验方案及过程

10.1.1 试样制备

类岩石材料作为研究岩石力学问题常见的相似材料，有着相似性好，可重复度高等优点[5-7]。使用人工浇筑的裂隙试样模拟注浆环境，类岩石试样由325号普通硅酸盐水泥、0.2~0.9mm粒径河砂、速凝剂和水制备，普通型浆体和膨胀型浆体均由425号高强硅酸盐水泥、水、消泡剂和速凝剂制备，二者区别在于膨胀型浆体在普通型浆体基础上加入了膨胀剂。对应的配比和试样力学参数见表10-1。设置不注浆、普通型浆体注浆和膨胀型浆体注浆三组试验作为对比，为方便DIC和AE设备监测，在铁制模具中浇筑尺寸为60mm×60mm×120mm的长方体试样，贯穿的单裂隙位居试样几何中心，裂隙倾角设为75°，为避免不同注浆用量对试验结果造成影响，预置裂隙长度统一设置为40mm，宽度为3mm。

表10-1 类岩石材料和注浆材料配比和力学参数

材料	单轴抗压强度/MPa	抗拉强度/MPa	弹性模量/GPa	泊松比	水灰比	灰砂比	膨胀剂/%	速凝剂/%
完整试样	24.40	2.40	1.68	0.16	0.40	0.38	—	5
普通型浆体	28.20	2.60	2.68	0.12	0.60	—	—	5
膨胀型浆体	26.40	2.10	2.32	0.18	0.60	—	6	5

试样制备过程见图10-1（a），先向铁制模具中加入提前搅拌好的类岩石相似材料，震动使其充满整个空间，将3D打印的卡槽模具固定在铁制模具上方，再

插入涂抹润滑油的薄片以预置对应尺寸的裂隙。为使浇筑的试样更密实、均质，将其放在振动台上振动 60s，与此同时加入少量搅拌好的类岩石相似材料补充试样因振动造成的体积减小，等待片刻当试样稍作凝固时取下 3D 打印模具，保留薄片，并将试样表面抹平。待试样初凝后拔出薄片并将铁制磨具拆除，取出试样放置标准养护箱中养护 28d。考虑到实际注浆环境中围岩压力的存在，设置 0MPa、1MPa、3MPa、5MPa 四个不同围压环境的双轴加载试验，每组试验浇筑 3 个试样，共计浇筑 9×4＝36 个试样。

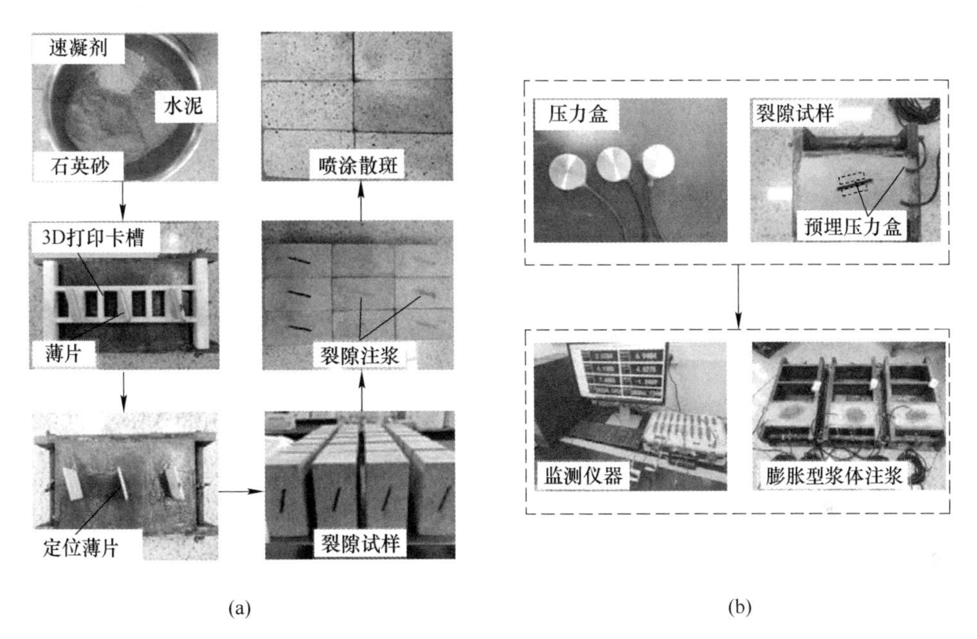

图 10-1　试样制备及膨胀应力测试
（a）试样制备；（b）膨胀应力测试

10.1.2　膨胀应力测试

由于设置不注浆、普通型浆体注浆和膨胀型浆体注浆三组相互对照试验，试验前需向试样的裂隙注入两种浆体。膨胀型浆体在凝固时产生体积膨胀，故需测试其膨胀应力以补偿，膨胀应力测试过程如图 10-1（b）所示。

按照上述试样浇筑方法另外浇筑 3 个试样，使用压力盒测试膨胀型浆体在裂隙中产生的膨胀应力。可认为膨胀型浆体产生的膨胀应力垂直作用于裂隙表面。在试样制备时，每个试样预埋的两个压力盒分别紧贴至试样中间的薄片两端，待试样初凝成型时取出 3D 打印模具和薄片以预置出裂隙，试样保留在铁制模具中养护 28d。将配制好的膨胀型浆体用注射器注入试样预留的裂隙，振荡以排出内留的气泡，并补充少量浆体使裂隙充填完整。采集记录应力盒数据变化，监测7d，测得的膨胀应力随时间变化如图10-2所示。

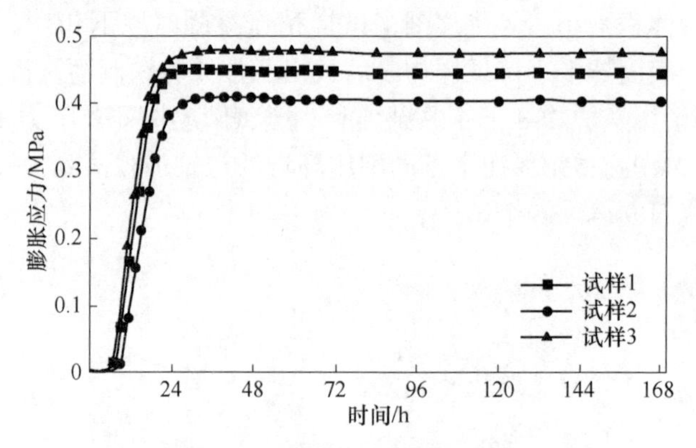

图10-2　膨胀应力随时间变化

由图10-2可见，类岩石试样注浆6h后开始产生膨胀应力，在6~24h内膨胀应力快速上升趋向于峰值，这与课题组前期大量研究膨胀型浆体在8~10h后开始产生膨胀应力具有一致规律，本次测得的平均膨胀应力为0.45MPa。

10.1.3　试验方法与过程

10.1.3.1　试样注浆及喷涂散斑

取出养护好的试样，分别对试样注入普通型浆体和膨胀型浆体，注入膨胀型浆体的试样需还原放至铁制模具以约束膨胀应力对试样的挤压作用，将两组试样在室温环境下养护7d。取出试样，分别对未注浆、普通型浆体和膨胀型浆体注浆的三组试样分别喷射散斑以便DIC数据采集，如图10-1（a）所示。

10.1.3.2　双轴压缩试验

双轴压缩试验采用YZW-30A微机控制岩石直剪仪，最大加载力为250kN。试验时，设置0MPa、1MPa、3MPa、5MPa四个不同梯度围压。先在竖直Y向对试样加载围压，对于膨胀型浆体注浆试样，为了更好地还原膨胀型浆体在地下有侧限岩体的裂隙注浆后真实受力状况，需按下文中式（10-2）的方法等效分析额外补偿膨胀应力以增加围压，经计算补偿0.15MPa围压。

施加围压前，在试样Y向两面涂抹凡士林减少摩擦阻力。采用位移控制模式控制水平轴向主加载，加载前对试样施加0.2kN预压以使试样处于压紧状态，使两端水平压头分别与试样完全接触。然后启动主加载，加载速率设置为0.12mm/min。AE监测系统和3D DIC测试系统随主加载控制同时启动，以监测试验过程中试样内部的声发射特征和表面变形，测试系统如图10-3所示。

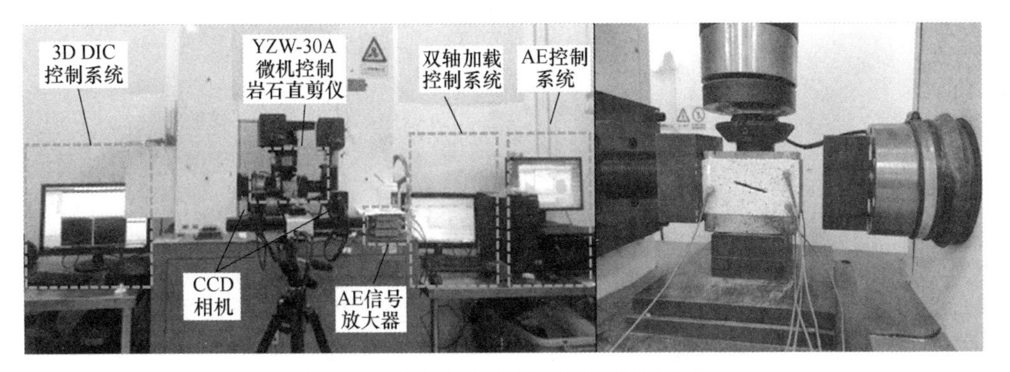

图 10-3　双轴压缩测试过程及监测示意

10.2　双轴压缩力学特性

10.2.1　试样受力分析

预置裂隙试样模型如图 10-4 所示，采用断裂力学方法[7]，对膨胀型浆体注浆加固作用机理进行分析如下。

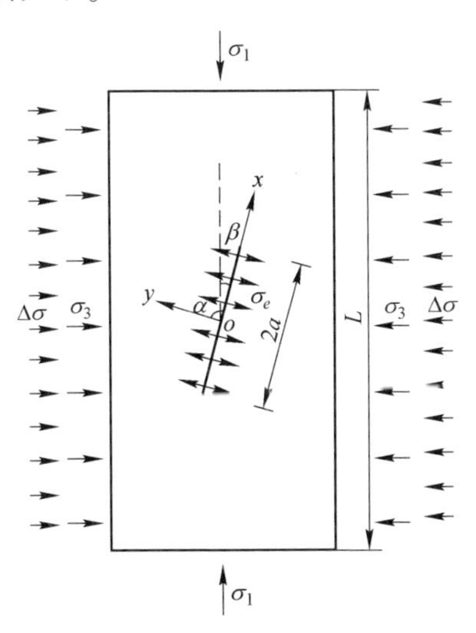

图 10-4　受双轴压力的 Griffith 裂纹力学分析

假设膨胀型浆体的膨胀应力 P 均匀垂直作用于裂隙壁面，膨胀应力在 σ_3 方向的分量 σ_H 为：

$$\sigma_H = \sigma_e \cdot \cos\beta \tag{10-1}$$

由于单裂隙未完全贯穿整个试样，将膨胀应力分量 σ_H 简化等效以求得膨胀型浆体因体积膨胀而衍生的应力 $\Delta\sigma$。

$$\Delta\sigma = \frac{2a \cdot \cos\beta}{L} \cdot \sigma_H \tag{10-2}$$

考察无限大线弹性平板内的一条尺度为 $2a$ 的 Griffith 裂纹，边缘受到均布双轴压力 σ_1 和 σ_3，裂纹方向和 σ_1 作用方向的夹角为 β（称为裂纹角），建立直角坐标系 xoy，x 轴与裂纹方向平行，y 轴与裂纹中垂线重合（见图 10-4）。由应力分量的坐标变换，远场的应力状态为：

$$\sigma_{yy} = \sigma_1 \sin^2\beta + (\sigma_3 + \Delta\sigma)\sin^2\beta \tag{10-3}$$

$$\tau_{xy} = [\sigma_1 - (\sigma_3 + \Delta\sigma)]\sin\beta\cos\beta \tag{10-4}$$

于是裂纹面受到的远场剪应力为 $\tau^\infty = \tau_{xy}$，正应力为 $\sigma_N = \sigma_{yy}$，由于浆体充填裂隙，可认为该裂纹属于Ⅱ型裂纹，$K_1 = 0$。又考虑到裂纹面上作用有摩擦力 τ^f 和黏结力 c，所以裂纹表面受到等效剪应力为：

$$\tau_e = \tau^\infty - \tau^f - c \tag{10-5}$$

进一步地分析应考虑到事实上闭合裂纹面上的摩擦并不是均匀分布的。为数学上简便起见，引入等效摩擦力 τ^f，它是 $\tau^f(x)$ 在整个裂纹面上积分意义上的平均。同时，引入等效摩擦系数 f。

$$\tau^f = f\sigma_N = f(\sigma_1 \sin^2\beta + (\sigma_3 + \Delta\sigma)\sin^2\beta) \tag{10-6}$$

于是等效剪应力为：

$$\tau_e = \frac{[\sigma_1 - (\sigma_3 + \Delta\sigma)]\sin 2\beta}{2} - f[\sigma_1 \sin^2\beta + (\sigma_3 + \Delta\sigma)\sin^2\beta] - c \tag{10-7}$$

而普通型浆体注浆不产生膨胀应力，只考虑黏结力 c_0 和等效摩擦力，并且设等效摩擦系数 f、黏结力 $c_0 = c$，故普通型浆体注浆试样裂纹面等效剪应力为：

$$\tau_{e0} = \frac{(\sigma_1 - \sigma_3)\sin 2\beta}{2} - f(\sigma_1 \sin^2\beta + \sigma_3 \sin^2\beta) - c_0 \tag{10-8}$$

普通型浆体注浆试样与膨胀型浆体注浆试样裂隙面有效剪应力之差 $\Delta\tau$ 为：

$$\Delta\tau = \tau_{e0} - \tau_e = \frac{\Delta\sigma\sin 2\beta}{2} + f\Delta\sigma\sin^2\beta + c - c_0 \tag{10-9}$$

假设 $c = c_0$，分析可知，$\Delta\tau > 0$，宏观上在相同应力状态下，普通型浆体注浆试样沿裂隙面的有效剪应力更大，即更容易沿裂隙面剪切滑移，对于膨胀型浆体注浆试样，要想达到相同的剪切破坏应力 τ_{ee}，由式（10-10）知，需要增大 σ_1，即反映出试样强度的提高。

$$\tau_{ee} = \frac{[\sigma_1 - (\sigma_3 + \Delta\sigma)]\sin 2\beta}{2} - f[\sigma_1\sin^2\beta + (\sigma_3 + \Delta\sigma)\sin^2\beta] - c$$

$$= \sigma_1\left(\frac{\sin 2\beta}{2} - f\sin^2\beta\right) - (\sigma_3 + \Delta\sigma)\left(\frac{\sin 2\beta}{2} + f\sin^2\beta\right) - c \tag{10-10}$$

10.2.2　试样强度特征

不同围压条件下的三组试样双轴压缩强度如图 10-5（a）所示。以未注浆试样双轴压缩强度 σ_{Nmax} 为基准，按式（10-11）计算得到不同围压条件下普通型浆体注浆试样和膨胀型浆体注浆试样强度相对提高百分比 K 如图 10-5（b）所示。

$$K = \frac{\sigma_{\max} - \sigma_{\mathrm{Nmax}}}{\sigma_{\mathrm{Nmax}}} \times 100\% \tag{10-11}$$

式中，$\sigma_{\max}$ 为普通型浆体注浆试样或膨胀型浆体注浆试样强度。

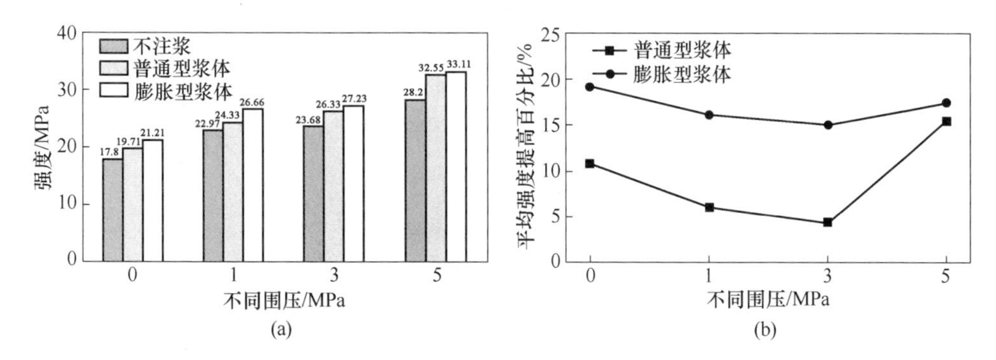

图 10-5　不同围压下三组试样强度对比
（a）双轴压缩强度；（b）强度提高百分比

由图 10-5 可见，不同试样强度均随着围压的增大而增大，普通型浆体和膨胀型浆体注浆试样较不注浆试样强度分别提高 4%~15%和 15%~18%。

不同围压条件下，膨胀型浆体注浆试样比普通型浆体注浆试样强度大 0.56~2.78MPa，除较高围压（5MPa）条件下，其强度平均高于普通型浆体注浆 10%以上，膨胀型浆体具有更好的注浆加固效果。在较高围压（5MPa）时两种注浆试样强度及提高百分比较为接近，表明较低围压（<3MPa）条件下，膨胀型浆体注浆产生的膨胀应力和围压共同影响试样强度，膨胀应力所起作用较大；较高围压条件下（>3MPa），由于裂隙中的浆体量极少，膨胀型浆体注浆产生的膨胀应力作用相对围压较小，围压起主导作用。

图 10-6 所示为试样在不同围压条件下的双轴压缩应力-应变曲线。由图 10-6 可知，不注浆、普通型浆体注浆和膨胀型浆体注浆的试样均经历孔隙压密阶段Ⅰ、线弹性变形阶段Ⅱ、塑性变形阶段Ⅲ和峰后残余变形阶段Ⅳ。

相对于不注浆试样，注浆后试样的弹性模量增加，膨胀型浆体注浆试样峰值应变高于普通型浆体注浆试样。随着围压增加，试样均由脆性向延性转化，峰前

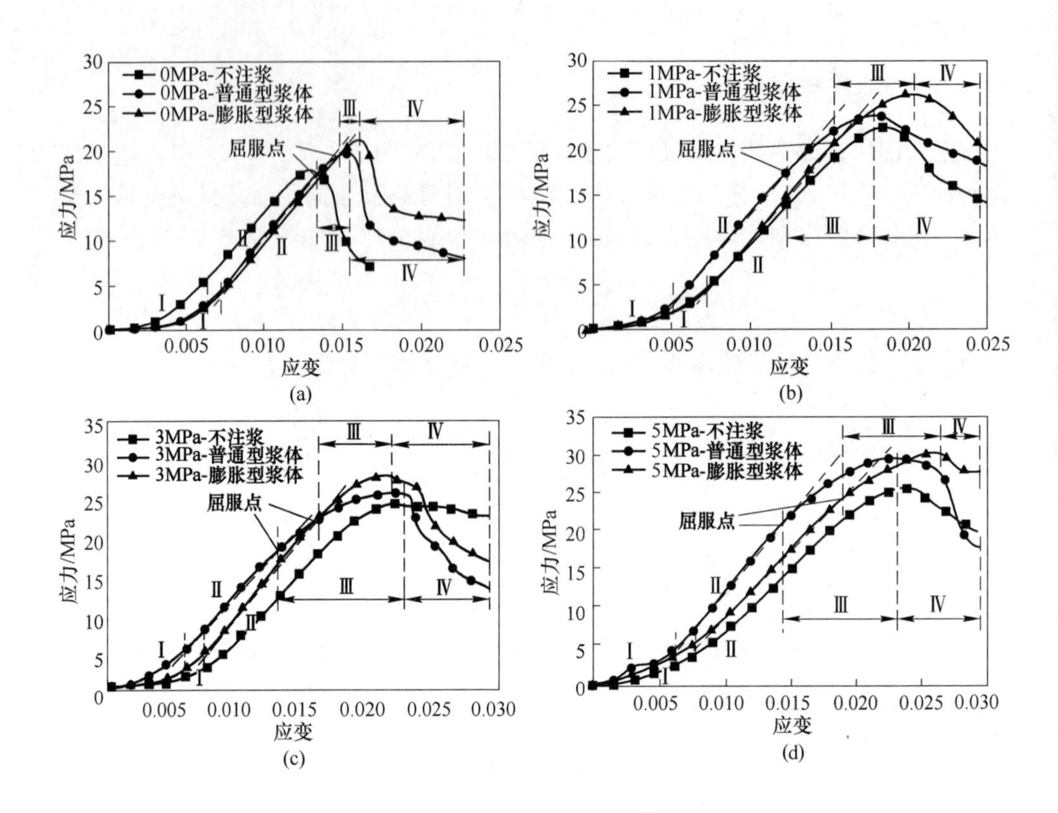

图 10-6　围压 0MPa 下三组试样应力-应变曲线及声发射参数特征

（a）0MPa；（b）1MPa；（c）3MPa；（d）5MPa

塑性屈服阶段Ⅲ变长，线弹性变形阶段Ⅱ变短。对比图 10-6 中两种注浆试样应力应变曲线可看出，在相同围压条件下，普通型浆体注浆试样比膨胀型浆体注浆试样先进入屈服点，其后塑性变形阶段切线模量逐渐减小至零，该阶段普通型浆体注浆试样切线模量值减小速率更快，从曲线看出在峰值强度附近试样变形增加而应力几乎不变，其塑性变形要比膨胀型浆体注浆试样大。膨胀型浆体注浆试样屈服后曲线切线模量减小速率小于普通型浆体注浆试样，即应变增加应力增加值比普通浆体注浆试样大，从而峰值强度提高。膨胀型浆体注浆试样峰后强度高于普通型浆体注浆试样，说明其峰后抵抗变形能力也强于普通型浆体注浆试样。

10.2.3　声发射特征

普通型浆体和膨胀型浆体注浆试样在不同围压条件下双轴压缩过程中的声发射振铃计数率和振铃累积计数如图 10-7 所示。

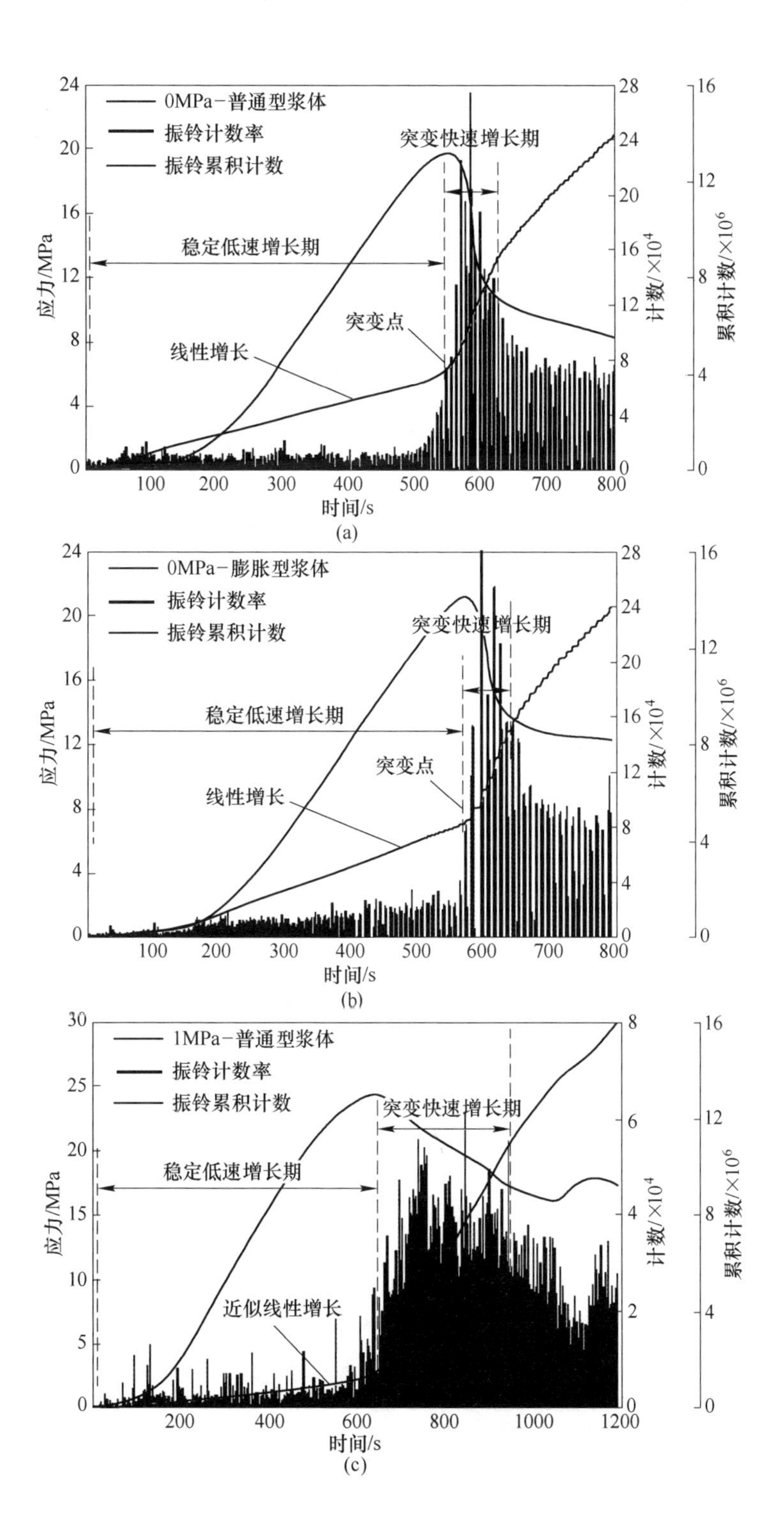
0MPa-普通型浆体
振铃计数率
振铃累积计数
突变快速增长期
稳定低速增长期
突变点
线性增长
应力/MPa
计数/×10^4
累积计数/×10^6
时间/s
0MPa-膨胀型浆体
1MPa-普通型浆体
近似线性增长
(a)
(b)
(c)

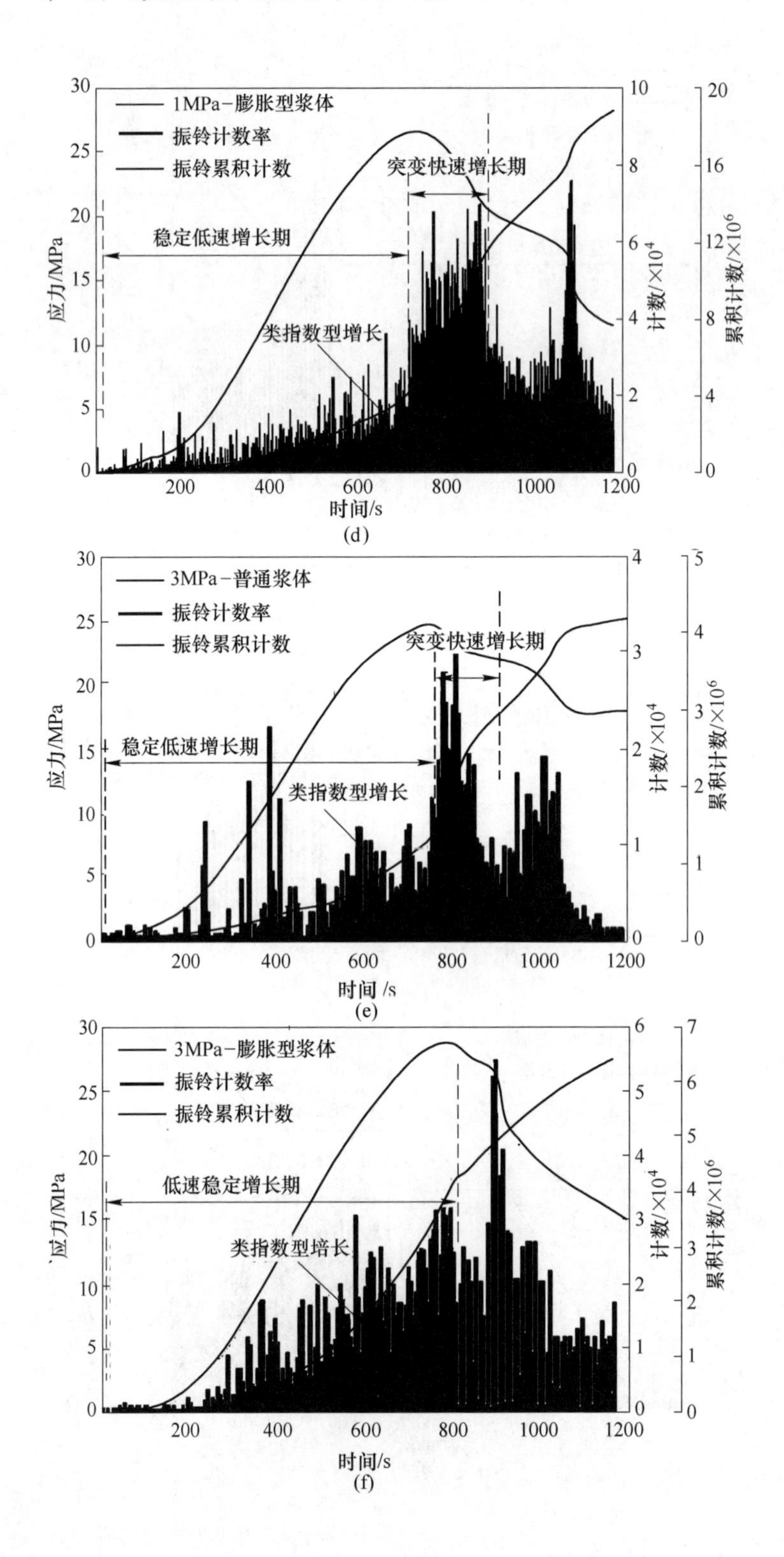
1MPa-膨胀型浆体
振铃计数率
振铃累积计数
突变快速增长期
稳定低速增长期
类指数型增长
应力/MPa
计数/×10^4
累积计数/×10^6
时间/s
3MPa-普通浆体
振铃计数率
振铃累积计数
突变快速增长期
稳定低速增长期
类指数型增长
应力/MPa
计数/×10^4
累积计数/×10^6
时间 /s
3MPa-膨胀型浆体
振铃计数率
振铃累积计数
低速稳定增长期
类指数型培长
应力/MPa
计数/×10^4
累积计数/×10^6
时间/s
(d)

(e)

(f)

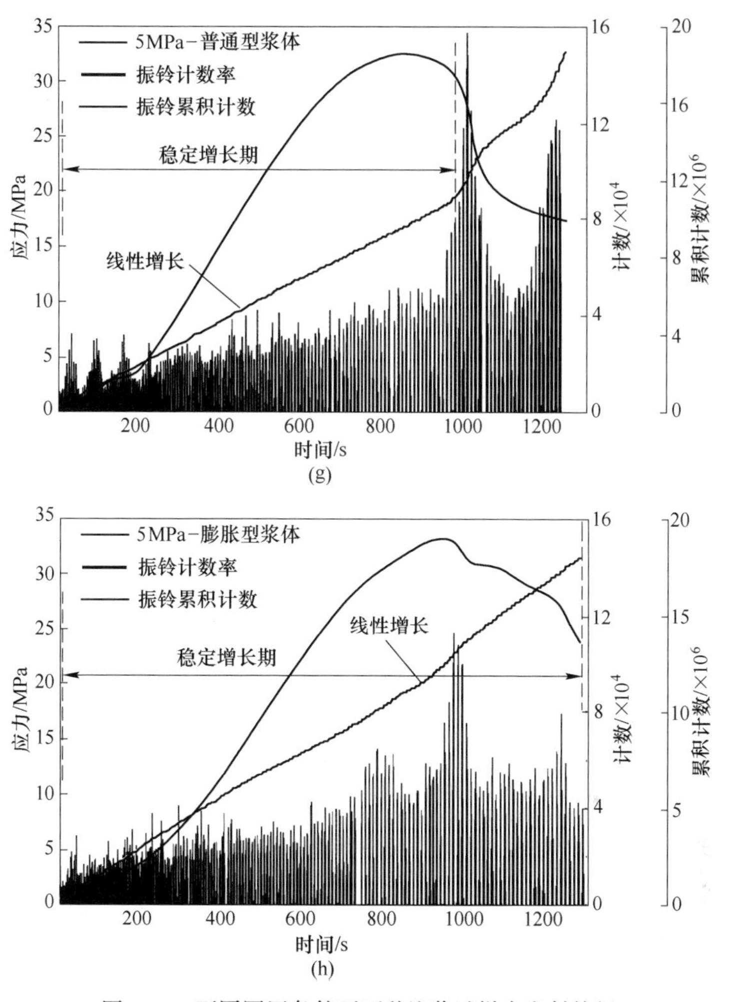

图 10-7 不同围压条件下两种注浆试样声发射特征

(a) 0MPa-普通型浆体；(b) 0MPa-膨胀型浆体；(c) 1MPa-普通型浆体；(d) 1MPa-膨胀型浆体；(e) 3MPa-普通型浆体；(f) 3MPa-膨胀型浆体；(g) 5MPa-普通型浆体；(h) 5MPa-膨胀型浆体

由图 10-7 可见，随着围压增加，两种注浆试样振铃累积计数由经历“稳定低速增长期”+“突变快速增长期”向“全过程线性稳定增长期”转变。无围压时，注浆试样振铃累积计数在稳定低速增长期内线性增长，峰值后振铃计数突增，进入突变快速增长期，试样宏观裂纹产生并迅速扩展。围压 1MPa 和 3MPa 条件下普通型浆体注浆试样振铃累积计数在稳定低速增长期由近似线性增长变为类指数型增长，而膨胀型浆体注浆试样均表现为类指数型增长，且突变现象明显减弱，体现出加载全过程中振铃累积计数均匀化增长趋势。围压 5MPa 条件下，两种注浆试样振铃累积计数全过程线性稳定增长，随围压约束增大脆性变弱而延性变强，试样在宏观上变现为延性破坏更加显著，在加载全过程中能量并非在峰值强度附近集中，更多地在峰前被均匀消耗。

对比两种浆体注浆试样声发射图，发现普通型浆体注浆试样振铃计数率在加载过程中突变现象更为显著，振铃累积计数曲线突变点更加明显，说明膨胀型浆体注浆试样延性更好，加载全过程中能量耗散更加均匀，因此试样强度更高，对应的注浆加固效果更好，表明膨胀型浆体注入裂隙后具有更好的吸能调控和强度提升效应。

10.2.4 试样变形演化

为对比分析两种不同浆体注浆试样在双轴压缩过程中的变形情况，采用 3D DIC 系统监测试样的变形场演化规律，图 10-8 是以普通型浆体注浆试样峰值强度

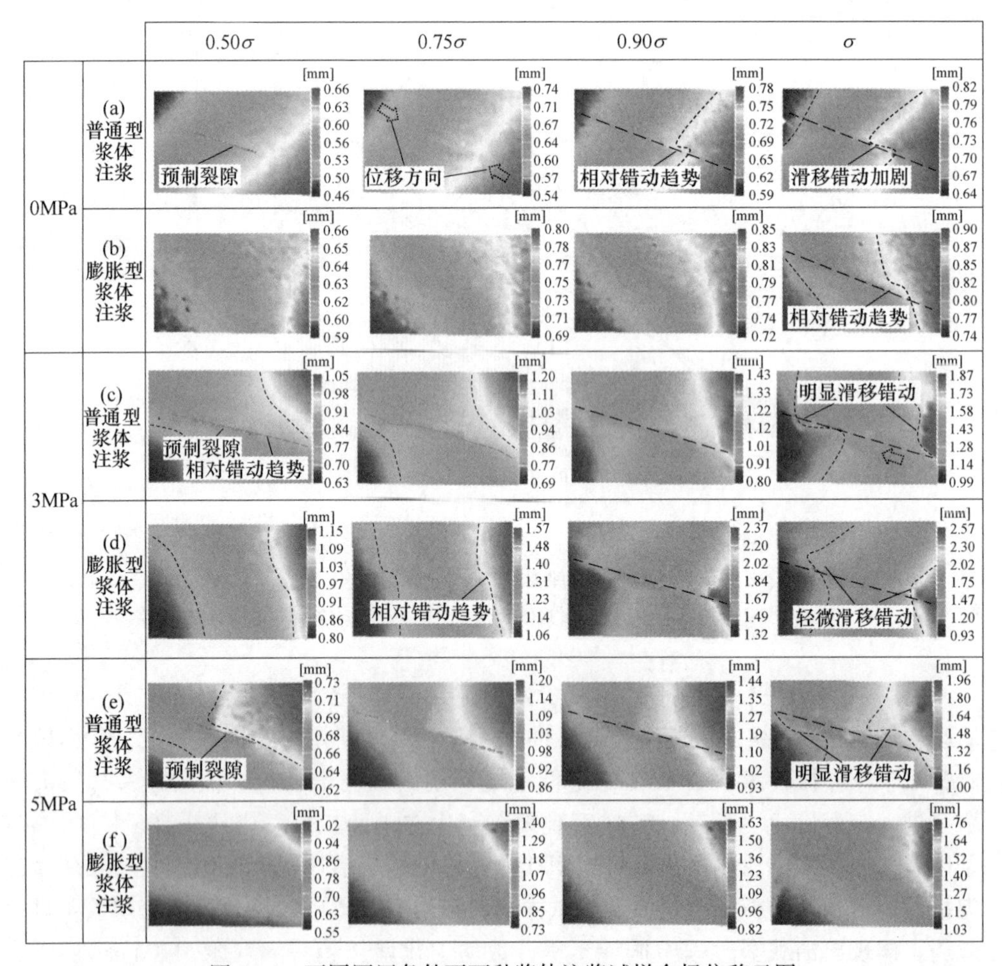

图 10-8 不同围压条件下两种浆体注浆试样全场位移云图

σ 为参照，两种注浆材料试样分别在无围压（0MPa）、3MPa 和 5MPa 围压条件下对应 0.50σ、0.75σ、0.90σ 和 σ 应力水平时的全场位移演化云图。

由图 10-8 可见，由于裂隙的存在，试样均发生不协调变形，整体变形趋势均是在加载中后期沿原生裂隙方向不断演化，宏观表现出试样沿该方向发生滑移错动，但在较高围压（5MPa）时，膨胀型浆体注浆试样演化规律发生改变。

在无围压约束时，如图 10-8（a）和（b）所示，普通型注浆试样在加载端下部位移较大，说明试样在加载中期就已发生不协调变形，并且试样沿原生裂隙方向（图中黄虚线）以这种变形不断发展，当该方向位移达到变形极限（峰值强度）时试样发生剪切滑移错动。相对于普通型浆体注浆试样，膨胀型浆体注浆试样在加载端位移相对均匀，在 σ 应力水平时有如普通型注浆试样沿原生裂隙方向滑移趋势，而此时试样并未达到自身峰值强度，说明膨胀型浆体注浆试样沿位移演化滞后于普通型浆体注浆试样。

1MPa 和 3MPa 围压时试样全场围压演化规律相似，其中 3MPa 围压时的全场位移，如图 10-8（c）和（d）所示。不同于无围压条件，有围压约束时，试样位移集中向加载端上部转移，但沿原生裂隙方向的位移演化规律并未发生改变，说明注浆后裂隙与浆体胶结面仍是弱面，但膨胀型浆体注浆试样在加载中期（见图 10-8 中 0.50σ 应力水平）还未出现相对错动趋势。

5MPa 围压时膨胀型浆体注浆试样位移不沿原生裂隙方向演化，而普通型浆体注浆试样仍沿裂隙方向错动，如图 10-8（e）和（f）所示。膨胀型浆体注浆产生挤压并在外部较高围压约束条件下，浆体与裂隙胶结面强度具有很好的提升，表明膨胀型浆体产生了明显的“挤压黏结”效果。

综合注浆试样在不同围压约束下的全场位移云图，可知在围压约束有限时，膨胀型浆体注浆试样与普通型浆体注浆试样变形规律一致，但其演化速度滞后，表明膨胀型浆体的膨胀应力作用于裂隙面减小了试样沿原生裂隙方向的剪切应力，减缓了相对滑移位移；而膨胀型浆体结合自身优势在较高围压约束条件下转移了注浆试样受载时的应力分布，其注浆效果在较高围压约束时更好。

10.2.5 试样破坏特征

不同围压条件下三种试样的破坏模式如图 10-9 所示，其破坏模式与围压和注浆材料均有关，主要特征如下。

（1）围压小于 5MPa 时，裂隙试样在不同围压约束下均发生沿原生裂隙方向的剪切滑移破坏，峰后在滑移面的尖端位置产生次生拉伸裂纹。不注浆试样在发生沿原生裂隙方向剪切破坏的同时，裂纹两端伴随产生拉伸翼裂纹形成拉剪复合破坏；由于注浆加固后裂隙试样与注浆材料的界面仍然为弱面，裂隙注浆后并不会改变剪切滑移破坏模式，但浆体充填裂隙后抵抗了试样中部向裂隙区域自由面

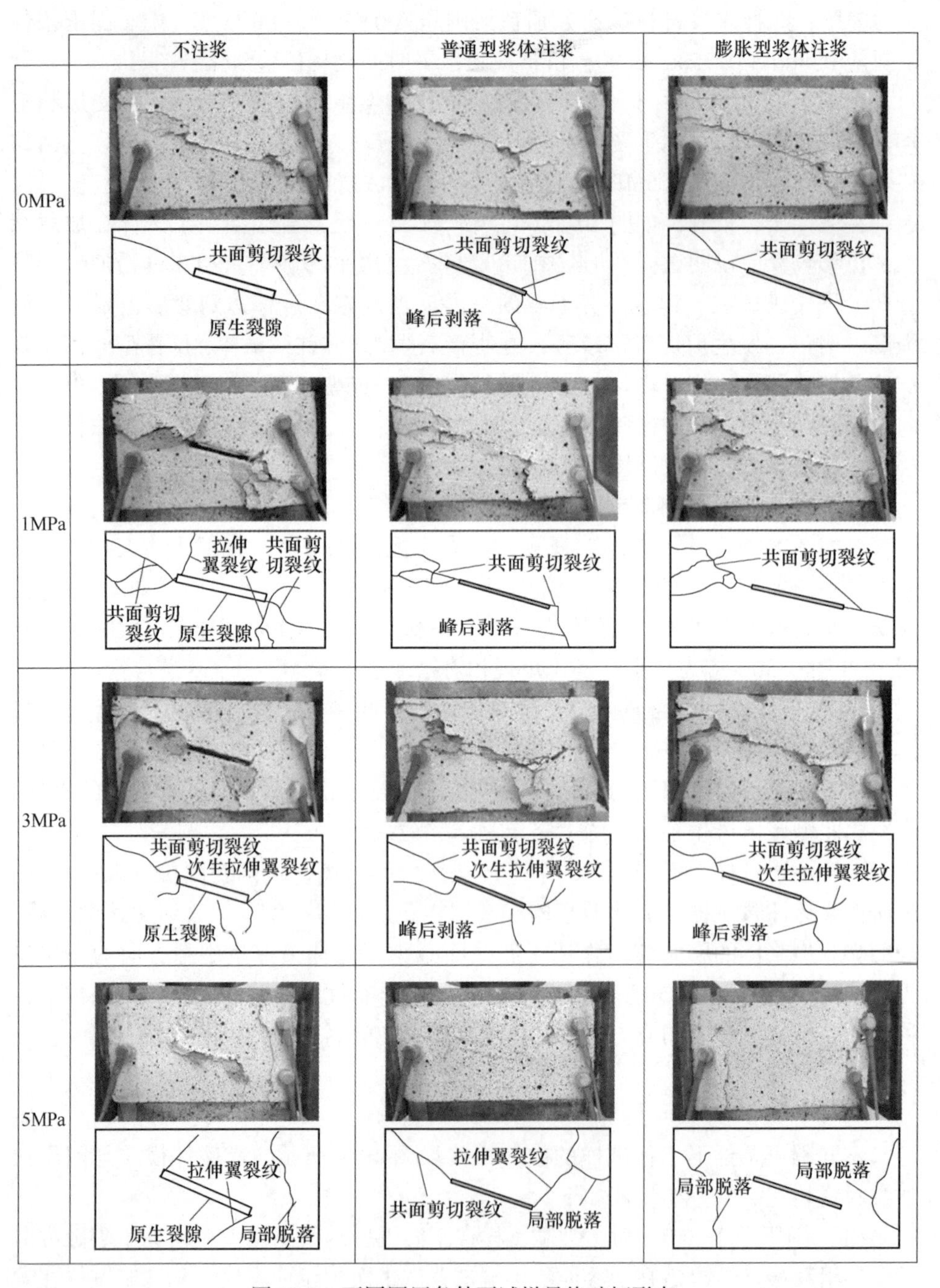

图 10-9　不同围压条件下试样最终破坏形态

的位移，并减少了裂隙尖端的应力集中，因此没有伴随产生拉伸翼裂纹。注浆体填充裂隙抵抗了试样中间部分向裂隙面的位移，缓解了裂隙面的拉应力集中，使得注浆试样相比不注浆试样主要承受沿裂隙面方向的剪切应力，从而发生剪切破坏，峰值后随着加载继续产生次生拉伸裂纹。

（2）围压为5MPa时，由于法向应力约束较大，不注浆试样并未沿原生裂隙方向发生剪切破坏，而是沿裂隙两端产生拉伸翼裂纹直接断裂。普通型浆体注浆试样发生沿原生裂隙方向剪切滑移破坏，并在裂纹尖端伴随拉伸破坏。而膨胀型浆体注浆试样在加载端部局部脱落，并未产生沿原生裂隙面发育的裂纹。

注浆材料差异导致的破坏模式不同主要体现在较高围压（5MPa）条件下，普通型注浆试样裂隙面与浆体易发生剪切分离如图10-10（a）所示，使注浆区域形成应力集中区，裂隙尖端处产生拉伸裂纹，受剪切和拉伸共同破坏。而膨胀型浆体注浆试样在端部表面产生局部脱落，浆体与裂隙面未分离，与裂隙试样整体黏结，如图10-10（b）所示，试样未发生沿原生裂隙方向的剪切破坏，而是在垂直裂隙面的侧面发生整体剪切破坏。由于普通型浆体脆性大且具有收缩性，受载时浆体易与裂隙试样分离，易失去黏结整体性，造成应力集中，因此试样在发生以沿裂隙面为主的剪切破坏过程中伴随拉伸破坏。

图10-10 两种浆体与裂隙试样黏结情况

（a）普通型浆体注浆；（b）膨胀型浆体注浆

膨胀型浆体注浆后，一方面浆体在受限空间内产生体积膨胀补偿浆体自收缩，同时使裂隙面挤压紧密黏结；另一方面，膨胀型浆体比普通型浆体脆性小，变形能力大，与裂隙试样共同协调变形承受外荷载，并且受外部较大约束的共同作用使膨胀型浆体不与裂隙面分离，说明此时原生裂隙面已不再是弱面，具有良好的注浆修复效果。

通过对预置单裂隙试样进行不同注浆材料和不同围压条件下的双轴压缩试验，对比分析不注浆和不同注浆材料的试样强度、应力应变曲线、声发射及变形场演化特征，并对试样进行受力分析和总结其破坏模式，主要得出以下结论：

（1）普通型浆体注浆试样和膨胀型浆体注浆试样强度均随围压的增大而增大，在相同围压条件下，膨胀型浆体注浆试样强度比普通浆体注浆试样提高3%~12%。对于膨胀型浆体注浆试样，膨胀应力与围压共同影响试样强度，围压增大，膨胀应力作用虽被弱化，但在高围压和膨胀应力共同作用下注浆效果更好。

（2）普通型浆体脆性较大，浆体与试样易产生变形不协调而分离，膨胀型浆体注浆后对试样裂隙面产生膨胀应力，试样沿原生裂隙方向的有效剪应力小于普通型浆体注浆试样，裂隙方向抗剪能力提高，使得较低围压时位移原生沿裂隙方向演化趋势滞后于普通型浆体注浆试样。膨胀型浆体体积膨胀能够密实充填注浆空间形成挤压黏结，可弥补普通型浆体注浆自收缩性不足，且膨胀型浆体弹性较好，可与裂隙试样整体协调变形，较高围压时浆体不与试样分离，受力后应力集中程度较小，更能抵抗外力变形。

参 考 文 献

[1] 陆银龙，贺梦奇，李文帅，等．岩石结构面注浆加固微观力学机制与浆-岩黏结界面结构优化［J］. 岩石力学与工程学报，2020，39（9）：1808-1818.

[2] Yao Q，Xu Q，Liu J，et al. Post-mining failure characteristics of rock surrounding coal seam roadway and evaluation of rock integrity：a case study［J］. Bulletin of Engineering Geology and the Environment，2021，80（2）：1653-1669.

[3] 刘昌，张顶立，张素磊，等．考虑围岩流变及衬砌劣化特性的隧道长期服役性能解析［J］. 岩土力学，2021，42（10）：2795-2807.

[4] Zong Y，Han L，Qu T，et al. Mechanical properties and failure characteristics of fractured sandstone with grouting and anchorage［J］. International Journal of Mining Science and Technology，2014，24（2）：165-170.

[5] 沙飞，李术才，刘人太，等．富水砂层高效注浆材料试验与应用研究［J］. 岩石力学与工程学报，2019，38（7）：1420-1433.

[6] 王德明，张庆松，张霄，等．隧道及地下工程注浆效果模糊评价方法的研究与应用［J］. 岩石力学与工程学报，2017，36（S1）：3431-3439.

[7] 李梦天，张霄，李术才，等．基于数值模拟和模型实验的注浆抬升计算方法［J］. 哈尔滨工业大学学报，2019，51（8）：159-166.

第三篇

膨胀型浆体应用数值模拟

为有效体现膨胀型浆体的工程应用效果，本篇通过理论分析、数值模拟和相似模拟相结合的研究手段，开展膨胀型浆体应用于急倾斜层状岩体巷道顶板和含断层采场顶板注浆加固的数值分析和相似模拟试验，为膨胀型浆体在工程实际中的应用提供参考。

11 膨胀型浆体注浆的急倾斜层状岩体巷道顶板加固效果

急倾斜岩层倾角大，巷道顶板围岩的层理面倾角与锚杆安装角度接近，难以通过锚杆将各层间岩体形成有效组合[1-4]。当岩体结构面强度弱时易直接沿着软弱层理面发生“顺层滑移”破坏，支护较为困难[5-7]。注浆是增强围岩力学性能的有效措施[8,9]，采用注浆方式对急倾斜层状岩体巷道顶板进行支护时，将具有一定胶凝能力的浆体材料注入顶板围岩层理面内部，形成具有一定胶结强度的浆-岩界面，使得顶板围岩的完整性、力学性质得到大幅提升，从而达到加固的目的[10-12]。

本章为研究膨胀型浆体在急倾斜层状岩体巷道顶板的注浆加固效果，采用理论分析、数值模拟和相似模拟研究手段，探究采用膨胀型浆体注浆加固后的急倾斜层状岩体巷道顶板应力与位移变化特征，探讨其注浆加固作用机理。

11.1 浆-岩预应力组合岩梁力学模型

11.1.1 力学模型的建立

采用膨胀型浆体对急倾斜层状岩体巷道顶板注浆后，急倾斜层理面在浆体的挤压和黏结复合作用下形成稳定的整体结构，由于层理面宽度较小，各层理面间的岩层视为连续均质体。

巷道开挖后，上覆岩层重力沿岩层急倾斜层理面上的分力较大，由于岩层的倾角作用及两侧岩层的支撑作用，促使岩层产生沿层理面滑移的趋势。如图 11-1 所示，对各岩层层理面进行膨胀型浆体注浆支护，浆体黏结后与岩层形成浆体-岩体组合承载结构，并且膨胀应力对岩层产生约束应力。假设岩层沿巷道走向所受应力不发生变化，因此，将注浆后岩层简化为二维平面模型。

注入膨胀型浆体后，通过浆体的黏结力将含 n 个节理的岩层组合成具有预应力的组合岩梁，如图 11-1（b）所示。

如图 11-1（a）所示，组合岩梁长度为 $2W$，厚度为 h。设巷道埋深为 H，注浆后岩层受到浆体产生的膨胀应力（σ_e）、上覆岩体对倾斜岩层轴向荷载 q_1。岩层自身重力与地应力及上覆岩层重力相比极小，为简化模型的复杂性，此处不计岩梁自身重力作用。此外，由于浆体产生的膨胀应力对岩体两侧进行挤压，岩体

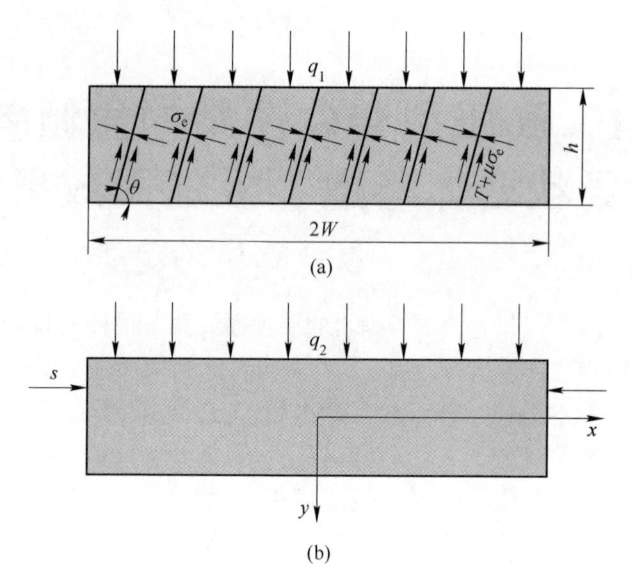

图 11-1　膨胀型浆体注浆加固下组合岩梁模型

层面还受到浆体产生的黏结力（T）和摩擦力（f_e）。上述模型中，岩层相对于浆体有向下运动的趋势，因此，黏结力（T）和浆体产生的膨胀应力引起的摩擦力（f_e）均与岩层重力作用方向相反。

根据材料力学轴向力理论[13]，在注入膨胀型浆体后，浆体产生的膨胀应力为组合岩梁的内力，沿倾角向水平和垂直方向分解后，可等效到岩梁横向和纵向。此时岩梁上部载荷为 q_2，两侧产生大小为 s 预应力，如图 11-1（b）所示。

11.1.2　岩梁应力分析

为了便于理论求解，在求解过程中依据实际情况，对模型作如下基本假设：

（1）巷道尺寸和岩层尺寸相对于巷道埋深来说较小，忽略岩层自身的重力作用。

（2）浆体产生的膨胀应力小于岩体自身的抗压强度。

建立如图 11-1（b）所示的坐标系，将岩层之间的约束力等效到岩梁上部和两侧后，岩梁上部载荷为 q_2，两侧受大小为 s 的侧向应力作用，根据力学平衡原理：求得各应力大小如下。

$$f_e = \mu q_e \tag{11-1}$$

$$q_1 = \gamma H \tag{11-2}$$

$$q_2 = \frac{\gamma HW - n(T + \mu\sigma_e)\sin\theta}{W} \tag{11-3}$$

$$s = \sigma_e \sin\theta \tag{11-4}$$

式中，μ 为岩层的摩擦系数；γ 为岩层容重；θ 为岩层倾角，n 为岩层节理数。

基于基本假设和力学模型，采用弹性力学半逆解法对模型进行求解[14]。对于图 11-1（b）所示的力学模型，应力分量 σ_y 主要是上部岩层所受载荷 q_2 引起，且不随岩梁长度方向 x 的改变而改变，因此假设 σ_y 仅为 y 的函数。

$$\sigma_y = f(y) \tag{11-5}$$

对 y 求积分，得应力函数 $\varphi(x,\ y)$ 的形式为：

$$\varphi(x,\ y) = \frac{1}{2}x^2 f(y) + x f_1(y) + f_2(y) \tag{11-6}$$

式中，$f(y)$、$f_1(y)$、$f_2(y)$ 均为关于 y 的待定函数。

将式（11-6）代入相容方程 $\frac{\partial^4\varphi}{\partial x^4} + 2\frac{\partial^4\varphi}{\partial x^2\partial y^2} + \frac{\partial^4\varphi}{\partial y^4} = 0$ 可得：

$$\left.\begin{aligned} f(y) &= Ay^3 + By^2 + Cy + D \\ f_1(y) &= Ey^3 + Fy^2 + Gy \\ f_2(y) &= -\frac{A}{10}y^5 - \frac{B}{6}y^4 + Hy^3 + Iy^2 \end{aligned}\right\} \tag{11-7}$$

将式（11-7）代入到应力函数表达式（11-6）得应力函数为：

$$\begin{aligned} \varphi(x,\ y) = {} & \frac{1}{2}x^2(Ay^3 + By^2 + Cy + D) + x(Ey^3 + Fy^2 + Gy) + \\ & \left(-\frac{A}{10}y^5 - \frac{B}{6}y^4 + Hy^3 + Iy^2\right) \end{aligned} \tag{11-8}$$

因此模型的应力分量表达式为：

$$\left.\begin{aligned} \sigma_x &= \frac{1}{2}x^2(6Ay + 2B) + x(6Ey + 2F) - 2Ay^3 + 2By^2 + 6Hy + 2I \\ \sigma_y &= Ay^3 + By^2 + Cy + D \\ \tau_{xy} &= -x(3Ay^2 + 2By + C) - (3Ey^2 + 2Fy + G) \end{aligned}\right\} \tag{11-9}$$

由于模型关于 y 轴正对称，因此应力分量 σ_x 和 σ_y 为关于 x 的偶函数。因此，式（11-8）中关于 x 的奇数次幂对应的系数为 0，因此得 $E=F=G=0$。

岩梁的上下及右边界条件为：

$$\left.\begin{aligned} (\sigma_y)_{y=\frac{h}{2}} &= 0 \\ (\sigma_y)_{y=-\frac{h}{2}} &= -q_2 \\ (\sigma_x)_{x=\pm W} &= s \end{aligned}\right\} \tag{11-10}$$

求解式（11-10）得：

$$A = -\frac{2q_2}{h^3},\ B = 0,\ C = \frac{3q_2}{2h},\ D = -\frac{q_2}{2} \tag{11-11}$$

岩梁端部有大小为 s 的预应力，岩梁下边界位于巷道围岩临空面，两端由沿巷道内侧倾倒的趋势，因此两端处无转动方向的约束作用，弯矩应为 0。根据圣维南原理，岩梁右边界上的积分应力边界条件为：

$$\int_{-h/2}^{h/2}(\sigma_x)_{x=W}\mathrm{d}y=-s,\quad \int_{-h/2}^{h/2}y(\sigma_x)_{x=W}\mathrm{d}y=0 \tag{11-12}$$

求解得：

$$H=\frac{q_2W^2}{h^3}-\frac{q_2}{h},\quad I=\frac{-s}{2h} \tag{11-13}$$

将式（11-3）、式（11-4）、式（11-9）、式（11-11）及式（11-13）整理得岩层的应力场表达式为：

$$\sigma_x=\frac{6[\gamma HW-n(T+\mu\sigma_e)\sin\theta]}{Wh^3}x^2y-\frac{4[\gamma HW-n(T+\mu\sigma_e)\sin\theta]}{Wh^3}y^3-6\left[\frac{\gamma HW^2-Wn(T+\mu\sigma_e)\sin\theta}{h^3}-\frac{\gamma HW-n(T+\mu\sigma_e)\sin\theta}{Wh}\right]y-\frac{\sigma_e\sin\theta}{h} \tag{11-14}$$

$$\sigma_y=\frac{2[\gamma HW-n(T+\mu\sigma_e)\sin\theta]}{Wh^3}y^3+\frac{3[\gamma HW-n(T+\mu\sigma_e)\sin\theta]}{2Wh}y-\frac{\gamma HW-n(T+\mu\sigma_e)\sin\theta}{2W} \tag{11-15}$$

$$\tau_{xy}=-\frac{6[\gamma HW-n(T+\mu\sigma_e)\sin\theta]}{Wh^3}y^2x-\frac{3[\gamma HW-n(T+\mu\sigma_e)\sin\theta]}{Wh^3}x \tag{11-16}$$

当注浆浆体为普通型浆体时，膨胀应力为 0。记膨胀型浆体注浆时的水平应力分量和垂直应力分量为 σ_{x1} 和 σ_{y1}；普通型浆体的水平应力分量和垂直应力分量为 σ_{x2} 和 σ_{y2}。计算普通型浆体和膨胀型浆体下岩梁水平应力分量和垂直应力分量的差值，并略去无穷小量，结果如下。

$$|\Delta\sigma_x|=|\sigma_{x1}-\sigma_{x2}|\geqslant\left|-\frac{\sigma_e\sin\theta}{h}\right| \tag{11-17}$$

$$\Delta\sigma_y=\sigma_{y1}-\sigma_{y2}\leqslant 0 \tag{11-18}$$

式（11-17）和式（11-18）表明，随着膨胀应力的增加，岩梁的水平应力增大，在弹性范围内，有利于增强岩层间的相互作用力。垂直应力减小，有利于减小上部荷载对顶板岩体造成的损害。

11.2 浆-岩预应力组合岩梁数值模拟

采用膨胀型浆体对急倾斜层状岩体巷道顶板注浆后，浆体和层间岩体黏结成整体，在膨胀应力和周边围岩共同作用下，形成具有初始预应力的浆-岩预应力组合岩梁。本节建立浆-岩预应力组合岩梁数值计算模型，探究膨胀型浆体注浆加固下组合岩梁的应力和变形特征。

11.2.1　数值模型的建立

为了研究注浆后浆-岩体组合承载结构的稳定性，选取巷道埋深、岩层倾角、膨胀应力大小为主要影响因素，研究不同因素下组合结构的应力分布和变形破坏特征。

采用 ABAQUS 有限元软件进行数值模拟，考虑沿巷道走向和层理面走向岩体应力状态不变，因此建立平面应力状态的二维模型。在实际工程中，岩层之间裂隙宽度相对整个巷道尺寸为无穷小量，因此，岩层之间的浆体部分宽度设置为 0.1。在各岩层与浆体胶结面嵌入厚度为 0 的黏性内聚力单元（cohesive element）模拟浆体黏聚力学行为。

11.2.2　边界条件的确定

在注入膨胀型浆体后，浆体与岩体形成浆-岩组合岩梁，顶板为巷道空区，下部失去支撑。岩梁上侧受上覆岩层的重力作用，左右两侧受水平地应力作用；岩梁端部下侧受到巷道两帮支撑，变形较小，并且有向巷道内侧倾倒的趋势，因此简化为简支端，如图 11-2 所示。

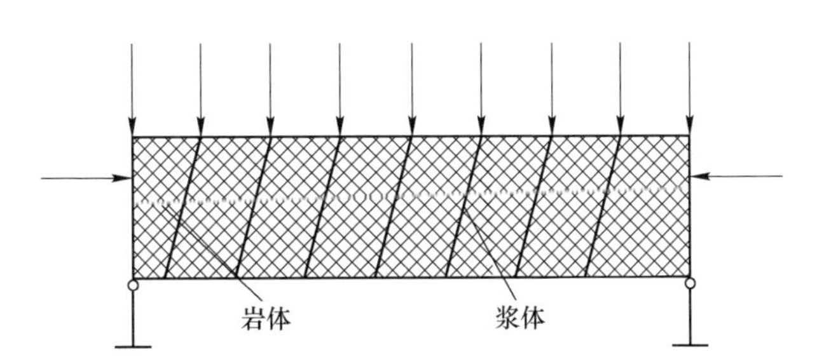

图 11-2　浆-岩预应力组合岩梁受力状态（75°）

岩层与浆体胶结面上施加绑定约束，法线方面为硬接触。在浆体界面上施加膨胀应力。最终确定组合岩梁边界条件为：

（1）上部受上覆岩层均布荷载，平衡水平地应力后，岩层与浆体胶结面受膨胀应力产生的预应力。

（2）岩梁左右两端为简支状态。

建立数值计算模型如图 11-3 所示。

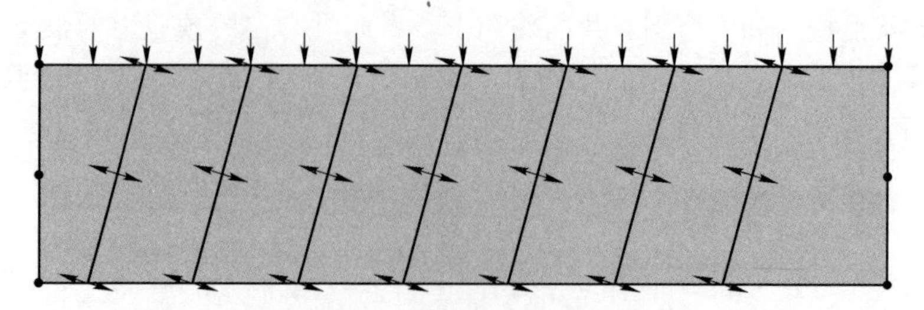

图 11-3 浆-岩预应力组合岩梁数值计算模型（75°）

11.2.3 工况及材料参数的确定

岩层在实际地质条件下的赋存状态相当复杂，裂隙、节理等弱结构面的存在都将削弱岩体的整体力学强度，因此实验室内类岩石试样的力学参数值与实际岩体的力学参数相差较大。为了使数值模拟更加符合矿山岩体的实际强度，能够合理地反映巷道开挖过程中顶板岩梁应力场与位移场的实际变化情况，岩体参数参考常见岩石的岩体力学参数。选取的岩层材料物理力学参数见表 11-1。

表 11-1 岩石材料参数

类型	弹性模量/MPa	泊松比	内摩擦角/(°)	容重/kN · m^{-3}	摩擦系数
岩体	20	0.3	31	24	0.34

采用莫尔-库仑本构模型，网格单元为四结点双线性平面应变四边形单元（CPE4R）。浆体采用 ABAQUS 中的面作用力单元材料，定义浆体材料的损伤参数，定义抗剪强度为 3.84MPa。浆体采用四结点二维黏结单元（COH2D4）。

在采矿工程中，采矿巷道宽度一般为 3~8m，根据围岩松动范围及两帮岩体剥落导致的跨度增大，设置岩层长度为 10m，厚度为 2.5m，巷道埋深 500m。第二篇中浆体约束应力是以室内试样尺度进行测量的，在更大的尺度时存在一定局限性，为了更加真实的接近自然状态，根据课题组前期研究[1-3]，取膨胀型浆体的膨胀应力为 1.6MPa。

11.2.4 数值模拟结果

11.2.4.1 不同注浆加固的岩梁位移矢量变化

位移矢量是以坐标原点为起点，描述质点起始位置和终点位置的有向线段。为了进一步分析普通型浆体和膨胀型浆体注浆加固岩层的应力和位移特征，以岩层倾角为 75°，膨胀应力为 1.6MPa 为例。在模型上方加载，使模型产生一定程度变形，观察模型的位移矢量分布特征，结果如图 11-4 所示。

由图 11-4 可见，普通型浆体注浆和膨胀型浆体注浆时岩梁的位移矢量均呈

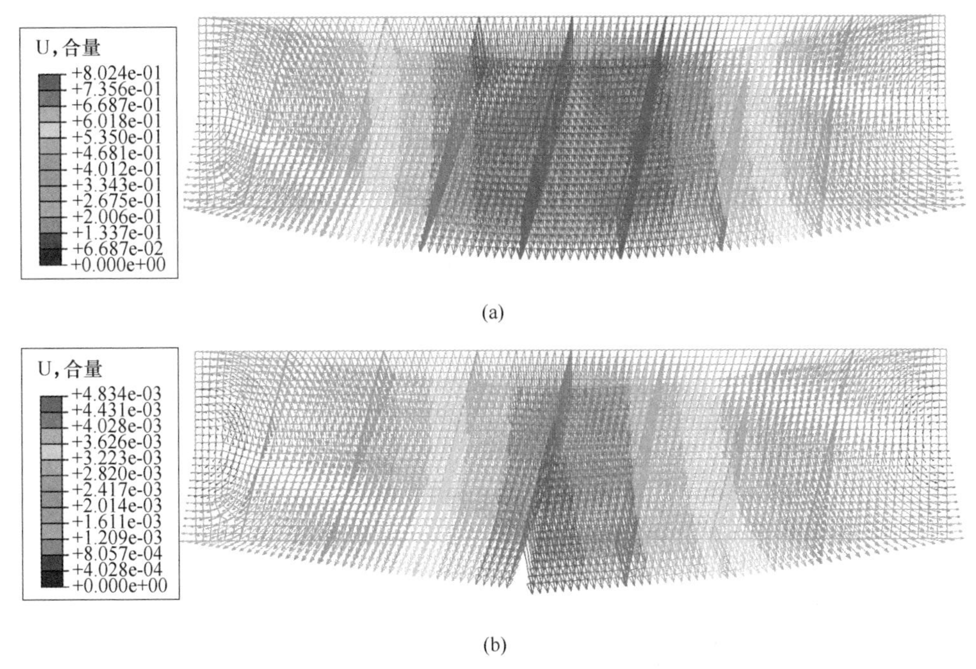

图 11-4　岩梁位移矢量分布云图

（a）普通型浆体注浆；（b）膨胀型浆体注浆

非对称分布。普通型浆体注浆时，岩梁位移矢量几乎呈垂直分布，表明岩层中各点几乎呈垂直下降趋势，产生较大的竖直位移；膨胀型浆体注浆时，岩梁除中部偏左位置呈现一定程度的垂直分布，其余位置呈弯折分布，表明岩梁内各点的垂直位移得到抑制。

岩梁的垂直位移和水平位移分别由垂直应力分量和水平应力分量导致。普通型浆体注浆时，浆体产生的预应力为 0，层间作用力较小，内部垂直应力集中区域较大，应力分布不均匀，导致发生较大的垂直位移。膨胀型浆体注浆时，在膨胀应力作用下，岩体内部具有一定的预应力，内部应力分布更加均匀，受力时垂直应力集中区域的向水平两侧发生应力扩散，内部承载更加均匀。

普通型浆体注浆时的岩梁位移矢量和远大于膨胀型浆体注浆时，说明普通型浆体注浆时岩层内部变形受结构面控制分布不均，主要发生压应变，产生较大的竖直位移矢量；而膨胀型浆体注浆时，位移矢量之和接近 0，说明内部拉压应变分布均匀。

11.2.4.2　Mises 应力分布特征

Mises 应力是一种等效应力，它综合考虑了最大主应力、中间主应力和最小主应力对围岩塑性变形的影响，常用于评判材料的屈服破坏[4,5]。以岩层倾角为75°为例，分析普通型浆体注浆和膨胀型浆体注浆加固作用下岩梁的 Mises 应力分布特征。

由图 11-5 可见，普通型浆体注浆加固时，岩梁的最大等效应力分布于岩梁上下边界中部位置，最大值为 16. 57MPa。膨胀型浆体注浆加固时，最大等效应力分布在岩梁上边界中部，应力集中区域明显减小，最大值为 12. 78MPa。

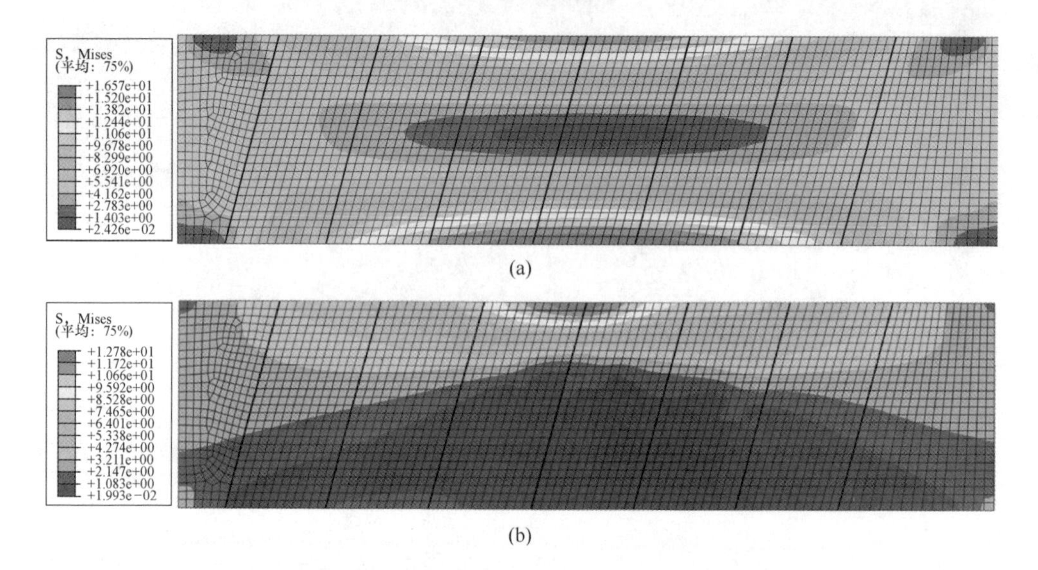

图 11-5 不同注浆加固方式下岩梁 Mises 应力分布（75°）

（a）普通型浆体注浆加固；（b）膨胀型浆体注浆加固

膨胀型浆体注浆加固时，岩梁的最大等效应力较普通型浆休注浆时降低了22. 87%，且应力集中区域明显减小。说明水平预应力的增加不但提高了岩梁内部围岩的强度，而且改变了岩梁内围岩的应力分布，由上下边界均受到较大范围的拉应力转变为上边界中心位置处承受较大的拉应力。Mises 应力的降低，表明岩梁抵抗变形的能力增大。膨胀型浆体注浆加固提供的预应力能够更加有效地控制岩梁的变形。

11. 2. 4. 3 最大主应力与最小主应力分布特征

岩梁最大主应力和最小主应力分布分别如图 11-6 和图 11-7 所示。

由图 11-6 和图 11-7 可见，普通型浆体注浆加固时，岩梁的最大主应力分布于下边界高应力段和单岩层中心位置。岩梁的最大主应力分布于单岩层中心位置，应力集中区域明显减少。岩梁的最小主应力峰值均分布在上边界中部位置处。分析岩梁最大主应力和最小主应力的差值，见表 11-2。

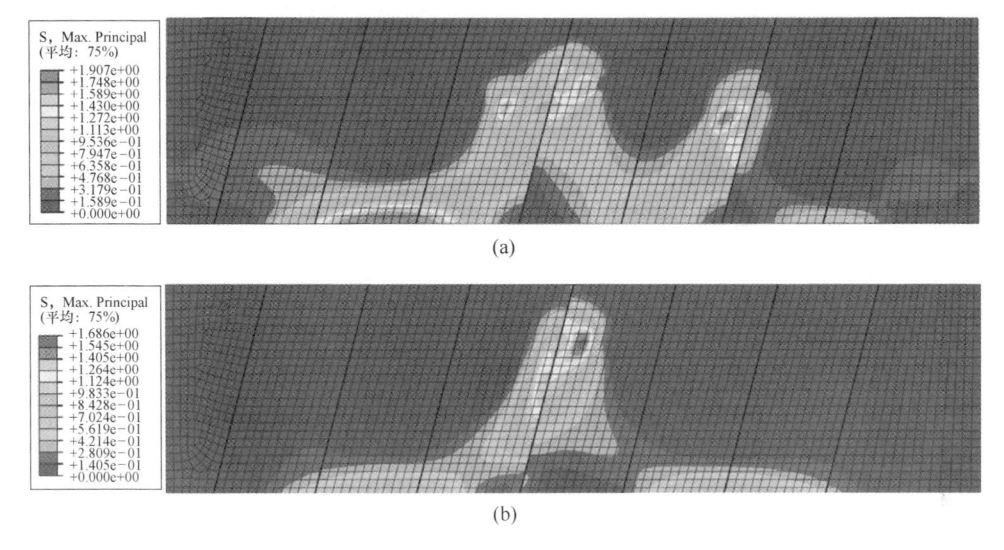

图 11-6　岩梁最大主应力分布

（a）普通型浆体；（b）膨胀型浆体

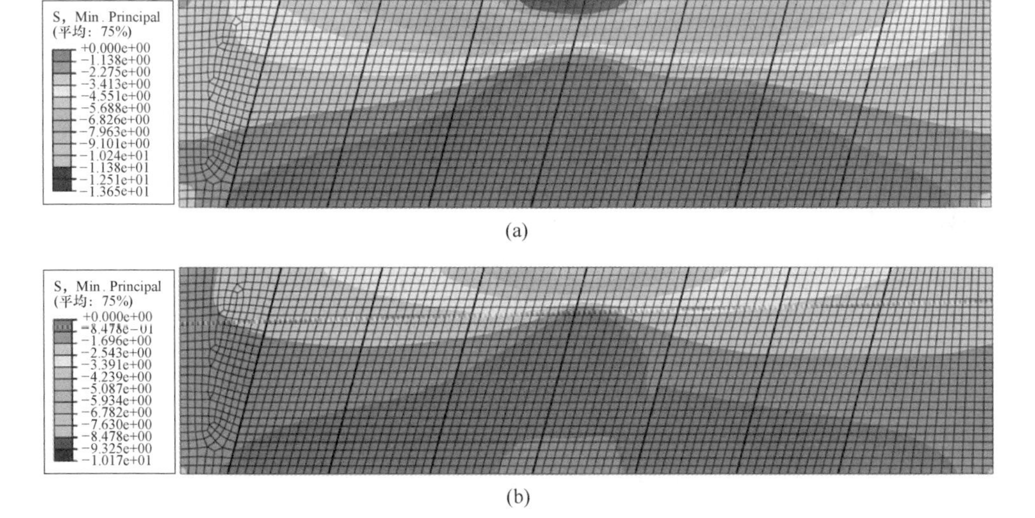

图 11-7　岩梁最小主应力分布

（a）普通型浆体；（b）膨胀型浆体

表 11-2　不同注浆加固下岩梁主应力差值　　（MPa）

类　型	最大主应力	最小主应力	主应力差值
普通型浆体	1.91	−13.65	15.56
膨胀型浆体	1.69	−10.17	11.86

根据第一强度理论（最大拉应力理论）[6-8]，材料最大主应力达到某一极限值时，材料发生断裂。膨胀型浆体注浆时，岩梁的最大主应力比普通型浆体注浆时更小，最大主应力越小表明岩梁内部岩体所受的拉应力越小，因此围岩更加稳固。

根据莫尔-库仑强度准则，在岩体物理力学条件不变的情况下，岩体的剪切破坏与最大主应力和最小主应力的差值有关。如图 11-8 所示，图中纵坐标 τ 为最大剪应力，横坐标 σ 为最大剪应力所在平面的正应力。以某岩体材料为例，材料的内摩擦角为 θ，黏聚力为 C，均受最大主应力 σ_1 和最小主应力 σ_3 的作用。当材料由应力状态 1 转变为应力状态 2 时，对应的最大主应力与最小主应力差值由 D_1 减小到 D_2，相应的剪应力 τ_2 小于 τ_1。岩体所受的剪应力更小，更有利于减小应力对岩体造成的破坏。

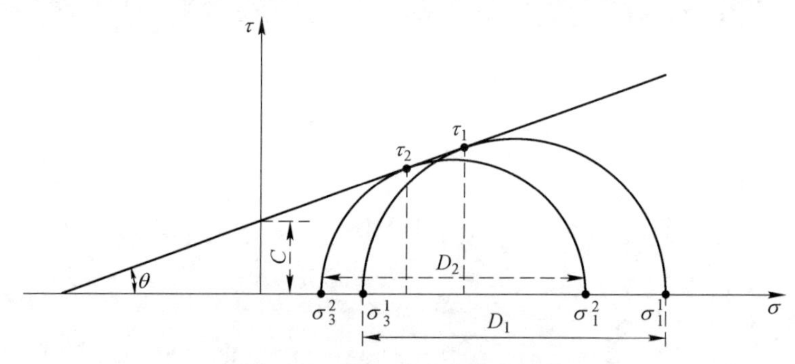

图 11-8　莫尔-库仑强度包络线

11.2.4.4　*岩梁位移和塑性变形随岩层倾角的变化规律*

为了进一步分析膨胀型浆体注浆加固时岩梁的变形规律，在静力加载分析步结束后施加位移边界条件，使模型由弹性变形转变为塑性变形。分析岩梁的位移特征及塑性应变特征。

以岩梁下部边界为监测范围，模型中每个岩层设置两个测点，加上岩梁中点共计 17 个测点。监测点位置及编号如图 11-9 所示。

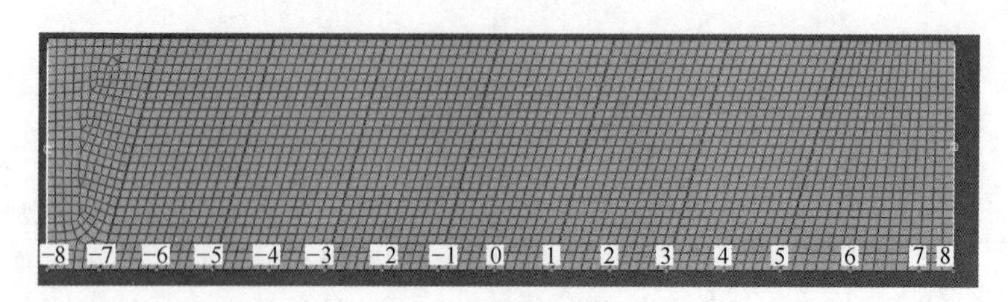

图 11-9　监测点位置

将岩梁分为左右两段，根据数值模型倾角方向，岩梁左段为高应力段（测点-8~0）、岩梁右段为低应力段（0~8）。

图 11-10 所示为不同岩层倾角条件下岩梁监测点的垂直位移分布图。

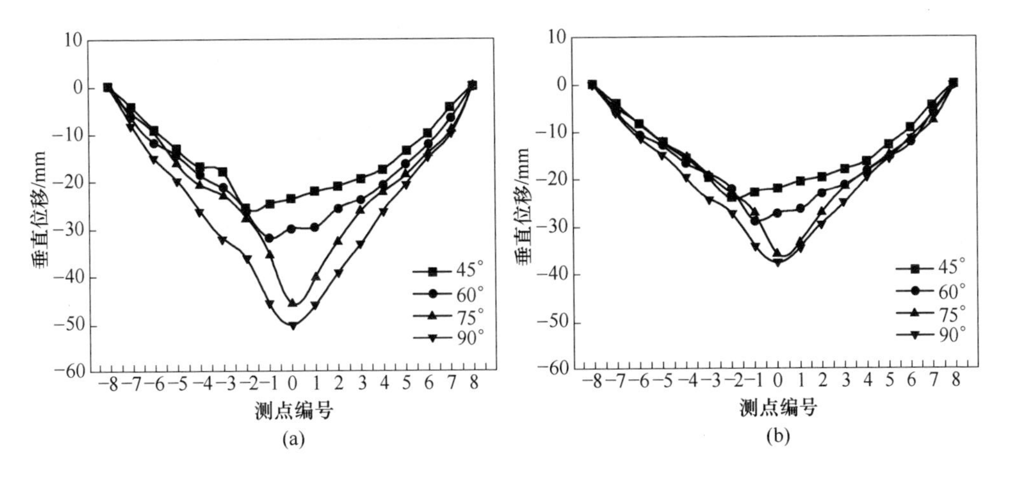

图 11-10　不同倾角条件下监测点垂直位移

（a）普通型浆体；（b）膨胀型浆体（1.6MPa）

图 11-10 表明的岩梁垂直位移随岩层倾角变化的规律如下：

（1）岩梁监测点垂直位移方向向下，岩梁垂直位移峰值均随岩层倾角增大而增大，峰值位移点随岩层倾角增大由高应力段向低应力段偏移。岩层倾角为90°时，垂直位移关于中点对称。随着岩层倾角的增加，岩梁的非对称变形差异逐渐降低。

（2）膨胀型浆体注浆加固时，岩层的垂直位移较普通型浆体注浆加固时更小，峰值位移点无明显变化，远离岩梁中心位置时，岩梁垂直位移量接近。

11.2.4.5　岩梁受压塑性变形

急倾斜层状岩体巷道开挖后，顶板中各岩层受侧上方岩层的压力和侧下方岩层的支撑，整体处于受压状态。注浆后，岩层之间形成组合岩梁，各岩层受浆体的挤压应力作用，岩梁受上部岩体压力和水平两侧地应力作用，整体处于受压状态。因此，分析岩梁受压塑性变形有助于评判岩梁受压时的变形程度。

ABAQUS 中认为，当等效塑性应变（PEEQ）为 0 时，表明材料未发生塑性变形，处于无损伤状态。PEEQ 大于 0 时，表明材料已经发生塑性变形。不同倾角下岩梁极限承载状态时的受压等效塑性应变等值线云图分别如图 11-11~图 11-14 所示。

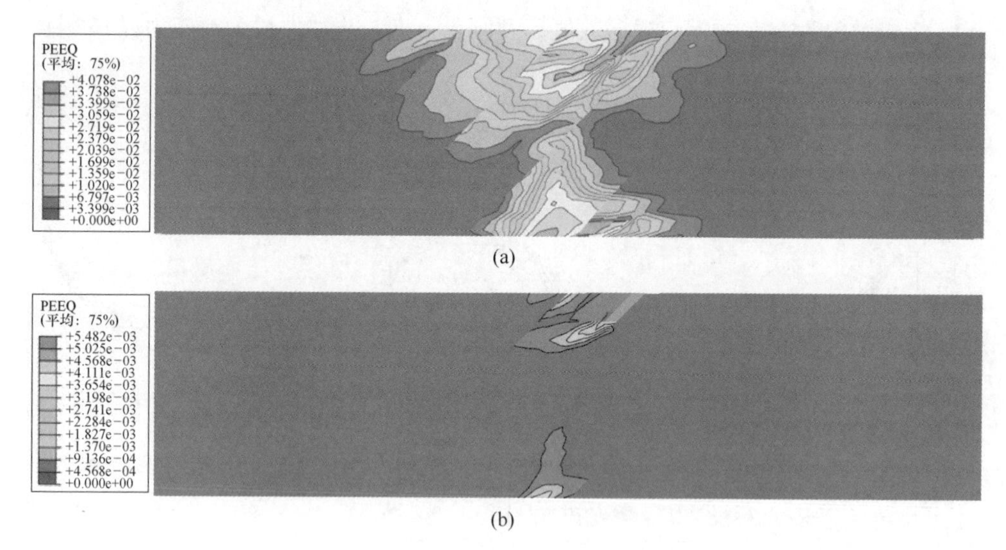

图 11-11　岩梁受压等效塑性应变

（a）45°倾角岩梁（普通型浆体）；（b）45°倾角岩梁（膨胀型浆体）

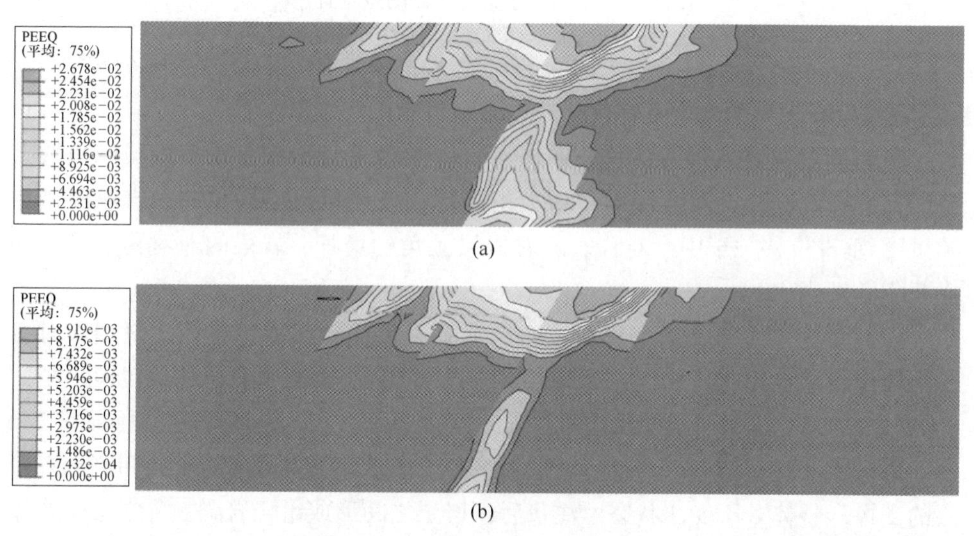

图 11-12　岩梁受压等效塑性应变

（a）60°倾角岩梁（普通型浆体）；（b）60°倾角岩梁（膨胀型浆体）

由图 11-11～图 11-14 可见，随着岩层倾角的增加，岩梁塑性应变区域增大。岩层倾角为 45°和 60°时，最大值在岩梁上边界中点附近，沿倾角方向分布于层理面两侧。岩层倾角为 75°和 90°时，普通型浆体注浆的岩梁上下边界均产生较大范围的塑性应变。

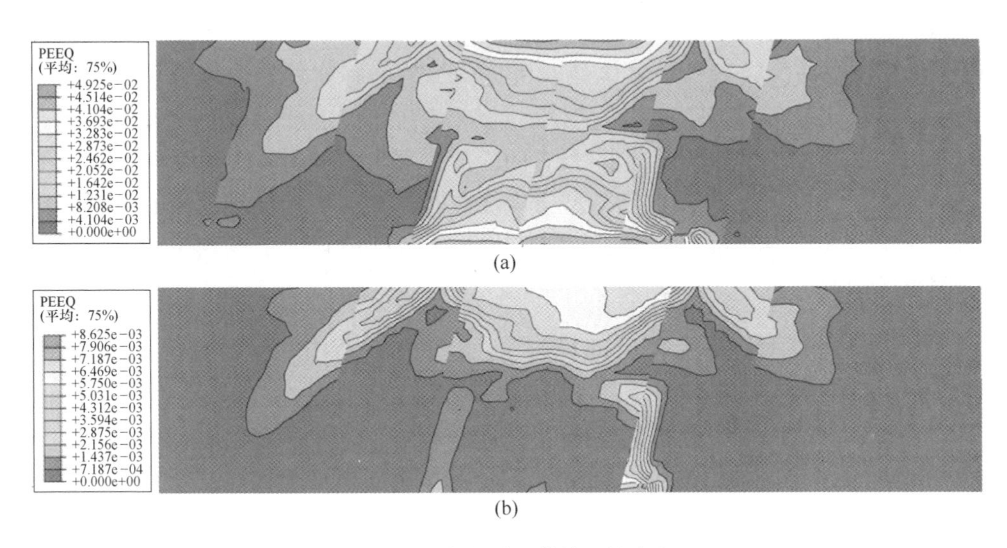

图 11-13　岩梁受压等效塑性应变

（a）75°倾角岩梁（普通型浆体）；（b）75°倾角岩梁（膨胀型浆体）

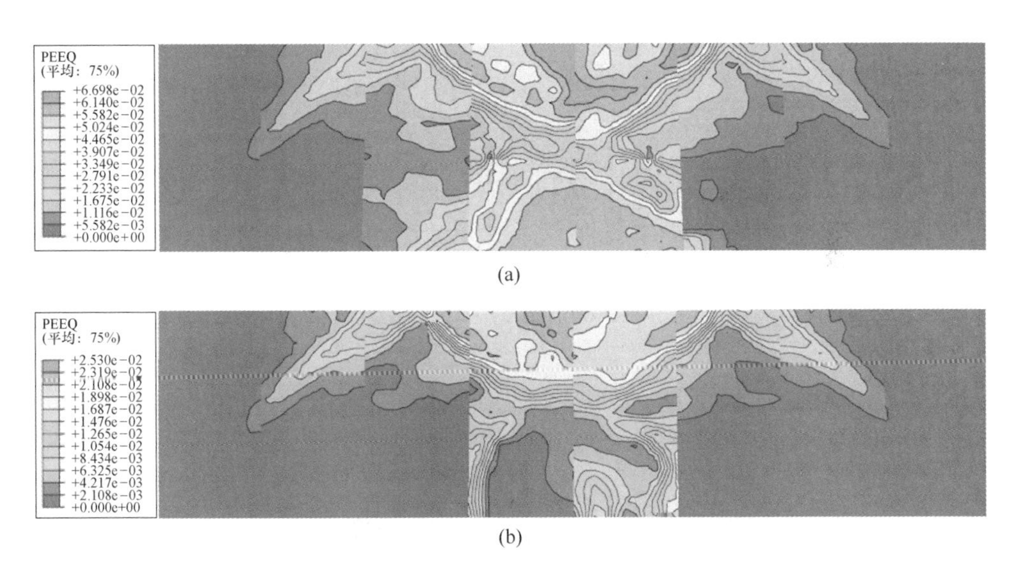

图 11-14　岩梁受压等效塑性应变

（a）90°倾角岩梁（普通型浆体）；（b）90°倾角岩梁（膨胀型浆体）

普通型浆体注浆时，岩梁的等效塑性应变峰值范围在 0.041～0.067 之间，膨胀型浆体注浆时，岩梁的等效塑性应变峰值范围在 0.0055～0.025 之间。同一岩层倾角下，膨胀型浆体注浆时的等效塑性应变值均小于普通型浆体注浆时，塑性区的分布范围也较普通型浆体注浆时更小。说明膨胀型浆体注浆时，岩梁内部应力集中区域更小，内部围岩变形程度更小。

由岩梁受压等效塑性应变等值线可见，等值线在岩层交界面上出现相互错动，呈锯齿状分布，这说明岩梁受载时，岩体沿层面方向产生了一定程度的“层间滑移”变形，岩层交界面上同一位置的变形表现出明显的非协调性。由图 11-12（b）和图 11-13（b）可知，膨胀型浆体注浆时，交界面上的等值线近似为光滑曲线，说明岩层交界面上的“层间滑移”程度有所降低，更有利于各岩层间的协调承载。

11.3　急倾斜层状岩体巷道顶板注浆加固数值模拟

11.3.1　注浆加固数值模型的建立

岩层接触面之间采用 cohesive 接触，原始应力状态设置为自重应力。图11-15所示为急倾斜层状岩体巷道模型，模型尺寸 40m×30m，共有 14400 个单元。巷道尺寸 4m×3.6m，层理面间水平间距 1.2m，根据实际矿山巷道注浆加固施工情况，注浆至巷道顶板上方 5m 高度处。其浆体和围岩的力学参数见表 11-3。

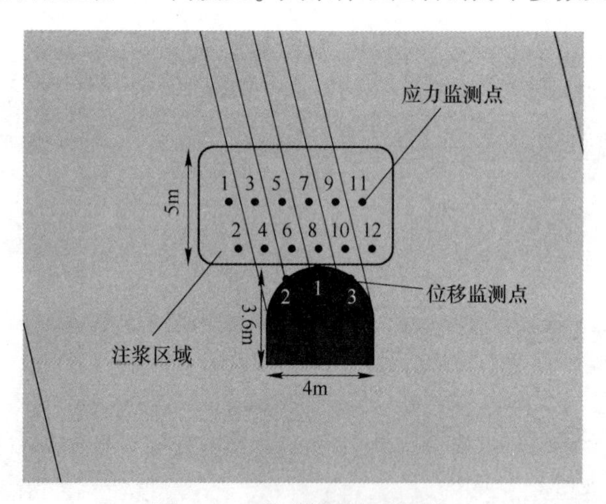

图 11-15　巷道模型与监测点

表 11-3　材料参数

材料类型	抗拉强度 /MPa	体积模量 /GPa	弹性模量 /GPa	内摩擦角 /(°)	黏聚力 /MPa	密度 /kg · m^{-3}	泊松比
巷道围岩	2.30	0.71	2.39	33.02	4.53	2570	0.25
普通型浆体	2.16	0.55	1.81	26.11	3.64	1450	0.21
膨胀型浆体	2.08	0.33	1.81	21.80	3.47	1450	0.21

模型底部设置固定边界限制其垂直位移，左右两侧设置为固定边界限制其水平位移。模型顶部施加线性增加至 45.9MPa 的垂直荷载，模拟实际中的上覆岩层自重应力。本次数值模拟试验中对巷道顶板注浆层理面两侧施加 2.4MPa 的膨胀应力。

巷道顶板上方 1m 和 2m 高度各设置 6 个监测点，监测点左右间隔 1.2m，记录加载过程的顶板应力变化情况。巷道顶板中心及距中心左右水平间距 1m 处共设置 3 个监测点，监测加载过程的顶板位移变化情况。

11.3.2 数值模拟结果分析

通过对比不同注浆条件下的巷道顶板位移与围岩应力变化特征，取顶板垂直位移 U，水平应力 σ_x 和垂直应力 σ_y，分析膨胀型浆体注浆的加固效果。

11.3.2.1 巷道围岩顶板位移变化特征

图 11-16 所示为不同注浆条件下的顶板垂直位移云图。在未注浆条件下，由于岩层倾角作用，上覆岩层沿层理面的重力分量远大于岩层层面之间的摩擦力，易造成岩层沿层理面方向产生滑移。巷道两侧垂直位移呈非对称分布，顶板中部呈错位分布，沿层理面产生较大位移（见图 11-16（a）），最大值为 80.2mm。注浆后顶板注浆区域应力云图呈连续分布，表明注浆后顶板各层间岩体有效黏结成整体（见图 11-16（b）和（c））。

膨胀型浆体注浆巷道顶板最终位移量低于普通型浆体注浆时，说明膨胀型浆体注浆能更好地控制急倾斜层状岩体巷道顶板的沉降。

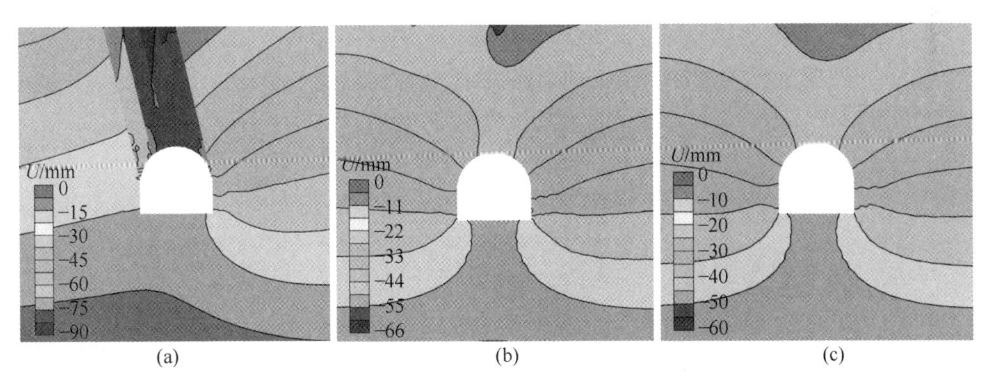

图 11-16 不同注浆条件下的顶板垂直位移云图

（a）未注浆；（b）普通型浆体注浆；（c）膨胀型浆体注浆

11.3.2.2 巷道围岩顶板应力变化特征

图 11-17 和图 11-18 所示分别为不同注浆条件下巷道围岩水平应力和垂直应力分布云图（未变形图）。未注浆、普通型浆体注浆和膨胀型浆体注浆条件下顶

板应力变化特征如下：

（1）巷道在开挖过后，由于应力释放，巷道周边产生一定的拉应力。未注浆、普通型浆体注浆和膨胀型浆体注浆下顶板水平拉应力最大值 $\sigma_{x\max}$ 分别为 3.17MPa、0.81MPa、1.03MPa，垂直拉应力应力 $\sigma_{y\max}$ 分别为 5.96MPa、2.45MPa、2.07MPa。

（2）未注浆条件下，由于岩层的倾角作用，巷道围岩应力分布呈现出非对称分布，且顶板围岩应力受层理面控制明显，呈非连续错位分布（见图 11-17（a）和图 11-18（a））。在上覆岩层沿垂直层面的重力分量的作用下，顶板各岩层上侧受压下侧受拉，巷道左帮出现应力集中现象。

（3）注浆后顶板注浆区域应力云图呈连续分布，表明注浆后顶板各层间岩体有效黏结成整体（见图 11-17（b）和图 11-18（b））。巷道左帮应力分布更加均匀，降低了左帮拱底的应力集中程度，两帮垂直应力接近对称分布。普通型浆体注浆显著降低了顶板水平应力及垂直应力，同时两帮的垂直应力减小，膨胀型浆体注浆进一步降低了顶板及两帮垂直应力，但增大了顶板的水平应力（见图 11-17（c）和图 11-18（c））。

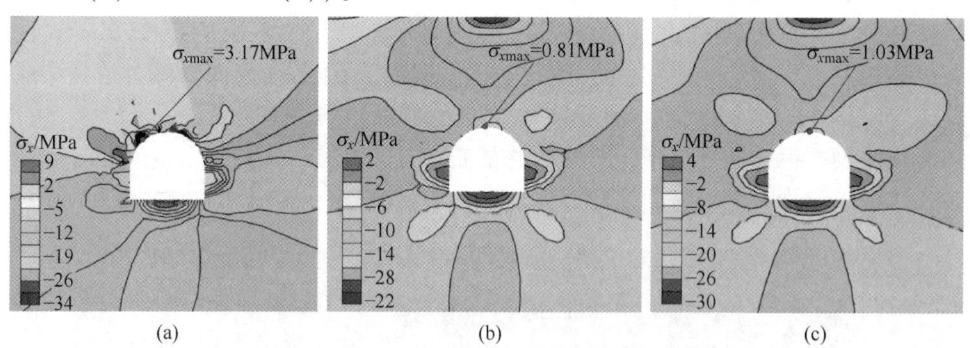

图 11-17 不同注浆条件下顶板水平应力云图
（a）未注浆；（b）普通型浆体注浆；（c）膨胀型浆体注浆

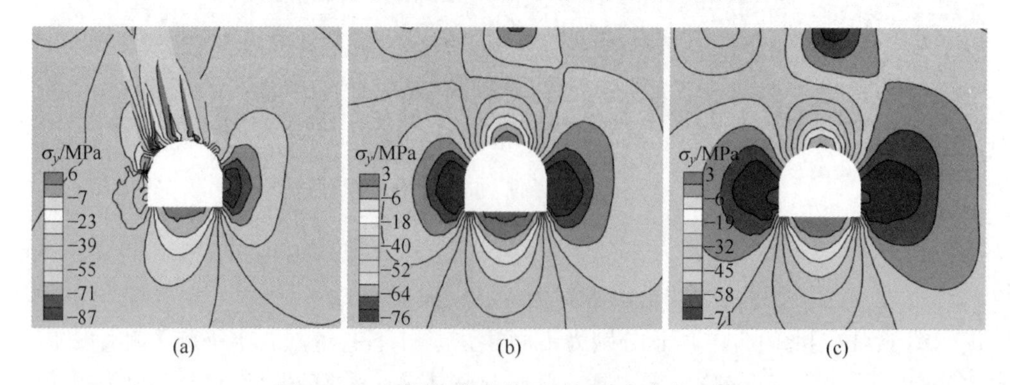

图 11-18 不同注浆条件下顶板垂直应力云图
（a）未注浆；（b）普通型浆体注浆；（c）膨胀型浆体注浆

11.3.3 岩层倾角和巷道埋深对注浆加固效果的影响

当岩体层理面倾角小于45°时，膨胀型浆体产生的膨胀应力沿垂直方向分量较大，增大了顶板的垂直应力，对巷道造成进一步破坏；当倾角大于45°时，膨胀型浆体产生的膨胀应力主要为水平应力，因此膨胀型浆体注浆加固适用于大倾角岩体的巷道顶板。不同巷道埋深条件下，上覆岩层重力引起的地应力也发生变化。由于岩层倾角的作用，不同埋深下的应力分布也不相同。

采用数值模拟方法控制单因素变量（见表11-4），分析不同倾角和不同巷道埋深条件下顶板围岩的位移及应力变化。在巷道顶板上方1m高度处设置监测点，根据试验结果总结急倾斜层状岩体顶板位移及应力的变化规律。

表11-4 不同地质条件参数

范围/步长	岩层倾角/(°)	巷道埋深/m
(45°~90°) /15°		500
300~700m/100m	75	

11.3.3.1 岩层倾角

图11-19所示为不同岩层倾角条件下，顶板围岩监测点的垂直位移分布图。顶板围岩监测点处垂直位移方向向下，随着岩层倾角的增加，岩层层理方向与岩层重力方向所成角度变小，岩层重力沿层理方向的作用力大大增加，顶板围岩垂直位移峰值增大。岩层倾角为45°时，峰值点向左偏移最大，垂直位移最小。岩层倾角为60°时，位移峰值点向中心移动，垂直位移增大。当岩层倾角为90°时，此时垂直位移最大，垂直位移分布呈中心对称。即随着岩层倾角的增加，位移峰值点向顶板中部靠近，非对称变形差异逐渐降低。

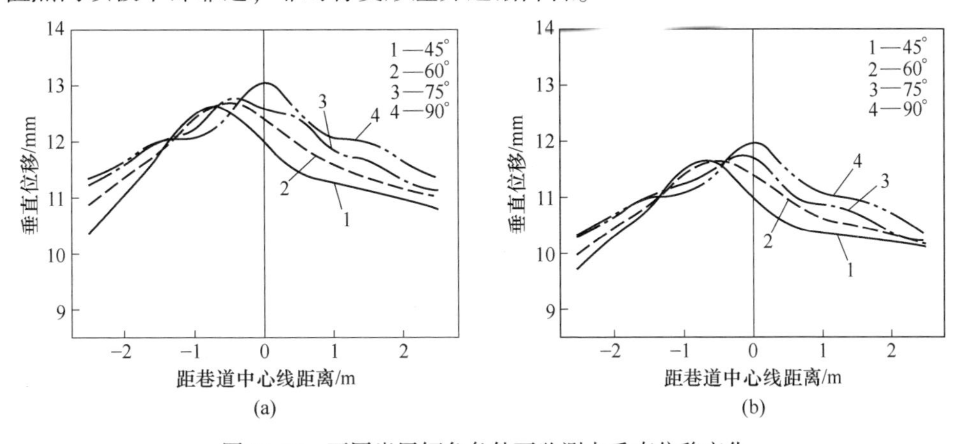

图11-19 不同岩层倾角条件下监测点垂直位移变化
(a) 普通型浆体注浆；(b) 膨胀型浆体注浆

在 45°、60°、75°、90°岩层倾角条件下，普通型浆体注浆加固后的顶板围岩最大垂直位移分别为 12. 6mm、12. 71mm、12. 85mm、13. 05mm，膨胀型浆体注浆加固后的最大垂直位移分别为 11. 71mm、11. 79mm、11. 91mm、12. 06mm，膨胀型浆体注浆加固后的顶板围岩垂直位移更小，且各岩层倾角下的峰值位移点更靠近巷道中心线。

图 11-20 所示为不同岩层倾角下顶板围岩监测点的垂直应力分布图。由于倾角的作用，围岩垂直拉应力区分布偏向左侧。随着岩层倾角的增加，顶板围岩垂直拉应力增大。岩层层理方向与岩层重力方向所成角度变小。岩层倾角为 45°时，垂直拉应力峰值点向左偏移最大，垂直应力最小；岩层倾角为 60°时，垂直拉应力峰值点向中心移动，垂直拉应力增大；岩层倾角为 90°时，垂直应力分布均呈中心对称。

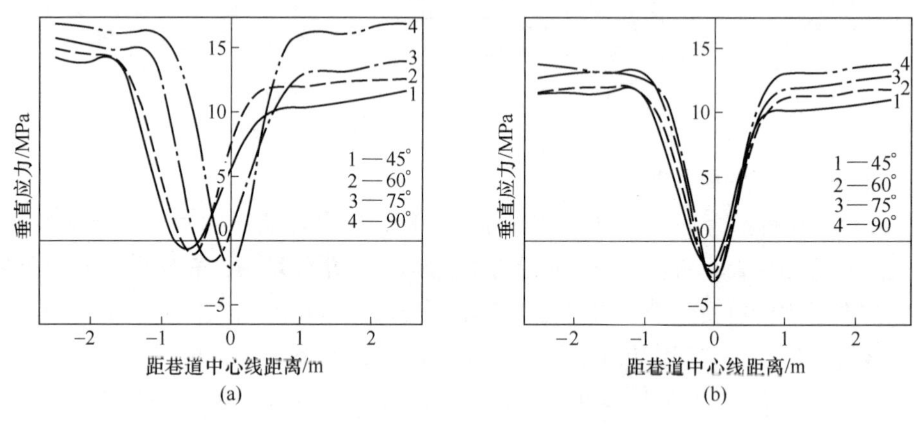

图 11-20 不同岩层倾角条件下监测点垂直应力变化

（a）普通型浆体注浆；（b）膨胀型浆体注浆

在 45°、60°、75°、90°岩层倾角条件下，普通型浆体注浆加固后的顶板围岩最大垂直拉应力分别为 0. 89MPa、1. 23MPa、1. 56MPa、2. 32MPa，膨胀型浆体注浆加固后的最大垂直拉应力分别为 0. 38MPa、0. 87MPa、1. 24MPa、1. 65MPa，膨胀型浆体注浆加固后的顶板围岩垂直应力更小，且各岩层倾角下的垂直拉应力峰值位移点更靠近巷道中心线。

图 11-21 所示为不同岩层倾角下顶板围岩监测点的水平应力分布图。随着岩层倾角的增加，岩层层理方向与岩层重力方向所成角度变小，层理面压应力水平分量减小，因此水平应力减少，且左侧水平应力大于右侧。岩层倾角为 45°时，此时层理面压应力水平分量最大，水平应力最大；岩层倾角为 60°时，水平应力减小；岩层倾角为 90°时，水平应力均呈中心对称，中间水平应力最大，逐渐向两侧减小，并大于 75°倾角下的峰值。

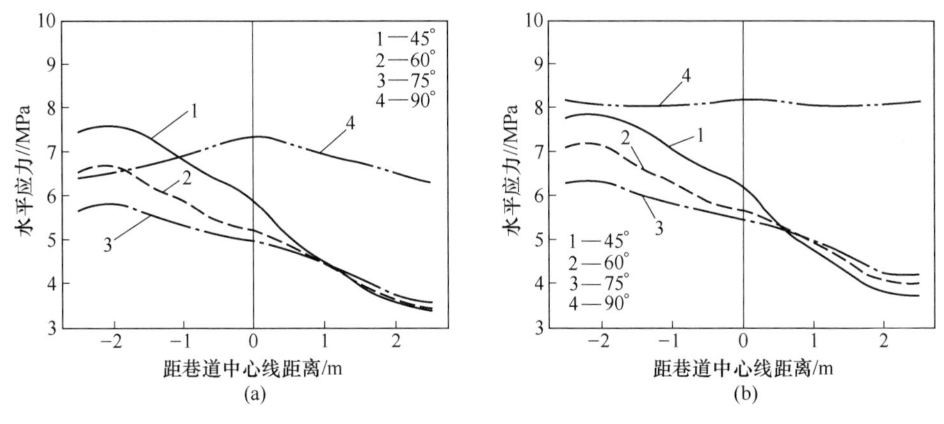

图 11-21　不同岩层倾角条件下监测点水平应力变化

（a）普通型浆体注浆；（b）膨胀型浆体注浆

在 45°、60°、75°、90°岩层倾角条件下，普通型浆体注浆加固后的水平应力分别为 7.61MPa、6.75MPa、5.88MPa、6.09MPa，膨胀型浆体注浆加固后的顶板围岩最大水平应力分别为 8.05MPa、7.73MPa、6.82MPa、7.97MPa，膨胀型浆体注浆加固后的顶板围岩水平应力更大，左右两端增加明显。随着岩层倾角的增加，岩层层理方向与膨胀应力方向所成角度变大，水平应力增值更大。

膨胀型浆体注浆加固后的顶板围岩垂直应力较普通浆体注浆加固后更小，同时增大了两侧水平应力，表明膨胀型浆体向两侧产生的挤压应力增强了注浆加固效果。

11.3.3.2　巷道埋深

不同巷道埋深时，上覆岩层重力引起的应力也发生变化。为了研究不同巷道埋深时巷道顶板垂直位移和应力变化规律，分别设置巷道埋深为 300m、400m、500m、600m、700m，在加载过程中改变加载力，模拟巷道围岩的不同埋深地应力环境。为了减少建模时间和计算结果的差异性，将不同埋深条件的巷道建立一种计算模型，只是在加载过程中改变加载力，体现巷道围岩的不同埋深，本次模拟中是以岩体的自身重力作为模型的初始条件，即应力计算公式为：

$$\sigma_1 = \rho g h \tag{11-19}$$

式中，ρ 为围岩密度；g 为重力加速度；h 为巷道埋深。

倾角不变的情况下，浆体注浆加固后不同埋深巷道的上覆岩层重力对应力分布影响很小，主要为应力值的变化，取加载过程中的最大垂直位移和垂直拉应力进行对比分析。

图 11-22 所示为不同巷道埋深条件下顶板围岩最大垂直拉应力与垂直位移。

随着埋深的增大，顶板围岩垂直拉应力和垂直位移均增大。在 300m、400m、500m、600m、700m 埋深条件下，普通型浆体注浆加固后顶板围岩的最大垂直位移分别为 8. 90mm、10. 29mm、12. 85mm、15. 21mm、18. 11mm，最大垂直拉应力分别为 1. 45MPa、1. 49MPa、1. 56MPa、1. 65MPa、1. 80MPa。膨胀型浆体注浆加固后的最大垂直位移分别为 8. 11mm、9. 47mm、11. 91mm、14. 33mm、17. 75mm，最大垂直拉应力分别为 1. 10MPa、1. 17MPa、1. 24MPa、1. 36MPa、1. 54MPa。

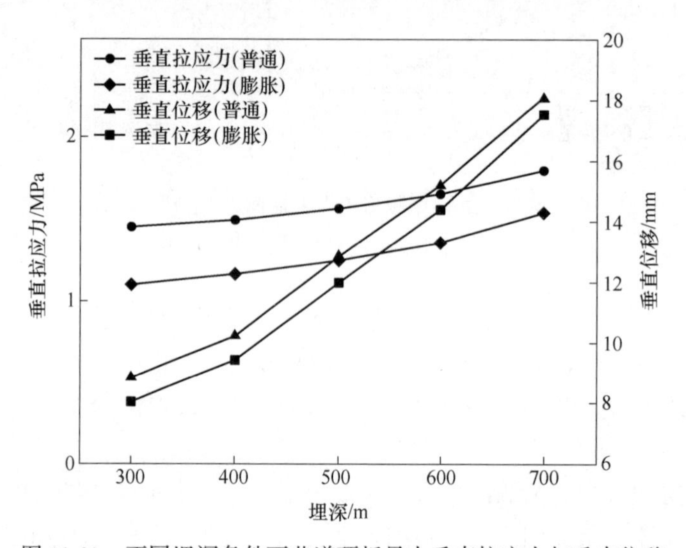

图 11-22 不同埋深条件下巷道顶板最大垂直拉应力与垂直位移

膨胀型浆体注浆加固后的巷道顶板围岩垂直拉应力和位移较普通型浆体注浆加固后更小，但随着埋深的增大，膨胀型浆体注浆加固后的垂直拉应力较普通型浆体注浆加固后分别减少 24. 1%、21. 5%、20. 5%、17. 4%、14. 59%，两者的加固效果呈接近的趋势。在膨胀应力不变的情况下，地应力的增大会减弱膨胀型浆体的注浆加固效果。

11. 4 急倾斜层状岩体巷道顶板注浆加固相似试验

11. 4. 1 相似模拟试验设计

本次试验是在自行研制的可加载相似模拟试验装置上开展的，如图 11-23 所示，试验装置浇筑空间尺寸为长 2000mm、高 1500mm、厚 300mm。装置右侧与上部均可实行加压操作，能够模拟不同水平地应力及垂直地应力条件。

11. 4. 1. 1 模型相似常数的确定

根据模型试验架和巷道模具的尺寸，确定了几何相似比为 $C_l = 1:20$，模型

图 11-23 可加载相似模拟试验装置

相似材料选用普通河砂作为骨料，水泥作为胶结材料。实验室配制的相似材料密度范围一般在 1500～2200kg/m^{3}之间，而实际矿山的岩体密度一般在 2500～3000kg/m^3，确定密度相似比为 $C_\rho=1:1.21$；基于相似准则，确定应力相似比 $C_\sigma=1:24.2$。

11.4.1.2 相似材料的选择

浇筑模型前需要进行试验，测试不同配比的原材料混合制成试样的力学参数。为了减少不同岩性带来的结果差异性，除层理面之外，岩层均采取同样配比。相似模型的原材料为河砂、水泥、石膏，经过多次探索性试验，最终确定了各材料的具体比例为河砂∶水泥∶石膏=6∶1∶0.2，水灰比为 1∶5。为了减少河砂中的粗骨料对结果的影响，选用直径为 0.5mm 的网筛筛选河砂。按照各原材料配比制作了直径 50mm、高度 100mm 的相似材料圆柱试样，分别测试试样 3d、5d、7d、14d 时的单轴抗压强度（见表 11-5）。

表 11-5 不同龄期下相似材料的单轴抗压强度

龄期/d	3	5	7	14
强度/MPa	1.67	2.35	2.59	2.70

11.4.2 相似模型浇筑及监测点布置

11.4.2.1 模型浇筑

根据实验平台尺寸，建立平面尺寸为 2.0m×1.5m 的试验模型，模型的岩层倾角为 75°，在模型中建立两个三心拱巷道，巷道断面尺寸为宽 200mm、高 180mm、进深 300mm，巷道腰高 100mm，拱高 80mm。本次试验只考虑上覆岩层自重及垂直地应力的作用，忽略水平地应力的作用，因此两个巷道埋深相同，巷道底板距离模型底部 600mm，距离左右两边界均为 600mm。模型的岩层倾角为 75°，层理面采用云母粉分隔。分别对巷道顶板进行普通型浆体注浆和膨胀型浆体注浆，巷道顶板 5 个层理面内各设置 1 个注浆点，注浆点之间水平相隔 60mm，在层理面预埋小直径注浆软管。浇筑方案如图 11-24 所示。

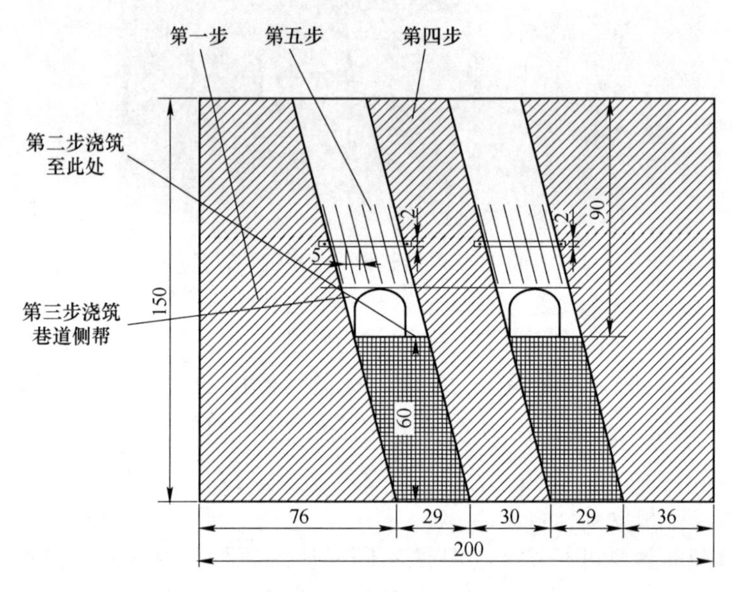

图 11-24　相似模型浇筑方案

根据设计方案，在纸板上标记出主要位置，具体包括岩层挡板位置、巷道模具位置、监测点位置和裂隙位置。在裂隙位置处固定预埋的注浆管（见图 11-25），模型浇筑过程中控制岩层的厚度及定位用于监测压力的土压力盒的位置。称取浇筑材料进行搅拌，将搅拌好的材料倒入各岩层，将浇筑好后的岩层夯实，保证各岩层的均质性。

浇筑至指定位置后将巷道模具放置在设计的指定位置，将巷道模具两帮填充密实。待模型养护 2~3h 后，固定槽钢及钢板，将槽钢用螺钉固定在已经浇筑好的两侧岩层内，钢板沿槽钢槽口固定，然后往两侧空隙中浇筑相似材料，形成裂隙岩层。在提前设定好的应力监测点位置预埋土压力盒，从同一高度引出压力盒连线，防止加载过程因连线缠绕造成的干扰。具体如图 11-26 所示。

每个巷道顶部中心及距中心左右 50mm 共安装 5 个电子千分表，监测顶板位移。巷道上方 50mm 处的层理面间岩体内部预埋土 12 个压力盒，用于监测围岩应力。压力盒沿急倾斜岩层倾向放置，左右水平间隔 60mm，垂直间隔 50mm，数据测点具体位置如图 11-27 所示。

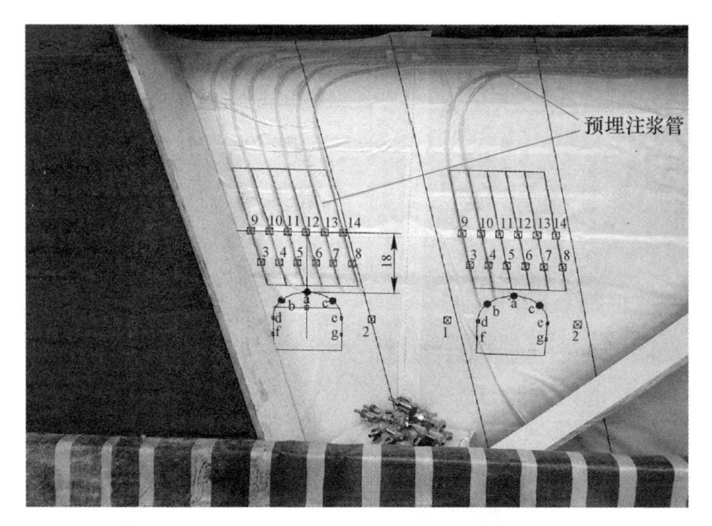

图 11-25　预埋注浆管

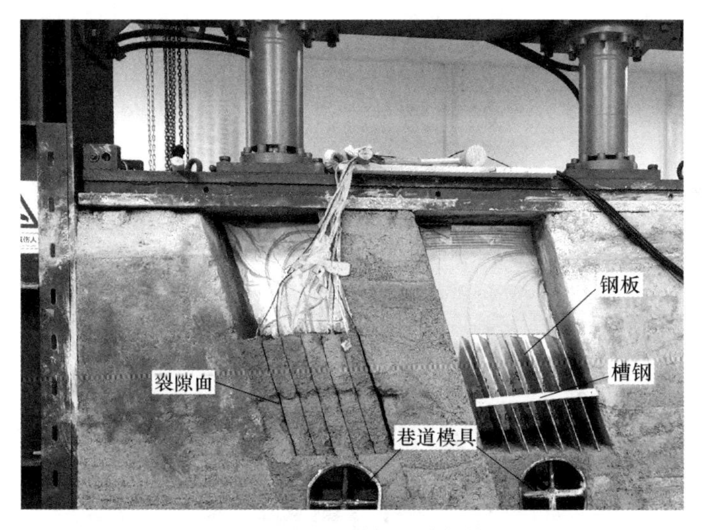

图 11-26　巷道与裂隙制作

11.4.2.2　注浆及加载

图 11-28 所示为急倾斜层状岩体巷道顶板膨胀型浆体注浆设备。使用分流阀连接各注浆管，每根注浆管出浆口一端朝层理面一侧开 6 个出浆口，出浆口间隔 4cm。按照试验配比将浆体材料导入搅拌机搅拌 10min，注浆压力设置为 0.5MPa。在层理面顶部插入细铁丝形成微孔，判断注浆是否达到指定位置，微孔位置比指定的注浆高度稍高，当微孔处有浆液溢出时，关闭注浆机。

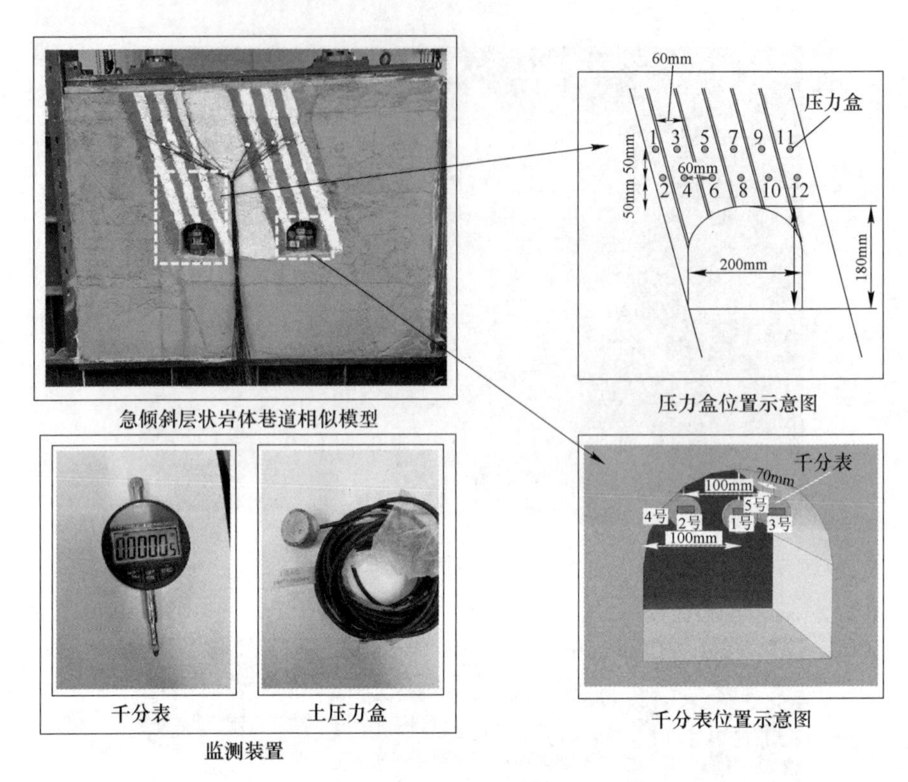

图 11-27 巷道围岩数据监测装置与监测点

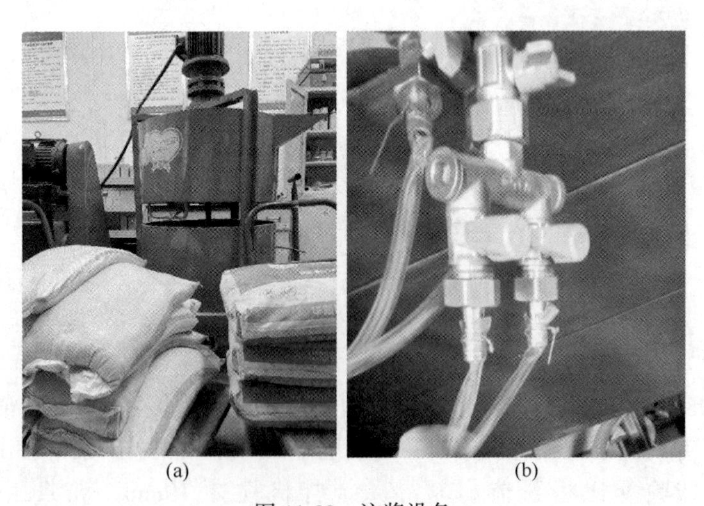

(a) (b)

图 11-28 注浆设备

(a) 注浆泵；(b) 注浆管

图 11-29 所示为急倾斜层状岩体巷道顶板膨胀型浆体注浆加固相似模拟加载系统。待层理面注浆并养护 7d 后，对模型上部进行阶梯加载，模拟巷道上覆岩层自重应力。试验共加载 8 次至 1.9MPa，每次加载间隔 12h，具体加载参数见表 11-6。

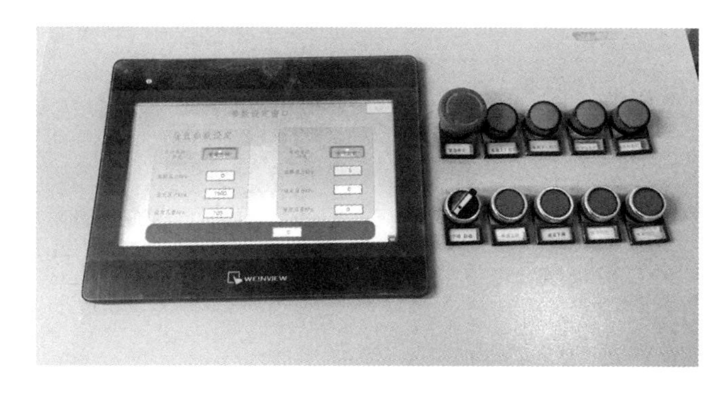

图 11-29 模拟加载系统示意图

表 11-6 加载参数

加载次数/次	1	2	3	4	5	6	7	8
垂直应力/MPa	0.1	0.2	0.3	0.5	0.7	0.9	1.4	1.9

11.4.3 相似模拟结果

11.4.3.1 巷道围岩应力变化特征

图 11-30（a）、（b）分别为普通型浆体和膨胀型浆体注浆后 7d 内巷道顶板各测点应力变化图。由于加载过程中的 8 号和 12 号压力盒数据异常，未监测到数据。注浆后，各测点应力大约在 108h 后趋于稳定。普通型浆体注浆时，顶板应力在 0.04~0.22MPa 之间，左右侧差异明显。膨胀型浆体注浆时，顶板应力在 24h 内急剧增大，7d 后的应力在 0.59~0.78MPa 之间，顶板两侧的应力较大，且顶板应力整体上显著大于普通型浆体注浆后的顶板应力，表明膨胀型浆体注浆后的凝结期间对层理面产生了明显的膨胀挤压作用。

图 11-31（a）、（b）分别为普通型浆体和膨胀型浆体注浆条件下巷道顶板各应力测点随加载进程变化图。普通型浆体和膨胀型浆体注浆时顶板最大应力分别为 1.69MPa、1.13MPa，均为 2 号压力盒监测数据。巷道顶板应力随加载梯度增加而增长速率明显增加，普通型浆体注浆时的应力大于膨胀型浆体注浆，膨胀型浆体注浆时的应力在加载过程前期增长更加缓慢。

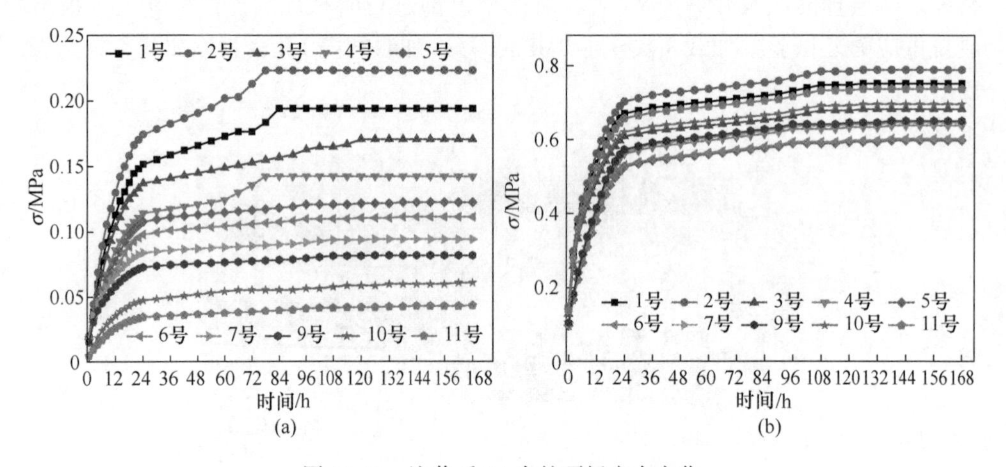

图 11-30　注浆后 7d 内的顶板应力变化

(a) 普通型浆体注浆；(b) 膨胀型浆体注浆

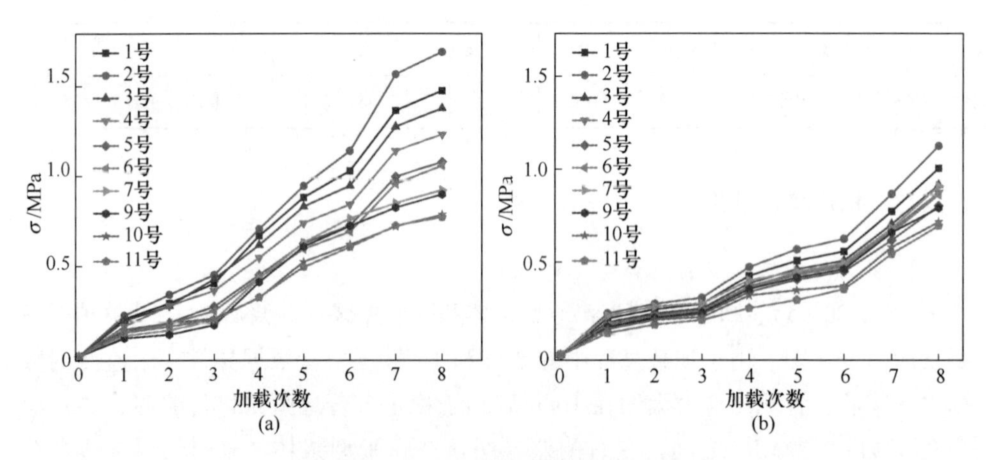

图 11-31　不同加载步次时的顶板应力

(a) 普通型浆体注浆；(b) 膨胀型浆体注浆

11.4.3.2　巷道顶板位移分析

图 11-32 (a)、(b) 分别为普通型浆体注浆和膨胀型浆体注浆条件下巷顶各测点垂直位移随加载进程变化图。巷道顶板随加载梯度增加而下沉量明显增加，各测点数据存在差异，1 号测点即巷顶中心处下沉量最大，左侧 2、4 号测点均大于右侧 3、5 号测点。普通型浆体和膨胀型浆体注浆时巷道顶板最大位移分别为 2.451mm 和 2.049mm。

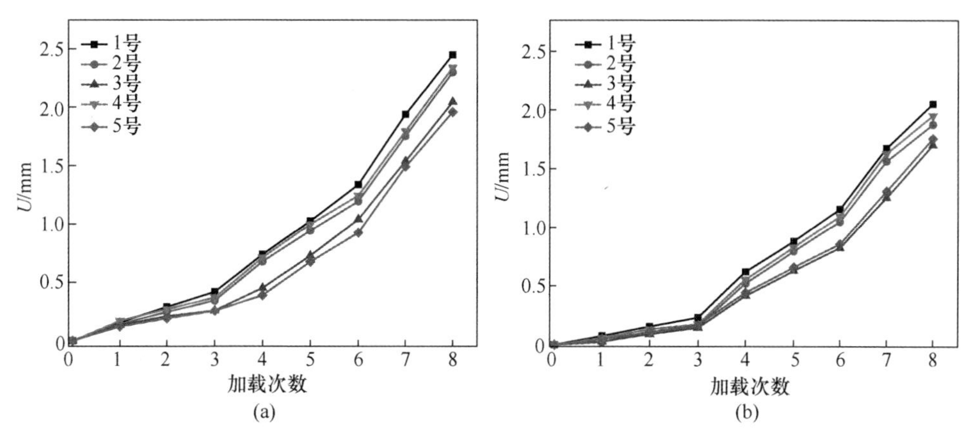

图 11-32 不同加载步次时的巷道顶板位移

（a）普通型浆体注浆；（b）膨胀型浆体注浆

11.5 相似模拟与数值模拟结果对比

图 11-33 为相似模拟试验中两种注浆方式下的巷道顶板位移及应力与数值模拟结果对比图。由图可知，相似模拟应力分布规律与数值模拟结果近似：相似模拟与数值模拟中膨胀型浆体注浆时的顶板监测点处位移均小于普通型浆体注浆时，巷顶中心处的位移最大；膨胀型浆体注浆时的顶板监测点处应力整体小于普通型浆体注浆时，巷道顶板左侧监测区域的应力相对右侧区域更大，高度接近巷顶的监测点应力更大。表明对急倾斜层状岩体巷道顶板应用膨胀型浆体注浆加固是合理的，较普通型浆体注浆具有更好的注浆效果。

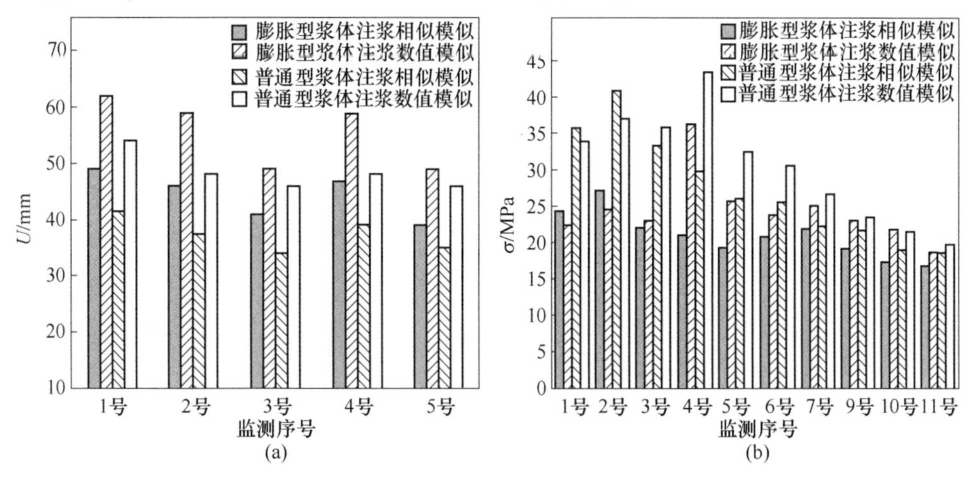

图 11-33 相似模拟监测点数据与数值模拟结果对比

（a）顶板位移；（b）顶板应力

11.6　急倾斜层状岩体巷道顶板膨胀型浆体注浆加固机理

根据理论推导、室内试验、数值模拟和相似模拟结果，总结的急倾斜层状岩体巷道顶板膨胀型浆体注浆加固作用机理如下。

（1）对层间岩体形成挤压。膨胀型浆体注浆时，对两侧岩体产生了挤压作用，岩体裂隙面上应力状态发生改变，提高了岩体和裂隙面的强度，如图 11-34 所示。相似模拟试验结果表明，顶板各岩层间已经在膨胀型浆体的挤压作用下产生了一定大小的预应力。

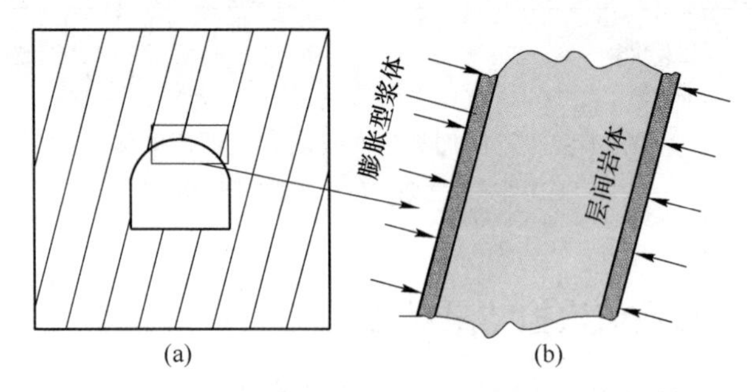

图 11-34　挤压层间岩体

（a）急倾斜岩层巷道；（b）挤压层间岩体

（2）修复层理面弱面。实际工程中，岩层之间往往存在松散岩体、碎块等弱面结构，如图 11-35 所示。无外力作用的情况下，这些松散碎块难以黏结形成整体。注入膨胀型浆体后，浆体对层理面的软弱结构产生黏结作用，使之聚集形成完整结构，同时，浆体的挤压效果和黏结效果均对层理面弱面进行了有效修复。

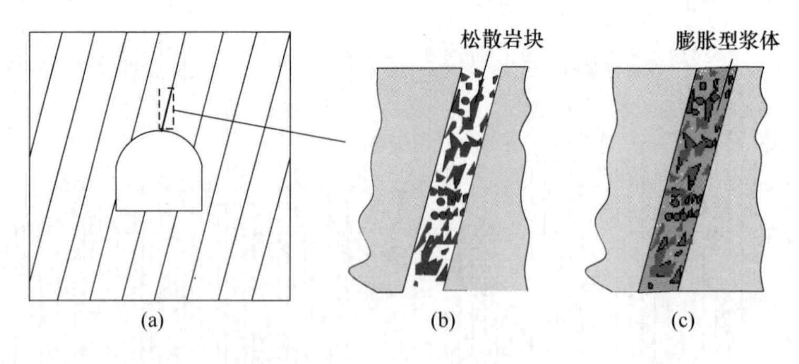

图 11-35　修复层理面弱面

（a）急倾斜岩层巷道；（b）层理面弱面；（c）碎块黏结

（3）改善岩体应力状态。浆体黏结作用不仅修复了层理面弱面，同时体积膨胀对两侧岩体产生挤压作用效果，在周边围岩的约束应力共同作用下，顶板所受的约束应力增大，膨胀型浆体的挤压和黏结复合作用改善了层间岩体的应力状态，使顶板围岩整体承载（图 11-36）。

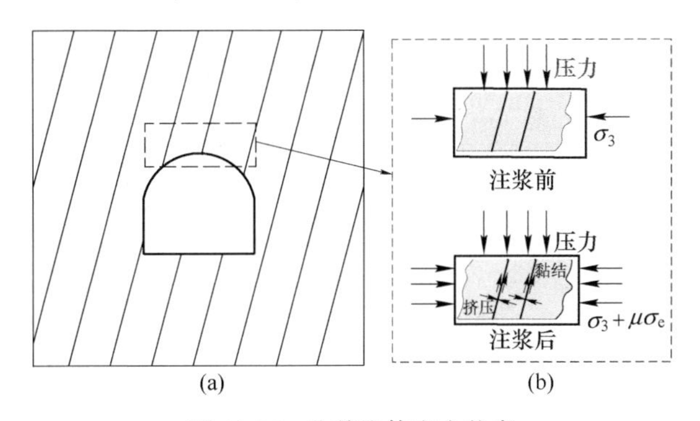

图 11-36 改善岩体应力状态

（a）急倾斜岩层巷道；（b）顶板约束应力状态

数值模拟结果表明，膨胀型浆体注浆加固时，岩体由普通型浆体注浆时主要发生垂直位移转变为水平和垂直位移同时产生（见图 11-4），岩体应力集中区域减小（见图 11-5 和图 11-6），表明岩体内部应力分布更加均匀。膨胀型浆体注浆时，岩梁各岩层交界面上的应变等值线近似为光滑曲线，说明岩层交界面上的“层间滑移”程度有所降低，变形更加协调，有利于各岩层间的协调承载（见图 11-12 和图 11-13）。

相似模拟结果表明，膨胀型浆体注浆时，模型中监测点的应力和位移均小于普通型浆体注浆时的应力和位移。以上分析均表明，膨胀型浆体更有利于控制巷道顶板受压变形，具有更好的注浆加固效果。

参 考 文 献

[1] 刘一鸣．急倾斜层状岩体巷道顶板膨胀型浆体注浆加固试验研究［D］．武汉：武汉科技大学，2022.

[2] 邓兴敏．急倾斜层状岩体巷道顶板膨胀型浆体注浆加固机理研究［D］．武汉：武汉科技大学，2022.

[3] 阎跃观，戴华阳，吕志强，等．急倾斜多煤层开采地表移动规律与岩层破坏特征［J］．金属矿山，2015，466（4）：89-93.

[4] 张蓓，曹胜根，王连国，等．大倾角煤层巷道变形破坏机理与支护对策研究［J］．采矿与安全工程学报，2011，28（2）：214-219.

[5] Guo T，Liu K，Song R. Crack propagation characteristics and fracture toughness analysis of rock-based layered material with pre-existing crack under semi-circular bending［J］. Theoretical and Applied Fracture Mechanics，2022，119：103295.

[6] Maximiliano R, Astrid A, Ana L, et al. Numerical investigation into strength and deformability of veined rock mass [J]. International Journal of Rock Mechanics and Mining Sciences, 2020, 135: 104510.

[7] Sun Z, Zhang D, Li A, et al. Model test and numerical analysis for the face failure mechanism of large cross-section tunnels under different ground conditions [J]. Tunnelling and Underground Space Technology, 2022, 130: 104735.

[8] 侯朝炯，柏建彪，张农，等．困难复杂条件下的煤巷锚杆支护 [J]. 岩土工程学报，2001，23 (1)：84-88.

[9] 张农，李桂臣，阚甲广．煤巷顶板软弱夹层层位对锚杆支护结构稳定性影响 [J]. 岩土力学，2011，32 (9)：2753-2758.

[10] Tu H, Zhou H, Qiao C, et al. Excavation and kinematic analysis of a shallow large-span tunnel in an up-soft/low-hard rock stratum [J]. Tunnelling and Underground Space Technology, 2020, 97: 103245.

[11] Wang S, Lu A, Tao J, et al. Analytical solution for an arbitrary-shaped tunnel with full-slip contact lining in anisotropic rock mass [J]. International Journal of Rock Mechanics and Mining Sciences, 2020, 128: 104276.

[12] 张学进．饱和软黄土隧道围岩注浆加固参数研究 [J]. 铁道工程学报，2021，38 (1)：60-65.

[13] 范钦珊，殷雅俊，虞伟建．材料力学 [M]. 北京：清华大学出版社，2008.

[14] 徐芝纶．弹性力学 [M]. 北京：高等教育出版社，2006.

12 含断层采场顶板膨胀型浆体注浆加固效果

地下矿产资源赋存条件复杂，因此在地下开采过程中经常遇见断层等不良地质体。与致密完整岩体相比，断层受弱面影响严重导致岩体胶结性差和易变形失稳。尤其是当大面积采场顶板存在断层时，由于开采扰动的影响，断层滑移造成采场附近围岩失稳，以及其周边应力场分布失控等问题较为突出，支护难度大，安全事故时常发生。

注浆加固作为采场支护的重要手段，通过置换断层岩体内部滞留的空气和水分，改变岩体组成成分，从而解决变形造成的强度衰减问题，对岩体维稳起到重要作用[1-3]。为研究膨胀型浆体对含断层采场顶板的注浆加固效果，采用相似模拟和数值模拟方法，对比分析采用膨胀型浆体和膨胀型浆体注浆加固后的含断层采场顶板应力与位移变化特征，探讨其注浆加固效果及作用机理。

12.1 工况介绍

某矿采用空场嗣后充填法开采，其-382m 中段宽为 12m、高为 14m 的 10 号采场在回采过程中出现了顶板垮塌事故。经实地调查，发现在其顶板上方存在倾角为 70°~80°的断层，严重影响采场正常安全回采，并造成了矿石的大量损失。因此，为了维护周边类似工况采场稳定，需要对其顶板断层进行加固，防止因顶板形变造成采场进一步失稳。

12.2 含断层采场顶板注浆加固相似模拟概况

12.2.1 相似模拟原理

相似模拟中的模型试件是仿照原型并按照一定的比例关系做成的试验代表物，其具有所仿照原型的全部或者部分特征。相似模拟试验是根据相似理论，采用一定的比例系数和相似材料做成的和原型几何相似的实验物体，通过在模型试件上施加比例荷载，使模型试件在受力状态下重演原型的实际工作状态，然后按照确定的相似系数处理试验数据，从而得到原型的实际工作状态。

在设计相似模拟试验之前，需要根据相似理论针对多研究对象确定相似条件。而相似条件是指为了达到试验模型和原型相似，模型和原型有关参数之间应该满足一定的关系，包括几何相似、现象变化过程相似和单值条件相似等。本章针对含断层采场顶板注浆支护问题，依据相似定律，分析模型与原型力学系统的相似条件，在整个过程中，保证模型与原型的几何尺寸成一定的比例系数且力学条件相似。

12.2.2 试验概况

12.2.2.1 相似模拟构建

为研究含断层采场顶板采用膨胀型浆体和普通型浆体注浆加固效果差异，采用自行研制的可加载相似模拟装置[4]，开展含断层采场顶板注浆加固相似模拟试验，其试验装置如图 12-1 所示。

图 12-1 可加载相似模拟装置

首先，根据相似模拟尺寸，结合该矿含断层采场实际工况，确定相似模拟试验几何相似比、密度相似比以及应力相似比，具体见表 12-1。根据前期实验室相似模拟围岩配比试验，结合应力相似比，确定了此次相似模拟围岩配比，见表 12-2[5-9]。

表 12-1 参数对比

参　　数	相似模拟	实际工况
采场高度/m	0.28	14
采场宽度/m	0.24	12
断层宽度/m	0.006	0.3
围岩密度/$kg \cdot m^{-3}$	1800	2400
几何相似比	1∶50	
密度相似比	1∶1.3	
应力相似比	1∶66.7	
围岩强度/MPa	2.78	185

表 12-2 相似材料配比

材料	水灰比	灰砂比	膨胀剂/%	速凝剂/%	消泡剂/%
普通型浆体	1∶1.4	—	—	2.5	0.3
膨胀型浆体	1∶1.4	—	10	2.5	0.3
模拟围岩	1∶6	1∶5	—	2.5	—

根据相似模拟围岩配比浇筑含断层采场的相似模型，并对其进行 28 天的养护。相似模拟采场尺寸为 280mm×240mm×300mm，断层宽为 6mm 倾角为 75°，相似模拟围岩与浆体的浇筑过程如图 12-2 所示。待养护周期结束后，参照表12-2 所示浆体配比，将普通型浆体和膨胀型浆体注浆加固至相似模拟采场顶板断层处，并对其围岩应力、顶板沉降进行监测。分析不同浆体加固时，含断层采场顶板位移及上下盘矿柱围岩应力变化特征。

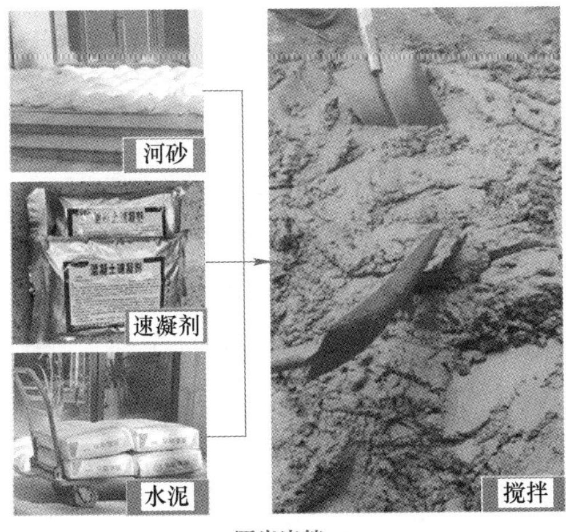

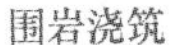
围岩浇筑

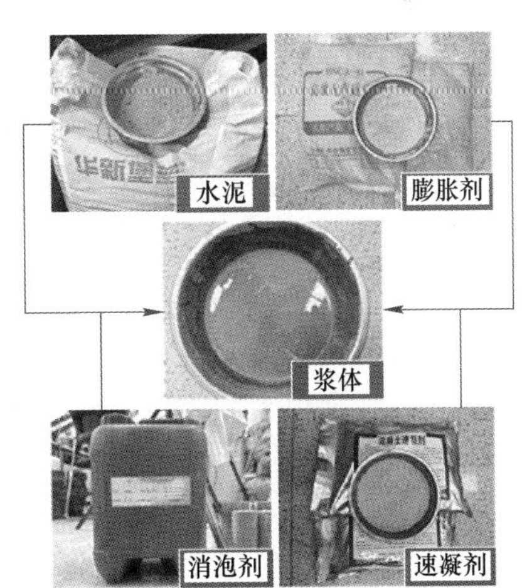

浆体制备

图 12-2 相似模型制备

12.2.2.2　监测装置布置

为了监测含断层采场顶板及上下盘矿柱围岩不同位置的应力变化，分别在距离采场顶板上部 20mm 处、上盘矿柱离采场边界 20mm 和下盘矿柱离采场边界 20mm 处，各预埋有 2、3、3 个 DMTY 应变式压力盒（共计 16 个，压力盒应力监测方向为垂直向上）。由于实际采场位于-382m 中段，埋深较大，相似模拟模型无法完全还原采场上覆岩层，需要通过其上部加载系统对其施加 0.15MPa 的补偿应力，从而还原含断层采场上覆岩层自重应力。此外，在其顶板下部布置 3 个电子千分表分别监测注浆加固后采场顶板断层上盘围岩、浆体和下盘围岩的位移变化。其具体布置如图 12-3 所示。

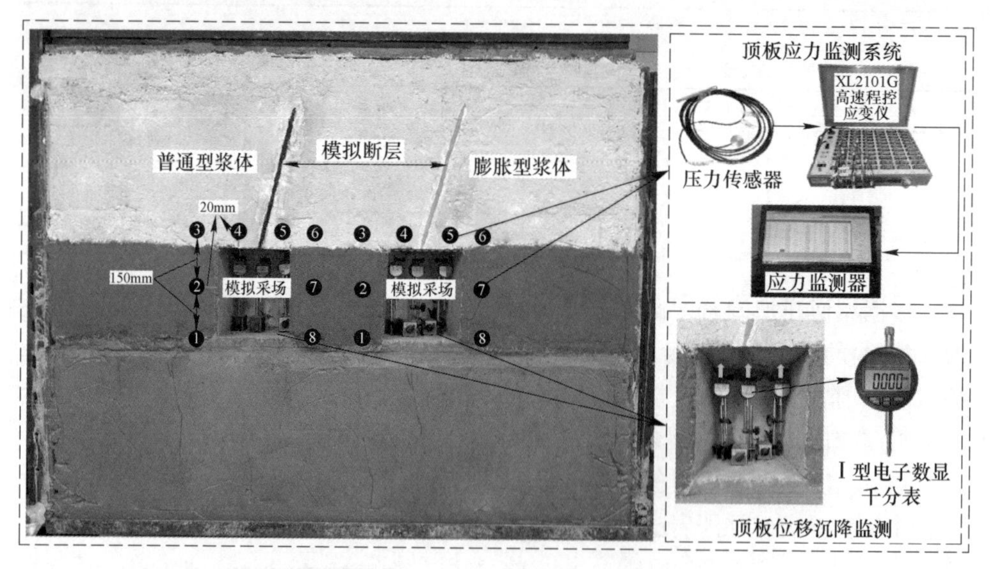

图 12-3　含断层采场顶板注浆加固相似模拟监测布置

12.3　相似模拟结果分析

12.3.1　顶板位移分析

图 12-4 所示为不同浆体注浆加固后顶板不同位置的位移变化结果（监测频率 4h/次），顶板上升为正。千分表 A、B、C 依次布置在顶板的上盘围岩、断层以及下盘围岩区域。由于膨胀型浆体水化过程中体积膨胀，造成不同注浆条件下采场顶板的位移区别较大，其具体分析如下。

（1）根据千分表 A 监测的结果可知，浆体注浆 4h 后断层上盘岩体开始快速上移，并在 32h 后逐渐趋于稳定，采用膨胀型浆体和普通型浆体注浆加固的含断层采场顶板上盘岩体上升的高度分别为 0.18mm 和 0.15mm。表明膨胀型浆体产

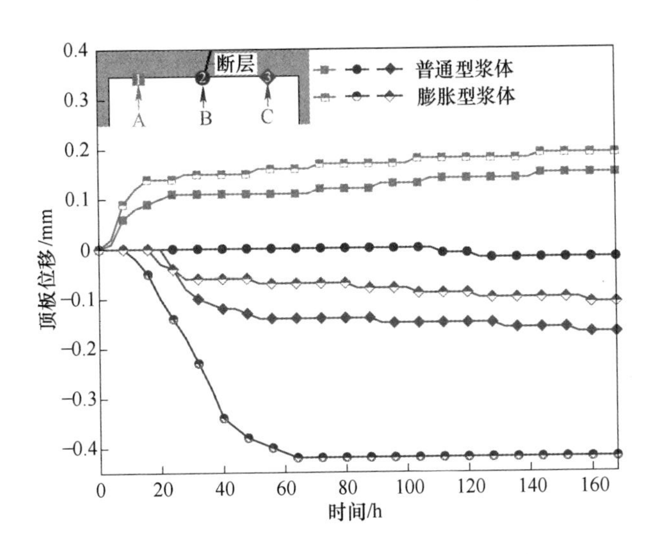

图 12-4 不同浆体注浆加固后顶板位移变化图

生的膨胀应力挤压含断层采场顶板上盘岩体，能够进一步增大其向上移动的位移，使其终态位移大于普通型浆体加固时顶板上升的终态位移。

（2）根据千分表 B 监测的结果可知，随着浆体逐渐水化凝固，采用普通型浆体注浆加固含断层采场顶板时，其浆体基本不发生形变。然而，由于顶板底部没有边界约束，导致膨胀型浆体自身沿采场空区方向自由膨胀，并在注浆加固 12h 后开始发生较大的形变。随着水化过程的持续进行，其沉降速率逐渐减小，在 56h 后逐渐趋于稳定，终态沉降位移达到 0.42mm，表明膨胀型浆体拥有良好的膨胀性能。

（3）根据千分表 C 监测的结果可知，由于膨胀应力挤压作用，导致膨胀型浆体加固的采场顶板下盘围岩在浆体注浆 20h 后先行发生沉降。而普通型浆体加固的含断层采场顶板下盘围岩在其注浆 24h 后才开始发生沉降。在注浆 44h 后，二者下盘围岩沉降基本趋于稳定，其沉降高度分别为 0.11mm 和 0.17mm。按常理顶板下盘岩体受到向下挤压时，其沉降高度应该更大。但根据监测结果可以发现，下盘岩体实际沉降变化却与猜想相反，详情见下文分析。

此外，根据上下盘岩体的位移监测结果可知，含断层采场顶板采用膨胀型浆体和普通型浆体注浆加固后，顶板上下盘岩体相对位移分别为 0.29mm 和 0.32mm，表明普通型浆体加固的顶板相对于膨胀型浆体加固时更容易发生拉伸断裂。因此，采用膨胀型浆体注浆加固含断层顶板采场不仅可以减小顶板沉降，还可以降低顶板拉剪破坏的可能性。

12.3.2 围岩应力分析

12.3.2.1 顶板围岩应力分析

图 12-5 所示为采用不同浆体注浆加固后的含断层采场顶板上下盘围岩不同位置应力变化，其中 4 号、5 号传感器分别监测采场上下盘围岩的围岩应力，应力增加为正。

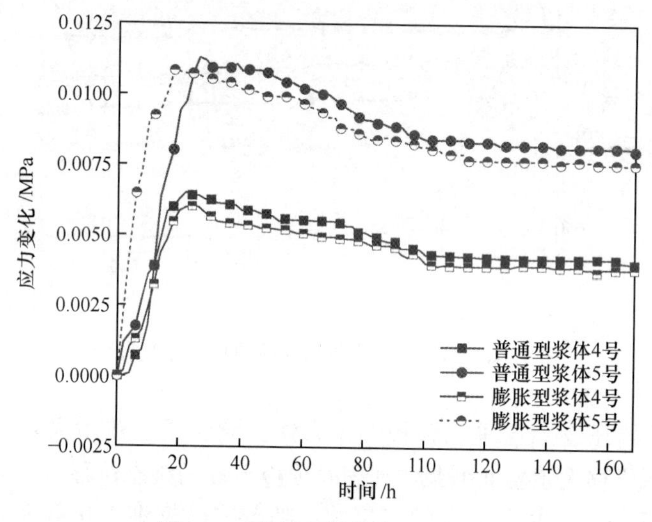

图 12-5 采场顶板应力变化监测

由图 12-5 可知，无论采用膨胀型浆体还是普通型浆体注浆加固含断层采场顶板，均在其注浆加固 24h 后围岩应力逐渐增大至峰值，随后开始逐渐降低并最终趋于稳定。当两种浆体注浆加固的含断层采场顶板处于稳定状态时，采用膨胀型浆体加固的顶板上下盘围岩应力增量分别为 0.0039MPa、0.0076MPa；采用普通型浆体加固的上下盘围岩应力增量分别为 0.0041MPa、0.0081MPa，两者顶板上盘围岩应力均小于下盘围岩应力。表明含断层采场顶板采用浆体注浆加固减小了围岩应力集中，并使其复合顶板从原始局部受力转变为协同受力。然而，由于急倾斜断层上盘围岩自重应力作用至下盘围岩，造成下盘围岩应力增大。

此外，根据其监测结果可以发现，含断层采场顶板采用膨胀型浆体注浆加固后其顶板整体应力增量均值为 0.0058MPa，略小于普通型浆体注浆加固的(0.0061MPa)，前者相较于后者减小 5.17%。表明膨胀型浆体虽然产生了膨胀应力，但采用膨胀型浆体注浆加固仍能够缓解含断层采场顶板的应力集中。

12.3.2.2 矿柱围岩应力分析

图 12-6 所示为含断层采场上下盘矿柱围岩 1 号、2 号、3 号、6 号、7 号和 8 号处应力变化图（监测点和监测位置如图 12-3 所示）。由图 12-6 可知，矿柱底

部（1号、8号）、中部（2号、7号）和顶部（3号、6号）的围岩应力均是先增后减，表明断层在注入浆体后采场矿柱产生了明显的应力分布，其具体分析如下所示。

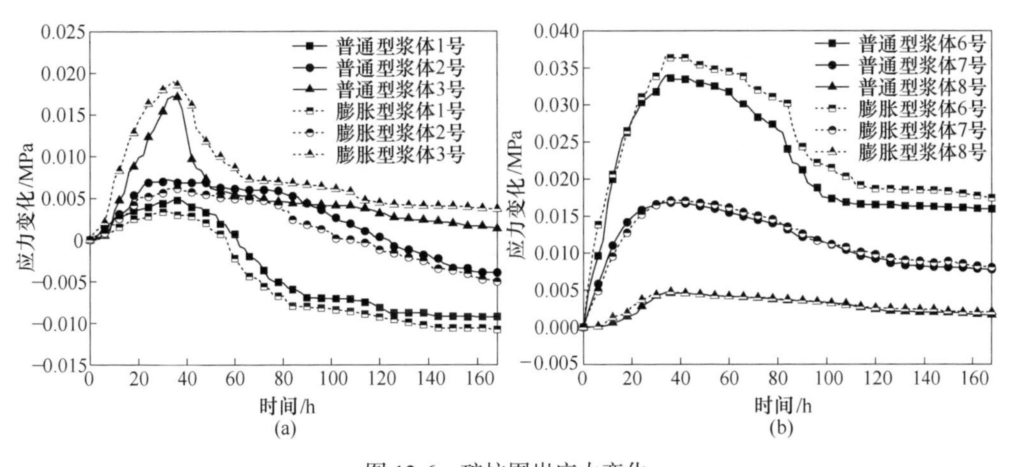

图12-6　矿柱围岩应力变化

（a）上盘矿柱围岩；（b）下盘矿柱围岩

（1）上盘矿柱围岩应力变化如图12-6（a）所示。由图可知，采用膨胀型浆体和普通型浆体注浆加固含断层采场顶板时，其上盘矿柱不同位置围岩的应力变化趋势不同。其中，上盘矿柱中部（2号）、底部（1号）的稳定状态下围岩应力小于其初始状态下的围岩应力，而矿柱顶部（3号）的围岩应力变化则与之相反。表明浆体与断层两侧岩体黏结形成的复合顶板分担了部分上覆岩层的自重，导致其顶部应力略微上升、中部和底部应力下降。其次，由1号、2号传感器监测的数据可知，当采用膨胀型浆体注浆加固的含断层采场顶板稳定时，其上盘矿柱围岩中部和底部应力分别减小0.0108MPa和0.0051MPa，顶部围岩应力增加0.0037MPa，且各处围岩应力变化量均大于普通型浆体注浆加固时。证明膨胀型浆体注浆加固后的含断层采场顶板拥有更好的加固效果，能够减少其顶部围岩应力向矿柱围岩中底部转移。

（2）下盘矿柱围岩应力变化如图12-6（b）所示。由图可知，两种浆体加固的含断层采场上下盘矿柱围岩的应力变化趋势大致相同。但其下盘围岩顶部、中部、底部终态应力均大于初始状态。表明注浆加固不仅仅改变了顶板围岩应力分布，上覆岩层自重应力沿着垂直于断层面倾斜作用转移至矿柱围岩，导致整个采场下盘岩体围岩应力增加。其次，膨胀型浆体加固的含断层采场下盘矿柱上、中、下部围岩应力增量分别为0.0174MPa、0.0081MPa和0.0020MPa，略大于普通型浆体注浆加固时矿柱三个部位的围岩应力增量（0.0159MPa、0.0078MPa和0.0019MPa）。表明膨胀型浆体通过挤压黏结提升顶板加固效果的同时会略微增大下盘矿柱围岩应力。

根据含断层采场矿柱围岩应力变化可知，相较于普通型浆体注浆加固，采用膨胀型浆体加固的含断层采场顶板上下盘矿柱顶部围岩应力平均增加 22.34%；而其中、底部围岩应力平均减小 19.82%。表明膨胀型浆体注浆加固含断层采场顶板时，减少了上覆岩层自重应力向矿柱中、底部转移，保护了采场矿柱。

12.4　含断层采场顶板注浆加固数值模拟概况

含断层采场顶板注浆加固相似模拟试验通过应力相似比、几何相似比，近似还原了实际采场围岩应力以及顶板位移变化。结果表明，相较于普通型浆体注浆加固，膨胀型浆体能够进一步提升含断层采场顶板的注浆加固效果。然而，在相似模拟试验过程中，由于监测手段以及监测区域的限制，不能完全获得其加固后的采场矿柱及顶板各处围岩应力大小及其水平位移和垂直位移的变化，因此开展了含断层采场顶板膨胀型浆体注浆加固数值模拟，进一步分析膨胀型浆体注浆加固效果。

12.4.1　数值模型构建

不同浆体注浆加固含断层采场顶板数值模拟基于某矿-382m 中段 10 号含断层采场展开。该采场宽度为 12m，长度为矿体厚度，分段高为 14m，断层位于采场顶板中心角度约为 75°，两侧围岩多以变余粉砂岩为主。其模型构建与参数设置流程如下：首先，采用 Rhino 犀牛三维建模工具建立长、宽、高分别为 60m×20m×70m的岩体模型。根据某矿含断层采场现场实际工况，在模型相应位置建立顶板含断层的采场，并利用布尔运算分割使其初步完成含断层采场模型构建。然后将模型进行合并非流形使块体和采场模型边界融合形成完整统一体。采用 Griddle 插件网格划分功能，将模型划分成 2173231 个尺寸为 0.5m 的单元体。最后将模型输出并导入到 $FLAC^{3D}$ 中进行注浆加固模拟试验。其中含断层采场的模型尺寸大小、断层倾角以及宽度与实际工况一致，模型如图 12-7 所示。

12.4.2　数值模拟计算

将 Rhino 犀牛建立的含断层采场模型导入 $FLAC^{3D}$ 后，分别对模型的周围以及底部进行速度、位移限制，防止在自重应力的作用下，模型向四周及底部无限制移动，造成计算结果产生误差。

由于含断层采场顶板埋深较大，若完全模拟上覆岩层在自重应力作用下对其影响，则计算体量过大且准确度较低。因此在含断层采场顶板注浆加固模拟试验开始前，根据围岩的密度、重力加速度及模拟的埋深，计算上覆岩层自重应力并在其模型顶部施加数值相等的法向应力（10.85MPa）。然后对模型中采场断层、

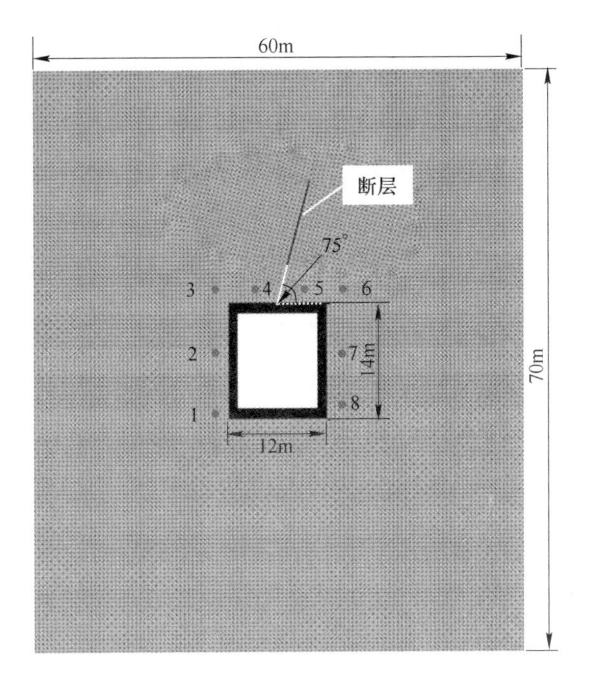

图 12-7 FLAC3D数值模型构建及边界设置图

围岩分别赋予空本构模型和莫尔-库仑本构模型，使其含断层采场在仅有自重应力的作用下先行达到平衡。然后对模型的速度和位移进行初始化，模拟其顶板注浆加固时围岩初始状态。最后通过对浆体赋予莫尔-库仑本构模型并调整浆-岩接触面的参数设置，使其在自重应力的作用下再次达到平衡，最后进行含断层采场顶板注浆加固数值模拟试验，模拟流程如图 12-8 所示。其中模型本构关系中岩体、浆体的力学参数均通过室内试验获得，具体数据见表 12-3。

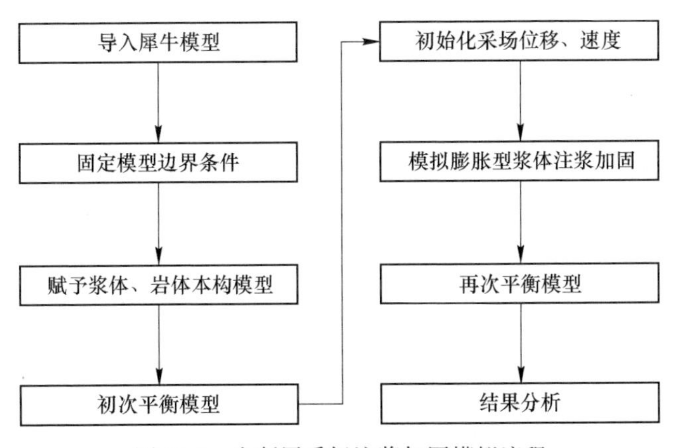

图 12-8 含断层采场注浆加固模拟流程

表 12-3　莫尔-库仑本构模型参数设置

材料类型	抗压强度/MPa	弹性模量/GPa	内摩擦角/(°)	黏聚力/MPa	密度/kg · m^{-3}	泊松比
围岩	185	7. 43	56. 28	5. 82	2400	0. 31
普通型浆体	26. 28	1. 07	33. 34	4. 54	1682	0. 25
膨胀型浆体	25. 73	1. 17	47. 59	4. 19	1721	0. 24

膨胀型浆体水化过程中产生的膨胀应力垂直作用于断层两侧岩体，改变了复合顶板的应力分布和约束边界条件。为了在数值模拟过程中近似还原膨胀应力的作用效果，通过室内试验监测膨胀剂含量为10%的膨胀型浆体发育过程中的膨胀应力变化，并利用非线性拟合求出函数曲线。然后编制 fish 语言将计算步数转变为函数曲线中的自变量，使其随着计算步数的增加，确保函数值与浆体发育过程中产生的膨胀应力大小相等。最后在垂直于浆-岩接触面处施加与函数值大小相等的膨胀应力，从而模拟膨胀型浆体从发育至稳定时对断层两侧岩体的挤压全过程。其中膨胀型浆体发育过程中的膨胀应力变化及拟合方程如图 12-9 所示。

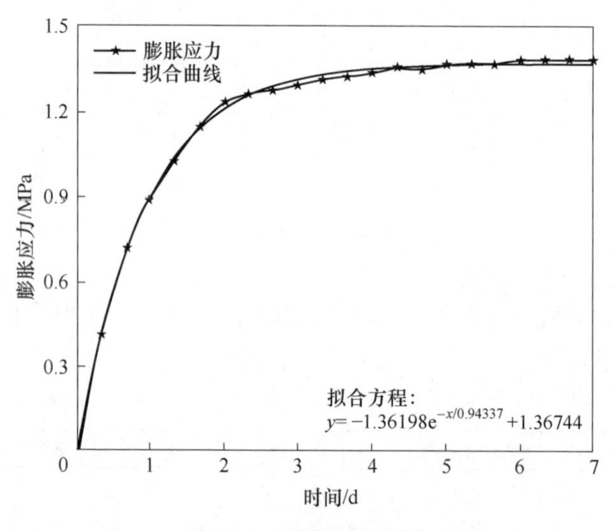

图 12-9　膨胀应力监测

12. 4. 3　数值模拟和相似模拟结果对比

图 12-10 所示为相似模拟试验中膨胀型浆体和普通型浆体加固下的含断层采场围岩应力换算结果与数值模拟结果对比。由图可知，相似模拟各监测点的应力变化与数值模拟结果近似，其具体分析如下所示：

（1）在上盘矿柱中、底部（1 号、2 号）处，相似模拟和数值模拟的应力变化值均为负值且规律基本一致，表明注浆加固确实可以缓解上盘矿柱中底部围岩应力集中。

(2) 在含断层采场顶板（4 号、5 号）中，相似模拟和数值模拟中膨胀型浆体注浆时围岩应力增量均小于普通型浆体注浆时，表明膨胀型浆体注浆加固效果优于普通型浆体。

(3) 在下盘矿柱（7 号、8 号、9 号）中，相似模拟和数值模拟的应力变化均为正值，表明注浆加固会略微增大下盘矿柱围岩应力。

由此可见，膨胀型浆体和普通浆体注浆加固含断层采场顶板的相似模拟和数值模拟匹配良好，可以采用数值模拟结果对其围岩应力场和位移场进一步分析。

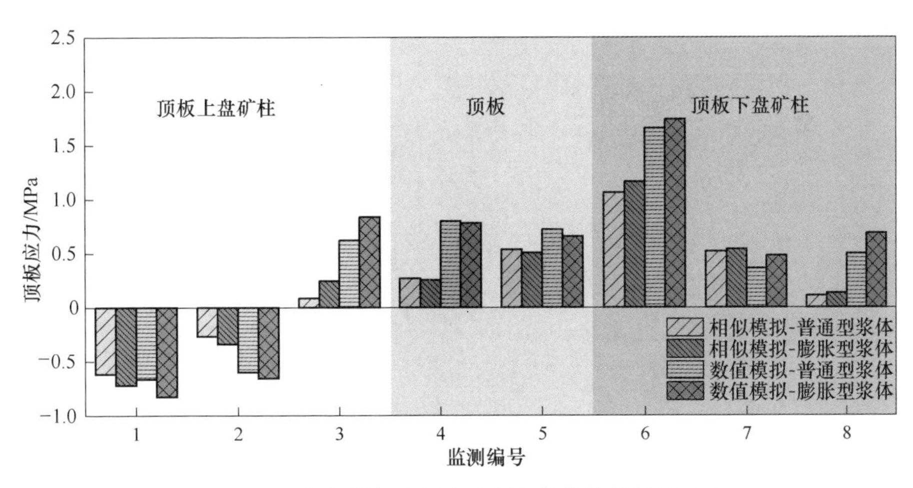

图 12-10 相似模拟监测点数据和数值模拟结果对比

12.5 数值模拟结果分析

采场围岩位移场和应力场的大小及演变趋势是分析采场加固效果的重要指标。利用数值模拟结果，对比分析普通型浆体和膨胀型浆体注浆加固的含断层采场围岩位移场和应力场的变化特征，为其膨胀型浆体注浆加固效果分析进一步提供依据。

12.5.1 位移场分析

图 12-11 和图 12-12 所示分别为不同浆体注浆加固后含断层采场顶板垂直、水平位移云图。由图可知，采用膨胀型浆体和普通型浆体注浆加固后，含断层采场围岩整体位移变化趋势大致相同，但其顶板沉降和上下盘矿柱水平移动产生了明显的差别。因此，对顶板和矿柱不同位置的位移特征进行分析。

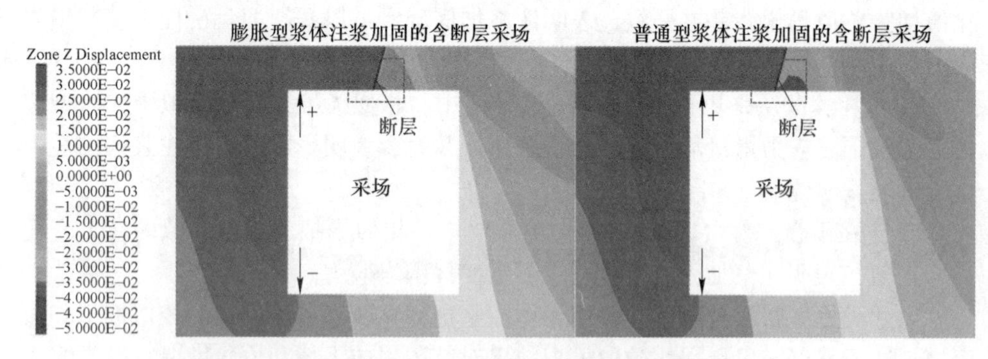

图 12-11　含断层采场顶板不同浆体注浆加固后围岩垂直位移云图

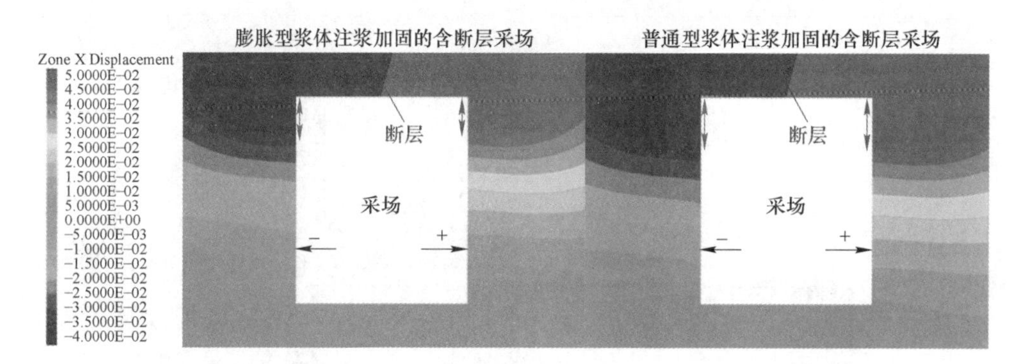

图 12-12　含断层采场顶板不同浆体注浆加固后围岩水平位移云图

12. 5. 1. 1　顶板位移分析

图 12-13 为不同浆体注浆加固后含断层采场顶板整体沉降统计图。由图可知，无论膨胀型浆体还是普通型浆体注浆加固含断层采场，其采场上下盘岩体均产生相对运动，这与相似模拟结论一致。此外，膨胀型浆体加固的顶板断层上盘岩体在断层附近上升略大于普通型浆体加固时，并随着离断层的距离增大顶板上盘岩体位移变化趋势逐渐与之相同。而顶板断层下盘岩体随着距断层的距离增加，沉降先大于后逐渐小于普通型浆体注浆加固时。

由图 12-13 可知，膨胀型浆体产生的膨胀应力挤压顶板上下盘岩体，略微增大了浆体附近围岩的位移变化，同时改变了含断层顶板整体的位移趋势。根据膨胀型浆体和普通型浆体加固后的含断层采场顶板位移统计可以发现，前者顶板平均沉降相较于后者减小 14. 26%。表明膨胀应力虽然能增加断层附近岩体的沉降量，但通过其体积膨胀产生的挤压黏结作用，提高了浆体和岩体的黏结强度和摩擦强度，从而降低了顶板下盘岩体沉降。因此，膨胀型浆体加固后的含断层采场顶板更加稳定。

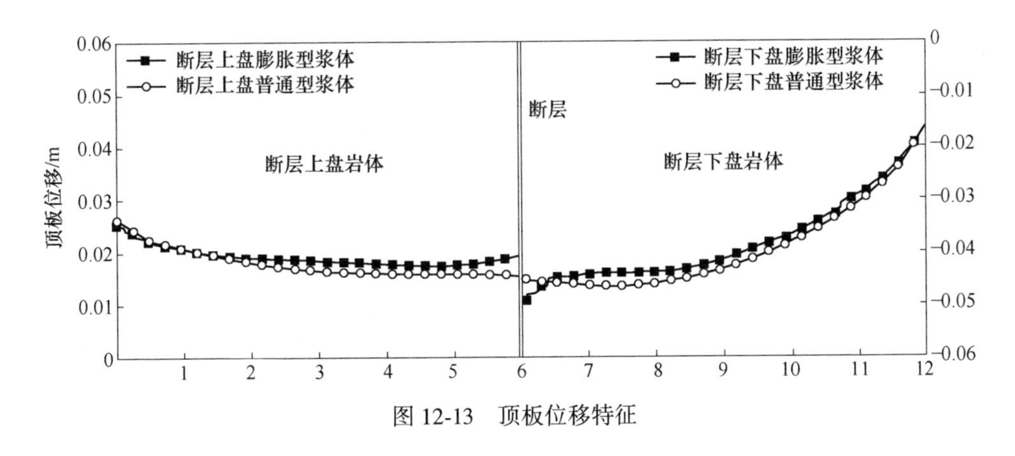

图 12-13 顶板位移特征

12.5.1.2 *矿柱位移分析*

图 12-14 所示为含断层采场顶板采用不同浆体注浆加固后上下盘矿柱围岩水平位移统计图。由图可知，无论是膨胀型浆体还是普通型浆体加固含断层采场顶板，其两侧矿柱的位移趋势大致相同，均呈“倒八型”，即矿柱底部水平位移相对较小，而顶部受上覆岩层的挤压向岩体扩张。

其次，相较于普通型浆体注浆加固时，膨胀型浆体加固的含断层采场上下盘矿柱顶部围岩向左右两侧移动区域更小。表明膨胀型浆体注浆加固增大了复合顶板的承载能力，减小了顶板沉降，缓解了顶板挤压造成的矿柱顶部围岩向岩体扩张，使矿柱表面整体形变减小。因此，相较于普通型浆体注浆加固时，膨胀型浆体加固的含断层采场矿柱沿水平方向形变减小，有利于矿柱保持稳定。

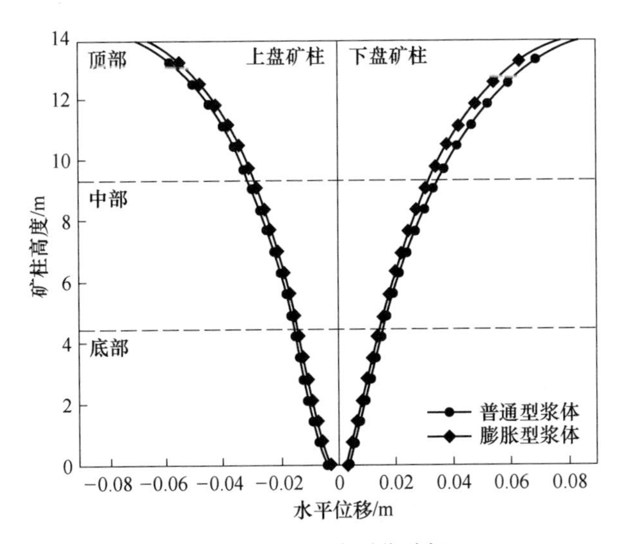

图 12-14 矿柱水平位移场

12.5.2　应力场分析

图 12-15 所示为不同浆体注浆加固后含断层采场围岩应力分布云图。由图可知，无论采用普通型浆体还是膨胀型浆体注浆加固含断层采场顶板，其采场两侧围岩均表现出明显应力拱。含断层采场顶板未注浆加固前，由于断层位于采场中心偏右位置，受岩体整体性的影响，其围岩自重应力更多作用于上盘矿柱，导致同水平条件下上盘矿柱围岩应力大于下盘矿柱围岩应力。而注浆加固后，上盘矿柱围岩应力拱明显仍大于下盘矿柱围岩应力拱。表明浆体注浆加固能够缓解应力集中，并不能改变分布趋势，其采场围岩应力主要受其断层厚度、位置及倾角影响。

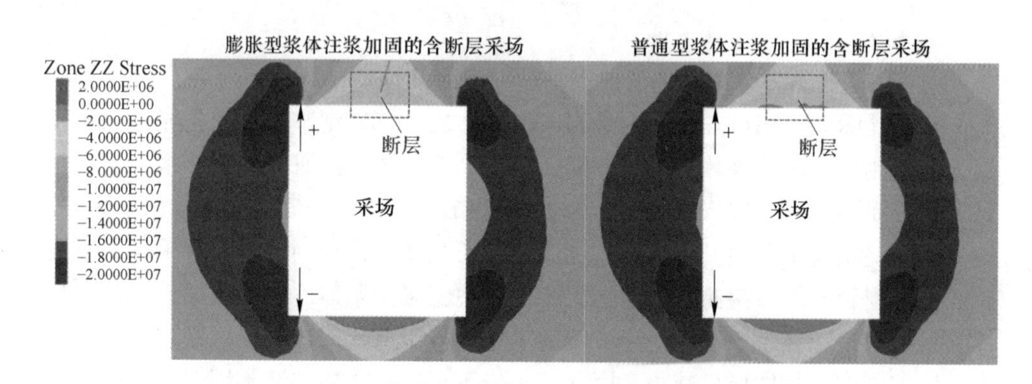

图 12-15　含断层采场顶板不同浆体注浆加固后围岩应力分布

此外，两种浆体加固的含断层采场顶板应力分布存在区别。其中采用膨胀型浆体注浆加固时，浆体和断层两侧的岩体先挤后黏形成完整复合岩体。当上覆岩层自重应力作用至采场顶板时，复合顶板能够均匀承载。而普通型浆体加固的复合顶板底部浆-岩接触面处存在明显应力差，浆-岩协同承载相对较差。

通过不同浆体加固后采场应力云图，仅能够初步判断其应力差异。至于注浆加固效果的研究需要进一步分析采场顶板及矿柱的围岩应力。

12.5.2.1　顶板应力分析

图 12-16 所示为不同浆体注浆加固后含断层采场顶板 1m 处的应力分布对比统计（拉应力为正，压应力为负）。由图可知，膨胀型浆体和普通型浆体加固的复合顶板由于承载着上覆岩层的自重应力，导致其围岩应力为压应力，且距离矿柱越近压应力越大。而在断层浆体加固区域虽然有浆体黏结，但整体仍为弱面，导致围岩应力区域性突变产生拉应力。

膨胀型浆体加固的含断层采场顶板围岩拉应力以及压应力均小于普通型浆体

加固时。表明利用膨胀型浆体产生的膨胀应力挤压断层岩体，能够提升复合顶板的黏结强度和力学强度，使其在垂直空区方向应力减小，降低了复合顶板在注浆加固区域拉伸破坏的可能性。因此，相较于普通型浆体注浆加固时，膨胀型浆体注浆加固的顶板稳定性更好。

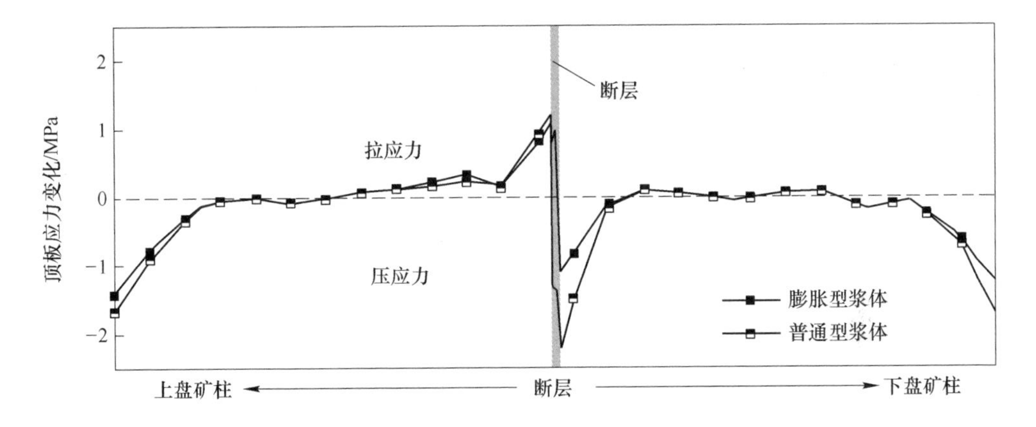

图 12-16　顶板应力场

12.5.2.2　*矿柱应力分析*

图 12-17 所示为不同浆体注浆加固含断层采场顶板后，其上下盘矿柱顶部、中部和下部距采场不同位置的应力分布。由图可知，上下盘矿柱顶部和底部围岩应力均随着距采场的间隔增大而逐渐减小，而矿柱中部围岩则是先增后减。此外，膨胀型浆体注浆加固的采场上下盘矿柱顶部围岩应力大于普通型浆体注浆加固时，而矿柱中、底部的围岩应力随着距采场的距离增大先小于后逐渐大于普通型浆体加固的采场围岩应力。

由图 12-17 可知，膨胀型浆体注浆加固断层顶板的同时，利用膨胀应力水平挤压，使顶板和含断层采场两侧更多未开采区域协同承载，共同承担采场上覆岩层自重应力。因此，膨胀型浆体注浆加固后采场两侧围岩应力相对较小，膨胀型浆体注浆加固效果更好。

由相似模拟结果可知，含断层采场顶板采用膨胀型浆体和普通型浆体注浆加固后，虽然下盘矿柱围岩应力在浆体自重应力以及膨胀应力的影响下分别增加了 0.336MPa 和 0.021MPa，但相对上盘矿柱围岩应力（17.34MPa）来说，下盘矿柱围岩应力（16.29MPa）仍相对较小。因此，为了确保采场的稳定性，应该在回采过程中着重监测其上盘矿柱应力变化。

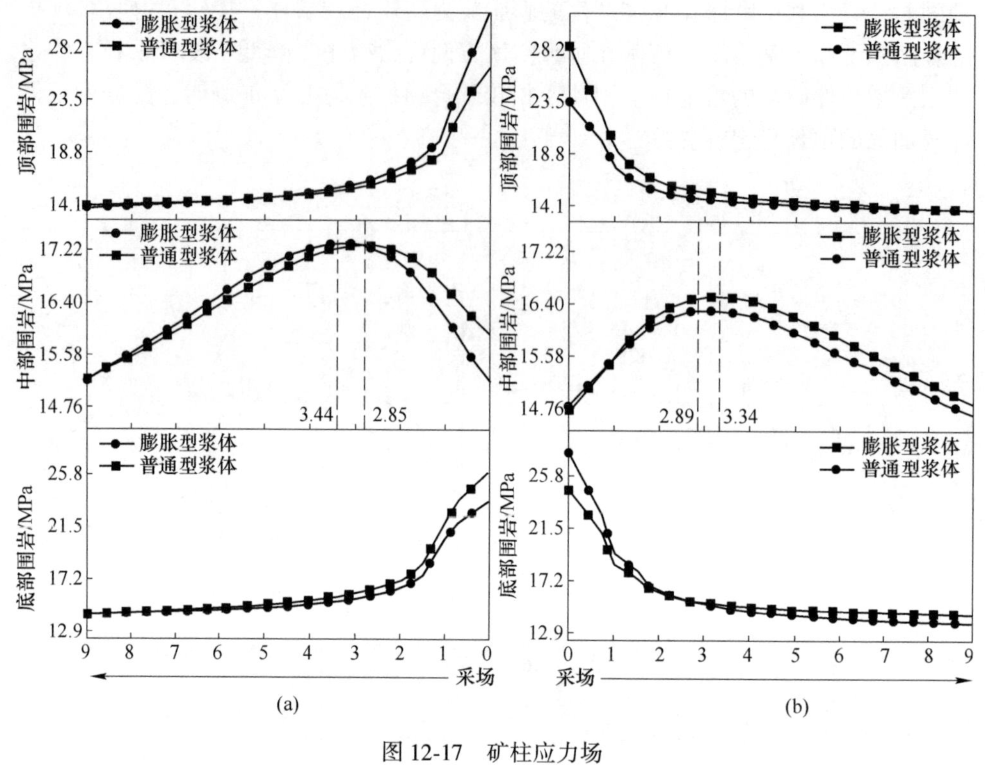

图 12-17 矿柱应力场

（a）上盘矿柱；（b）下盘矿柱

12.6 含断层采场顶板膨胀型浆体加固机理分析

含断层采场顶板采用膨胀型浆体加固后，在水平应力、上盘岩体的部分自重应力以及膨胀应力共同作用下导致采场顶板沉降及围岩应力发生改变。其不同位置围岩受力状态以及顶板位移运动趋势如图 12-18 所示。

在断层顶板注浆加固过程中，由于浆体的黏结作用，含断层顶板形成完整复合岩体，下盘岩体分担断层上方岩体的部分自重应力，下盘围岩应力增加。此时采场附近围岩水平应力与其共同作用，但浆-岩接触面仍为弱面，上下盘岩体仍存在相对运动趋势。因此在含断层采场顶板注浆加固的相似模拟和数值模拟中，其上下盘岩体产生了相对运动。

由图 12-18 可知，膨胀型浆体注浆加固含断层采场顶板时，在其浆-岩接触面处额外产生了垂直接触面的膨胀应力。该应力沿水平方向（C_1）对断层两侧岩体产生两种作用：首先，通过先挤后黏含断层采场上下盘岩体，进一步提升了顶板浆-岩接触面处的黏结效果和摩擦强度，使其复合顶板整体力学强度以及承载力增大；其次，使含断层采场两侧未扰动区域与复合顶板共同承担采场上覆岩层

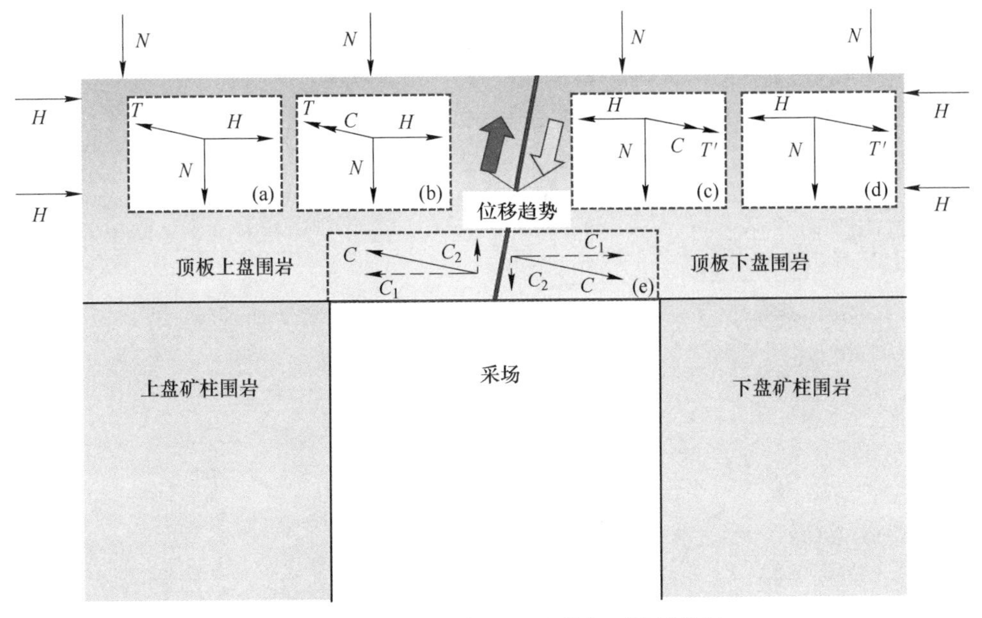

图 12-18　含断层采场顶板注浆加固效果分析

(a)(d) 普通型浆体注浆加固后上下盘岩体受力分析;

(b)(c) 膨胀型浆体注浆加固后上下盘岩体受力分析

C, C_1, C_2—分别为膨胀应力及其垂直和水平方向上的分量;

N—岩体自重应力; H—岩体水平应力; T, T'—分别为含断层采场顶板上下盘岩体相互作用力

自重应力，减小采场两侧矿柱的围岩应力。两种方式共同作用导致围岩应力及其沉降均小于普通型浆体加固时，从而提升含断层采场顶板注浆加固效果。

参 考 文 献

[1] 刘一鸣. 急倾斜层状岩体巷道顶板膨胀型浆体注浆加固试验研究 [D]. 武汉：武汉科技大学，2022.

[2] 邓兴敏. 急倾斜层状岩体巷道顶板膨胀型浆体注浆加固机理研究 [D]. 武汉：武汉科技大学，2022.

[3] Yao N，Zhang W，Luo B，et al. Exploring on grouting reinforcement mechanism of expansive slurry [J]. Rock Mechanics and Rock Engineering，2023，56：3679-3692.

[4] 叶义成，姚囝，胡南燕，等. 一种可加载相似模拟试验装置及其使用方法[P]. ZL201610002446. 7，2017-10-03.

[5] Yao N，Chen J，Hu N，et al. Experimental study on expansion mechanism and characteristics of expansive grout [J]. Construction and Building Materials，2021，268：121574.

[6] Yao N，Deng X，Wang Q，et al. Experimental investigation of expansion behavior and uniaxial compression mechanical properties of expansive grout under different constraint conditions [J].

Bulletin of Engineering Geology and the Environment，2021，80（7）：5609-5621.

[7] 李鹏程，叶义成，姚囝，等．膨胀型浆体膨胀性能及力学破坏特征试验研究［J］．矿冶工程，2020，40（6）：8-12.

[8] 叶义成，陈常钊，姚囝，等．膨胀型浆体的膨胀材料若干问题研究进展［J］．金属矿山，2021（1）：71-93.

[9] Wang D，Ye Y，Yao N，et al. Experimental study on strength enhancement of expansive grout［J］. Materials，2022，15（3）：885.